国家自然科学基金项目(71764009)
江西省科技厅自然科学基金项目(2017BAA208027)　资助
江西省教育厅科技项目(GJJ151605,GJJ150442)

# 江西省环境规制对碳排放的影响研究

邹艳芬　陆宇海　方　瑄　著

U0338118

中国矿业大学出版社

·徐州·

**图书在版编目(C I P)数据**

江西省环境规制对碳排放的影响研究 / 邹艳芬,陆宇海,方瑄著. —徐州 :中国矿业大学出版社,
2021.5

ISBN 978 - 7 - 5646 - 4846 - 6

Ⅰ. ①江… Ⅱ. ①邹… ②陆… ③方… Ⅲ. ①环境规划—影响—企业—二氧化碳—排放—研究—江西 Ⅳ.
①X511.06

中国版本图书馆 CIP 数据核字(2020)第 242662 号

| 书　　名 | 江西省环境规制对碳排放的影响研究 |
| --- | --- |
| 著　　者 | 邹艳芬　　陆宇海　　方　瑄 |
| 责任编辑 | 史凤萍 |
| 出版发行 | 中国矿业大学出版社有限责任公司 |
| | (江苏省徐州市解放南路　邮编221008) |
| 营销热线 | (0516)83884103　　83885105 |
| 出版服务 | (0516)83995789　　83884920 |
| 网　　址 | http://www.cumtp.com　E-mail:cumtpvip@cumtp.com |
| 印　　刷 | 苏州市古得堡数码印刷有限公司 |
| 开　　本 | 710 mm×1000 mm　1/16　印张 13.5　字数 264 千字 |
| 版次印次 | 2021 年 5 月第 1 版　2021 年 5 月第 1 次印刷 |
| 定　　价 | 56.00 元 |

(图书出现印装质量问题,本社负责调换)

# 前　言

　　倡导绿色经济、加快低碳转型是减缓和适应全球气候变暖的必由之路。中国作为当今世界第一大二氧化碳（$CO_2$）排放国，已经将削减碳排放量和控制碳排放强度作为生态文明建设的重要途径。实际上，环境规制形成节能减排的倒逼机制，从而在碳减排的重任中扮演不可或缺的角色。因此，一般意义上，预期中环境规制将有效遏制碳排放量，发挥"倒逼减排"效应，从而带来"绿色福利"。然而，"绿色悖论"理论却提醒我们，环境规制对碳排放的影响存在另一种作用。那么，江西省环境规制对碳排放的影响效应如何？具体地，本书的研究工作集中体现在以下几个方面：

　　（1）在研究背景和研究意义的设定下，进行文献综述和理论基础分析，并对江西省的环境规制历程、规制行动和规制业绩进行描述。江西省属于我国的生态环境优势区，即便如此，近年来，环境优美程度并没有太大的提升。基于11个地级市深入研究江西省环境规制对碳排放的影响及其形成机制，具有重要的理论和现实意义。

　　（2）从总量的维度出发，探求了江西省环境规制对碳排放影响的双重效应。基于江西省11个地级市2000—2017年的面板数据，借助于两步GMM方法，实证研究认为江西省环境规制不仅会对碳排放总量产生直接影响，轨迹呈倒U形曲线，随着环境规制强度由弱变强，影响效应由"绿色悖论"效应转变为"绿色福利"效应，而且会通过能源消费结构、产业结构、技术创新和外商直接投资（FDI）四条传导渠道间接影响碳排放总量。

　　（3）从绿色专利角度出发，把绿色技术创新按照绿色专利类别分为七大部类,深入挖掘不同绿色技术创新在江西省环境规制对碳排放的影响路径中的不同中介效应。研究结果表明:江西省的整体绿色技术创新处在较低层次,无论是数量还是质量都有待提升,特别是替代能源技术和运输绿色技术的发展水平相当低。江西省的环境规制正向促进绿色技术创新整体及除替代能源外的其他六个大部类绿色技术创新。但是回归系数偏小,说明江西省的环境规制在一定程度上倒逼企业进行绿色技术创新,以提高生产效率及减低环境规制带来的成本增加,进而促进碳减排。

(4) 从碳强度出发,运用中介效应分析法,基于 2000—2017 年江西省 11 个地级市面板数据,深入探究产业结构和 FDI 在环境规制与碳排放强度之间的中介效应关系。结果表明,产业结构升级能够抑制碳排放:江西省环境规制一方面会降低产业结构高级化程度,从而提高碳排放强度;另一方面,又会提升产业结构合理化程度,从而降低碳排放强度。因此,江西省应该实施更加严格的环境规制,优化产业结构效应。FDI 发挥着较大的中介作用,路径为通过环境规制增加 FDI 的引进,但同时,FDI 的增加提高了碳排放强度。可见,江西省在 FDI 引进方面应该更加注重质量。

(5) 以江西省微观企业为研究单元进行大数据分析,发现环境规制对高污染行业企业的影响远大于非高污染行业企业。在作用路径上,环境规制对高污染企业的影响大多是直接影响,可能因为江西省的高污染企业少有外商投资,且在技术创新上以外观专利创新为主,实际发明类高质量专利创新较少。环境规制对非高污染企业的间接影响会通过 FDI 和技术创新产生效应,但 FDI 会提高企业碳排放效率,降低碳排放总量;技术创新促进企业生产,虽然降低了企业碳排放强度,但是最终会增加企业碳排放总量,而且对国有企业的影响更显著。

(6) 立足江西省创建生态文明的实践和历程,以抚州市为例,基于生态文明建设实践要求、内涵及重点等的剖析,构建生态文明建机理模型。从政府决策视角,主要分析政府决策、生态环境建设、生态经济建设三者的关系。通过研究抚州市生态文明建设发现,抚州市生态文明建设阶段特征明显,这主要与政府在生态文明建设方面的投入与关注有关。抚州市生态文明建设的主要特点为:生态环境资源基础保护良好;文化底蕴深厚,融合旅游、养老等绿色产业共同发展。现阶段,生态文明建设主要是协调生态环境建设和生态经济建设。

本书由邹艳芬、陆宇海和方瑄总体负责。在资料的初步收集、整理和编写过程中,江西财经大学工商管理学院研究生陈超红(第3章)、何进辉和黄慧霞(第5章)、王杨(第6章)、陆琳茁(第7章)、喻帅(第8章)、李小丹(参考文献整理)等给予了大力支持。本书在编写过程中,还得到江西财经大学诸多专家的帮助,同时也吸收了诸多专家学者的优秀成果。在此,谨向所有提供帮助的师生朋友们致以深深的敬意和感谢。

由于编者水平所限,本书难免有错漏之处,望广大读者批评、指正。

著 者

2020 年 6 月 26 日

# 目　　录

# 1 绪　　论

## 1.1　研究背景与研究意义

### 1.1.1　研究背景

20 世纪中叶以来,大部分已观测到的全球平均温度升高很可能是人为温室气体浓度增加所导致的,而温室气体浓度上升的罪魁祸首归于大气中的二氧化碳($CO_2$)存量。目前,全球气候变化和生态环境问题已经对人类的生存和发展造成了严重威胁,因此,减少化石能源消费、削减 $CO_2$ 排放总量、倡导绿色经济和主张低碳发展道路,已经成为 21 世纪世界各国的共识。中国政府对于碳减排工作高度重视,并且开始实施碳排放强度的控制政策。目前针对 $CO_2$ 排放设定的约束性指标是 2020 年碳强度要比 2005 年下降 40%～45%。在中国经济发展进入"新常态"轨道后,民众需求从单纯的物质需要转向多元化方面,更加注重健康、教育、医疗、环境等方面的品质提升。

碳排放强度控制目标的达成,在很大程度上取决于政府一系列合理的环境规制政策。实际上,已有研究表明,环境规制会对提高节能减排效率形成倒逼机制,对建设"两型社会"(资源节约型、环境友好型社会)具有不可替代的作用(陈德敏、张瑞,2012)。政府制定环境规制政策的目的在于保护环境,预期环境规制将有效遏制碳排放量,发挥"倒逼减排"效应,从而带来"绿色福利"(green welfare)。然而,"绿色悖论"(green paradox)理论却认为环境规制政策的实施可能导致大气中碳排放存量的增加,从而更加恶化气候变暖问题(Sinn,2008)。因为在理论上,环境是一种典型的公共物品(李树、翁卫国,2014),环境治理的正外部性和环境污染的负外部性都易造成"搭便车"问题,从而导致"市场失灵"。所以,包括遏制碳排放在内的环境保护问题需要政府实行积极的环境规制政策,以干预市场主体的生产经营活动和弥补"市场失灵"的漏洞。

### 1.1.2 研究意义

江西省地处我国中部地区,生态环境相对较好,属于标准的生态优势区。但近年来,也面临日趋严重的环境污染与经济发展的矛盾压力。因此,在中央政府的倡导下,各个市域的环境规制必须取得实效。

(1)实践意义

自"十一五"规划实施以来,我国及江西省对环境保护和优化治理工作给予了前所未有的重视,将节能减排提到了国家战略高度。在众多制度中,环境规制是影响最大的制度之一;节能减排具体任务的执行是由上一级政府和有关机构按照省、市逐级分配,以文件、通知和责任状等形式下达于下一级政府,任务完成程度与地方政府的实际情况息息相关。江西省各市域自然资源、人文经济、社会环境相差较大,碳减排又与制度、经济、社会、环境等息息相关,因此,只有充分把握各个市域环境规制行为、碳减排绩效及其形成机制,才能保障政策制定的准确性,进而保障任务完成的顺利性。

(2)理论意义

学术界关于区域环境规制及其碳减排绩效的研究已经形成了一定量的文献,但基本止步于省域层次,即以省域为研究单元,采用面板数据,进行实证研究。本书拟在总结国内外研究成果的基础上,通过界定及统计测度江西省各个市域的环境规制,丰富区域环境管理理论;从市域层面揭示江西省环境规制行为,弥补这一理论研究较为单一和宏观的缺憾。进而,运用统计分析技术,对比描述各市域环境规制的碳减排绩效差距、诱因及其形成过程和作用机理,缩小国内外理论研究差距。

综上所述,针对区域环境规制和碳减排问题,陆续已经取得了一定成果,但已有研究成果相对零散,对市域尚未触及。本研究拟在总结国内外研究成果的基础上,界定及统计测度区域环境规制,运用空间分析技术,探讨各市域的环境规制行为,从多方面系统描述碳减排的时空差异、形成过程和作用机理,研究环境规制对碳减排的影响,在计算分析基础上提出基于区域角度的碳减排优化规制策略。

# 1.2 研究内容与研究方法

## 1.2.1 研究内容

第1章,首先介绍了本研究的研究背景,并提出了聚焦的主要问题,阐述了研究的理论意义和实践意义。在此基础上,进一步刻画了研究目标并系统概括了主要研究内容。最后,针对研究议题介绍了相关的研究方法,并且描绘了研究思路。

第2章,环境规制的统计测度。环境规制政策历程:对新中国成立以来,我国环境规制政策进行分析,集中在规制的历史演进、现状、阶段划分、类型确定等方面的质性研究,尤其是环境规制政策工具的内涵和外延、发展历程和政策实践等,并按照来源(中央政府和地方政府)、性质(行政命令型、市场激励型和信息服务型等)、实施强度等进行划分研究。环境规制的统计测度:在对环境规制界定的基础上,选取测度方法和构建指标体系,并制订量化标准,测度江西省各市域的环境规制:既有文献基本使用两类替代指标衡量环境规制:投入型指标和绩效型指标。

第3章,在研究背景和研究意义的设定下,进行文献综述和理论基础分析,并对江西省的环境规制历程、规制行动和规制业绩进行描述。江西省属于我国的生态环境优势区,即便如此,近年来其环境优美程度并没有太大的提升。因此,基于11个地级市深入研究江西省环境规制对碳排放的影响,具有重要的理论和现实意义。

第4章,从总量的维度出发,探求了江西省环境规制对碳排放影响的双重效应。基于江西省11个地级市2000—2017年的面板数据,借助两步GMM方法,实证研究认为江西省环境规制不仅会对碳排放产生直接影响,轨迹呈倒U形曲线,随着环境规制强度由弱变强,影响效应由"绿色悖论"效应转变为"绿色福利"效应;而且会通过能源消费结构、产业结构、技术创新和外商直接投资(FDI)四条传导渠道间接影响碳排放。

第5章,从绿色专利角度出发,把绿色技术创新按照绿色专利的分类分为七个大部类的绿色技术,深入挖掘不同绿色技术创新在江西省环境规制对碳排放的影响路径中的不同作用。研究结果表明:江西省的整体绿色技术创新处在较低层次,无论是数量还是质量都有待提升,特别是替代能源技术和运输绿色技术的发展水平相当低。江西省的环境规制正向促进绿色技术创新整体及除替代能源外的其他六个分部绿色技术创新,但是回归系数偏小,说明江西省的环境规制在一定程度上倒逼企业进行绿色技术创新,以提高生产效率及减低环境规制带来的成本增加,进而实现碳减排。

第6章,运用中介效应分析法,基于2000—2017年江西省11个地级市面板数据,深入探究产业结构与FDI在环境规制和碳排放之间的中介效应关系。结果表明,一方面产业结构升级能够抑制碳排放;江西省环境规制会降低产业结构高级化程度,从而促进碳排放;另一方面,江西省环境规制又会提升产业结构合理化程度,从而减少碳排放。因此,江西省应该实施更加严格的环境规制,优化产业结构效应。FDI在江西省发挥着较大的中介作用,路径为通过环境规制增加FDI的引进,但同时,FDI的提高增加了碳排放。可见,江西省在FDI引进方面应该更加注重质量。

第7章,以江西省微观企业为研究单元进行大数据分析,发现环境规制对污染行业企业的影响远大于非污染行业企业。在作用路径上,环境规制对污染企业的影响大多是直接影响,因为江西本地的污染企业少有外商投资,且在技术创新上以外观创新为主,实际高质量创新较少。环境规制对非污染行业企业的间接影响会通过FDI和技术创新产生效应,但FDI是通过提高企业碳排放效率来降低碳排放总量的;技术创新是促进企业生产的,虽然降低了企业碳排放强度,但最终会增加企业碳排放总量,而且国有企业的影响更显著。

第8章,立足江西省创建生态文明的实践和历程,以抚州市为案例,基于生态文明建设实践要求、内涵及重点等的剖析,构建生态文明建设机理模型。从政府决策视角,主要分析政府决策、生态环境建设、生态经济建设三者的关系。通过研究抚州市生态文明建设案例分析发现,抚州市生态文明建设阶段特征明显,这主要与政府在生态文明建设方面的投入与关注有关;抚州市生态文明建设主要有两个特点:生态环境资源基础保护良好;文化底蕴深厚,融合旅游、养老等绿色产业共同发展。现阶段,生态文明建设的主要工作是协调生态环境建设和生态经济建设。

### 1.2.2 研究方法

根据上述拟定的研究内容,在研究方法集合中,有针对性地对每一部分研究内容提出以下研究方法。

① 空间统计分析方法。利用基于GIS的空间探索性因子分析法和序列数据分析模型,以环境规制为主要解释变量,分析环境规制对碳排放的直接作用效应,以及通过技术创新、产业结构FDI对碳减排绩效的影响差异;进而利用江西省市域环境规制与碳排放方面的空间微观数据,运用统计学中的回归分析法和描述统计分析方法及空间统计方法,分析江西省地方政府环境规制中企业的碳

排放行为规则和表达变量及其影响效应等。

② 典型调查与案例研究。在碳减排绩效及其环境规制的影响研究中,一方面初步确定以鄱阳湖生态经济区内与外的具有典型代表性的类型区域作为异质性研究的样本,分析环境规制对不同规划区的影响差异;另一方面,对生态文明建设的典型区域——抚州市进行深入调查分析,总结经验和教训,发现在生态文明建设的政策背景下,各层次、各部门的环境规制政策对碳减排绩效影响的关键因素和转折点及其恰当的环境规制模式调整策略等。

③ 空间计量模型分析方法。通过建立多种计量模型,包括混合最小二乘估计(Pooled OLS)、静态面板模型(FE、RE)、动态面板模型(系统 GMM、差分 GMM)、空间静态面板模型(SAR、SEM、SAC)、动态空间面板模型(DSPM)、分位数回归模型、联立方程模型等,结合环境规制影响碳减排的相关理论模型,以江西省各个市域为研究单元,进行实证检验,挖掘环境规制对碳减排的直接和间接影响规律,透析本质并提出建议。

## 1.3 研究思路

本书的研究思路遵循"理论研究—模型构建—实证分析—政策建议"的技术路线开展研究,理论与实证分析相结合。

① 理论研究:分析现有国内外文献,收集最新研究资料和研究成果;组织包括由校内外专家组成的研究团队,开展专家咨询和专题调研。在此基础上,探求本研究应解决的关键问题,理清研究思路和主攻方向,确定可行的研究计划和实施方案。

② 模型构建:根据研究计划和实施方案,使用统计分析方法、空间分析技术和动态模型理论,建立环境规制对碳减排影响的静态面板和动态空间模型,并对模型进行选择。

③ 实证分析:对提出的理论模型,基于江西省 11 个市域 2000—2017 年的面板数据,建立空间统计分析模型和空间计量模型,使用混合 OLS、固定效应、随机效应、动态 GMM 估计和工具变量法等检验环境规制对碳减排的相关变量的影响及其形成机制。

④ 政策建议:在实证研究的基础上,对不同环境规制及其现实条件进行比较分析和实效评价,并得出相应的结论和政策建议,为江西省及我国今后的环境规制的制定和实施提供更好的指引。

# 2 环境规制的统计测度

## 2.1 环境规制的界定

### 2.1.1 规制的界定

"规制"一词来源于英文"regulation",不同学者对于规制的界定有所不同,植草益(1992)提出公共规制是以私有产权制度与资源配置效率为前提,社会公共机构按照一定的规则对企业经济活动进行约束的行为。Doern(2002)将规制定义为一系列有关组织、状态、思想、利益和过程的控制规则与执行措施的集合。张天悦(2014)认为,规制也称为政府管制或调控,是由具有法律地位、相对独立的政府管理部门为矫正和改善市场机制内在问题而对微观经济活动强制执行的某种干预、限制或约束行为。张涛(2017)认为,规制就是通过法律、规章制度等措施对经济活动主体的行为进行控制和制约。徐杰(2017)提出,规制是政府设置(出台)规定进行限制。规制作为具体的制度安排,是政府对经济行为的管理或制约,是在市场经济体制下,以矫正和改善市场机制内在问题为目的,政府干预经济主体(特别是企业)活动的行为,包容了市场经济条件下政府几乎所有的旨在克服广义市场失败现象的法律制度以及以法律为基础的对微观经济活动进行某种干预、限制或约束的行为。

综上所述,已有研究普遍将规制的主体定义为政府或者社会公共机构等规制部门,而将企业的一系列经济活动(如某些特定产业或企业的产品定价、产业进入与退出、投资决策、危害社会环境与安全等)定义为规制客体,规制的政策则主要包括法律、规章制度、行政法规等。因此,结合学者们的丰富研究成果,我们在此提出,规制是指在保护公共权益不受侵害的推进下,政府或其他相关机构通过道德规范、法律法规、行为约束、规章制度以及行政命令等手段直接或间接对企业的经济活动进行控制和约束。

规制理论已经在实际生产和生活中的诸多领域得以运用,同时,也有许多学者从不同角度对规制进行分类,在此主要介绍比较普遍的两种分类方法。

张涛(2017)根据规制的不同性质将其划分为经济性规制与社会性规制。经济性规制,主要应用于政府约束企业产品定价、产业的进入与退出、产品质量等方面,重点关注具有自然垄断、信息不对称等特征的企业或行业。经济性规制的具体实施方式一般包括两种:一是规制企业进入或退出某一产业,从而保障被规制行业内企业的数量和规模等;二是规制企业的产品或服务定价,以维护社会价格稳定。社会性规制是以确保居民生命健康安全、防止公害和保护环境为目的所进行的规制,主要是限制经济活动中的负向外部性行为(植草益,1992)。近年来,各国越来越多地采纳和实施社会性规制,主要采取设立相应标准、发放许可证、收取各种费用等方式。

Doern(2002)按照规制作用对象的不同,将规制分为三类。一是直接经济干预,如价格管制、产权管制和合同规定限制等;二是生产者决策约束,即通过影响企业行为决策,加强供给层面的硬性制约,如生产工艺规定、"三废"(废水、废气、固体废物)排放规定、产品的环保、质量、耐用性、安全性等特性的强制性规定;三是消费者行为约束,即通过影响消费者的行为决策,从需求层面加强规制或限制。

## 2.1.2　环境规制的含义

学术界对于环境规制含义的认识在经历了一个不断发展和演进的过程。第一阶段,环境规制是政府以非市场途径对环境资源利用的直接干预,内容包括采取行政禁令、关停污染企业、发放非市场转让性的许可证制等。其典型特征为环境标准由政府行政当局全权制定及执行,市场和企业在严格的行政管制中没有灵活性和谈判的空间。第二阶段,运用环境税、补贴、押金退款、经济刺激等环境规制手段,即政府对环境资源利用进行直接和间接的干预,外延上除行政法规外,还包括经济手段和利用市场机制政策等。不过,即便如此,环境规制的含义似乎仍不完美。第三阶段,自 20 世纪 90 年代以来,实施生态标签、环境认证、自愿协议等,使环境规制的含义再次被修正,外延上除命令控制型环境规制和以市场为基础的市场激励型环境规制(这两者是由政府主导的环境规制措施,又称为正式规制)外,又增加了自愿型环境规制(非政府主导的环境规制措施,又称为非正式环境规制)。从环境规制的提出主体、对象、目标、手段和性质五个维度理解环境规制,会发现环境规制含义的第一次修正是在环境规制手段方面的突破(在原有手段基础上增加了经济刺激手段和市场机制政策);环境规制含义的第二次修正是在环境规制的提出主体方面做了突破(由原提出主体的政府,修正后增加了产业协会、企业等主体)。

对环境规制界定的不断深化,也充分体现了环境规制含义的不断演化和变迁。郎铁柱、钟定胜(2005)认为环境管理是指国家运用行政、经济、法体、技术、教育等手段,对人类活动施加影响和控制,以协调人与环境之间的关系,实现可持续发展。赵玉民等(2009)认为环境规制是以环境保护为目的、以个体或组织为对象、以有形制度或无形意识为存在形式的一种约束性力量。肖璐(2010)将史普博的规制定义应用于环境规制,认为从行政决策模型方面看,环境规制作为政府对环境管理的一种重要手段,可以被界定为政府以保障环境的可持续发展为目的,通过专门的行政机构制定实施一定的法律制度、政策以及环境质量标准等措施,调节规范各种经济主体行为,并对造成环境污染或环境损害的行为进行限制、禁止的管理活动。从市场机制的模型看,环境规制是在一定环境规制制度下各个环境利益集团博弈的过程和结果。董敏杰(2011)、王文普(2012)将环境规制定义为政府为达到环境保护的目标,通过制定相应的政策与措施,来对厂商的经济活动进行直接或间接调控的行为。薄文广(2018)认为环境规制的本质体现出"保护自然"的思想,理论上可界定为隐性和显性两种类别。隐性规制是非政府参与的个人或民间组织的行为;显性规制则指政府对环境问题直接或间接的干预行为。同时,更多的学者认为环境规制属于社会性规制的范畴,主要源于环境污染所导致的负外部性,政府通过制定各种法律法规与政策措施,采用行政命令、市场激励或其他规制形式来内化企业污染物的排放成本,调节企业的经济行为,以实现环境保护与经济的可持续增长。

## 2.2 环境规制的政策历程

### 2.2.1 环境规制的历史演进

通过环境规制的文献研究和实践总结可以发现,现有文献基于不同的角度对环境规制的类型进行了划分。有的从政府行为的角度出发,将环境管制分为命令控制型、经济激励型和商业-政府合作型;有的则基于适用范围的不同,将环境规制分为出口国环境规制、进口国环境规制和多边环境规制,更多分类具体如表 2-1 所示。

**表 2-1 不同学者对环境规制的划分**

| 文献 | 观点 |
|---|---|
| 彭海珍(2003) | 从政府行为的角度,将环境管制分为命令控制型、经济激励型和商业-政府合作型 |
| 保罗(2004) | 分为"集权式规制"与"分散式规制"两种,其中前者是直接控制污染企业的污染排放量以达到减排的目的,而后者主要是采用排污收费和污染排放许可证制度等市场型激励手段,赋予污染企业更多的减排自主权 |
| 张弛、任剑婷(2005) | 基于适用范围的不同,将环境规制分为出口国环境规制、进口国环境规制和多边环境规制 |
| 王书斌(2015) | 环境行政管制、环境污染监管和环境经济规制 |
| Word Bank(1997); 肖璐(2010); 于文超(2013) | 命令控制型、市场激励型与自愿型 |

由表 2-1 可知,各个分类标准虽然文字表达不同,但含义却十分相近。因此,相对比较通用的划分标准就是将环境规制划分为三类:命令控制型环境规制、市场激励型环境规制和自愿型环境规制,这三类环境规制的产生时期和演化历程不尽相同。除了这三种主要的环境规制外,也有学者提出隐性环境规制的概念,认为是最早产生的环境规制形式,主要是指人们内心的环保思想、理念和观点等,并没有外化形成一定的规章制度,相关研究也较少(刘金林,2015)。同时,随着环境形势的恶化及人类所面临的生存环境压力的增大,单纯依靠隐性环境规制不足以缓解环境压力。因此,人们对部分环保思想和观点进行法律化、制度化,提升到国家意志层面,置于国家力量基础上,使得命令控制型环境规制得以产生和发展。

命令控制型环境规制主要是指政府通过制定环境保护相关的法律法规,采用行政手段,禁止或限制企业或公民相关污染物的排放,以达到减排目标。在我国当前的环境政策中,依据发挥作用的阶段不同,又可将命令控制型环境规制工具划分为"事前预防"、"事中控制"和"事后治理"三类,主要政策工具有排放标准、生产过程标准、绩效标准、能源或废弃物消减目标、产品标准等。命令控制型环境规制在控制环境污染方面的优点是见效快、可靠性强,但同时也具有高成本、低效率、低激励等不可避免的弊端。为克服这一缺陷,人们积极寻求新的规制工具。

1972 年,经济合作与发展组织(OECD)颁布"污染者付费原则",自此以市场为基础的市场激励型环境规制产生,引起了各成员方的兴趣,一些国家逐渐开始采用产品税、可交易的排污许可证、押金返还等相关措施。市场激励型环境规制是政府利用以市场为基础的环境政策向排污企业提供减排激励，主要通过内化企业污染物排放成本这一机制实现环境治理目标，常用的政策工具有排污收费或税、废弃物或能源使用收费或税、产品收费或税、污染排放交易、能源或废弃物削减交易、产品交易等。目前实践中运用最为广泛的是排污费制度和排放许可证交易制度。虽然如此，市场激励型环境规制主要还是作为命令控制型环境规制的补充而不是替代，命令控制型环境规制仍是 OECD 成员方首要的选择目标。OECD 成员方不同环境规制下的政策类型、表现形式及工具划分情况具体如表 2-2 所示。

进入 20 世纪 90 年代后，环境污染的多因性、跨界性、时滞性、复杂性、破坏性，进一步让人们认识到，解决环境问题，离开社区、居民等社会各相关方的参与是不可能的，治理环境问题，社会需要负起更大的责任。基于这一认识，人们探索新的规制工具，最终创新出了信息披露、参与机制、环境标志等自愿型环境规制。自愿型环境规制指企业和公众自愿在环境保护方面做出行动或承诺。自愿型环境规制工具主要以企业和公众的环保观念为表现形式，具体包括信息公开、公众参与以及自愿协议等形式。

**表 2-2　OECD 成员方环境规制政策及工具的划分情况**

| 环境规制类型 | 表现形式 | 环境管制政策分类 | 环境规制工具的划分 |
|---|---|---|---|
| 市场激励型环境规制 | 征收排污费<br>环境税<br>环境污染治理投资<br>排污权交易 | 污染排放税<br>产品税费<br>排放额交易<br>环境补贴<br>废旧回收系统<br>生产者的责任能力 | 环境税费<br>环境补贴<br>排污权交易<br>生产者责任<br>押金返还制度<br>执行鼓励制度 |
| 命令控制型环境规制 | 配额及许可证制度<br>制定排污标准<br>政府的禁止性规定 | 产品标准<br>入市批准<br>产品禁令<br>生产工艺管制<br>环境标准<br>指定技术 | 市场准入<br>产品禁令<br>技术规范<br>排放绩效标准<br>产品标准<br>排污许可<br>生产工艺管制<br>环境和技术管理 |

表 2-2(续)

| 环境规制类型 | 表现形式 | 环境管制政策分类 | 环境规制工具的划分 |
|---|---|---|---|
| 自愿型环境规制 | 公众参与<br>强制认证<br>自愿协议 | 信息提供<br>契约(自愿或非自愿)<br>技术合约<br>建立网络 | 信息披露<br>自愿协议<br>技术条件<br>网络构建<br>环境标志 |

从总的演进趋势看,命令控制型环境规制和市场激励型环境规制的作用在一个较长的时期内仍然不可替代,而基于社会的进步和公民环境意识的提高,自愿型环境规制和隐性环境规制将越来越引起广泛的关切和重视,并将在更广阔的领域内得到运用和发展。环境规制的历史演变具体如图 2-1 所示。

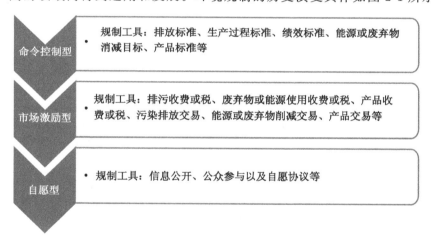

命令控制型
• 规制工具:排放标准、生产过程标准、绩效标准、能源或废弃物消减目标、产品标准等

市场激励型
• 规制工具:排污收费或税、废弃物或能源使用收费或税、产品收费或税、污染排放交易、能源或废弃物削减交易、产品交易等

自愿型
• 规制工具:信息公开、公众参与以及自愿协议等

图 2-1　环境规制的历史演变

由以上分析可知,环境规制的历史演变主要有三个过程,在不同的过程中,由于环境规制的类型不同,从而导致其衍生出来的环境规制工具也会有所差异。我们对中国环境规制的发展演进进行了梳理,对不同类型环境规制工具的主要内容以及实施时间等进行了归纳整理,具体如表 2-3 所示。

表 2-3　中国环境规制及其工具类别的演进

| 类型 | 工具类别 | 内容及实施时间 |
|---|---|---|
| 命令控制型 | 环境影响评价制度 | 《中华人民共和国环境保护法》(1979 年、1989 年第 13 条)、《建设项目环境保护管理条例》(1998.12)、《中华人民共和国环境影响评价法》(2003.9)、《建设项目环境影响评价分类管理名录》(2008.10)、新《中华人民共和国环境影响评价法》(2016.9) |
| | 三同时制度 | 《关于保护和改善环境的若干规定》(1973 年首次提出)、《关于加强环境保护工作的报告》(1976 年重申该项制度)、《中华人民共和国环境保护法》明确规定(1989 年,第 26 条,2015 年,第 41 条) |
| | 污染物总量控制制度 | 《中华人民共和国大气污染防治法》第 15 条(2000.9),《中华人民共和国水污染防治法》第 18 条(1984.11),《中华人民共和国海洋环境保护法》第 3 条(2000.4),《中华人民共和国水污染防治法》(修订)第 18 条(2008.6) |
| | 排污许可证制度 | 《水污染物排放许可证管理暂行办法》(1988.3),《中华人民共和国水污染防治实施细则》(1989.7),《中华人民共和国水污染防治法》(修订)(2008.6) |
| | 限期治理 | 《中华人民共和国环境保护法》第 18、29 条规定(1989.12),《限期治理管理办法(试行)》(2009.9) |
| | 关停并转 | 《国务院关于环境保护若干问题的决定》(1996.9) |
| 市场激励型 | 排污收费 | 《征收排、污费暂行办法》(1982.7),《关于开展征收工业燃煤二氧化硫排污费试点工作的通知》(1992.9)、《关于征收污水排污费的通知》(1993.8)、《排污费征收标准管理办法》(2003.7) |
| | 排污权交易 | 1987 年开始试点、《关于开展"推动中国二氧化硫排放总量控制及排污交易政策实施的研究项目"示范工作的通知》(2002.3)、《国务院办公厅关于进一步推进排污权有偿使用和交易试点工作的指导意见》(2014.8) |
| 自愿型 | 信息公开 | 《中国环境状况公报》(自 1989 年开始编发)、《关于企业环境信息公开的公告》(2003.9)、《中华人民共和国环境环保法》第 54 条(2015.1) |
| | 公众参与 | 《中华人民共和国水污染防治法》第 5 条(1996 年)、第 10 条(2008 年)、《中华人民共和国大气污染防治法》第 5 条(1995 年、2000 年)、新《中华人民共和国环境保护法》第 54、57 条等(2015.1) |
| | 自愿参与型 | 中国环境标志产品认证委员会(1994 年正式成立)、中国环境管理技术委员会(1995 年成立)、环境管理体系审核中心(1996 年成立),ISO 14000 系列标准等同转化为国家标准(1996.10)、中环协(北京)中国环保产品认证中心(2005) |

### 2.2.2 环境规制的政策类别

不同环境规制政策对企业的影响不同,国外最早可追溯到 Weitzman(1974)的研究,其分析了不同环境规制措施对企业生产的影响,并从理论上证明,当预期边际收益曲线较平坦时,采用税收手段比单纯采用命令控制型规制手段更有利于企业成长。此后,Harford(1978)首次系统地研究企业在不完全遵守的条件下,不同环境规制类型和工具对企业减排成本的影响。Stavins(1998)研究认为,相比其他的命令控制型环境规制政策,通过可转让的污染排放许可来管制企业,能实现潜在成本节约。Sandmo(2002)则通过局部均衡框架,研究了在企业不完全遵守约束的情况下,排污税和可交易排污许可对企业减排行为的影响,并对这两种环境规制措施进行了比较研究。Montero(2002)研究发现,如果成本和收益曲线对监管者是不确定的,数量型工具相比价格型工具会表现得更好。Kemp(1998)和哈密尔顿(1998)分别从不同角度对环境规制政策进行了分类,具体如图 2-2 所示。

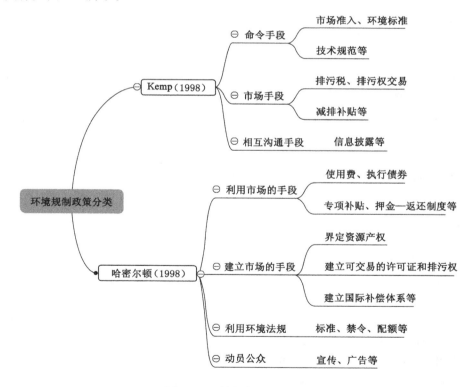

图 2-2　环境规制的政策分类

整合 Kemp(1998)和哈密尔顿(1998)的观点,尤其是哈密尔顿(1998)的观点,按照政策实施途径与方式,可将环境规制政策分为四类:

① 利用市场进行规制,主要通过环境税费、环境补贴、市场债券、押金返还等市场化的制度进行规制。

② 建立市场进行规制,主要通过完善产权制度、私有化和权力分散、排污权交易、国际补偿等制度建立新的市场交易进行规制。

③ 利用环境法规进行规制,主要通过环境法、标准、禁令、许可证和配额等环境类别的法规进行规制。

④ 社会动员进行规制,主要针对社会公众或组织,通过宣传、教育等形式,激发公众参与,保护环境。

根据政策作用方式和性质的差异,可将环境规制政策分为直接规制、间接规制和自我规制三类。其中,直接规制政策是指在国家法律体系的支撑下,通过制定和实施各类环境法律法规以达到环境保护的政策手段;间接规制政策则基于市场的自主调节方式,以"资源有偿使用""污染者付费"等为原则,将资源开发和环境保护纳入市场经济体系;自我规制政策主要指为鼓励社会公众、非政府组织和企业参与环境保护行动而采取的宣传、教育与培训、合作与交流等手段。

按照政策作用范围的大小,将环境规制政策从行业层面、全局层面、区域层面以及国家层面进行划分(张红双,2012)。此外,OECD 按照环境规制政策对技术创新的影响,将其分为基于绩效的管制、基于过程的管制、差别管制、经济手段、标准性管制、自愿行动类管制、法规和指引、第三方认证以及教育计划和信息公开等九类。

## 2.3 环境规制的统计测度方法

### 2.3.1 环境规制的测度方法分类

(1) 投入型指标和绩效型指标

目前,对环境规制的测度主要有直接测度和间接测度两个方面。直接测度主要有减排成本与支出、污染物排放以及环保政策的数量等。间接测度指采用相关的替代指标,衡量环境规制,而替代指标主要分为投入型指标和绩效型指标,其中投入型指标包括污染减排成本、污染治理投资、监督检查次数和政府环保支出,绩效型指标则包括排污费/税和主要污染物排放量/处置率等。

张华(2016)在对环境规制进行统计测度时,从投入型指标和绩效型指标中选取了三类替代指标,分别反映环境规制支出、监管和收益的三个环节。具体指标如下：

① 环境规制支出指标，以单位工业增加值的工业污染治理投资额与单位国内生产总值(GDP)的工业增加值比值来衡量，这种做法的优势在于考虑了各地区历年工业产业结构的异质性，值越大表示环境规制强度越大；

② 环境规制监管指标，遵循杨海生、陈少凌、周永章(2008)和李后建(2013)的做法，以排污费收入总额与缴纳排污费单位数比值来衡量，值越小表示环境规制监管强度越大；

③ 环境规制收益指标，以工业 $SO_2$ 去除率来衡量，$SO_2$ 去除率越高表示环境规制收益强度越大。

（2）规制行为和规制效果

对于环境规制的度量是基于规制行为还是规制效果，不同的学者有不同的看法。Sonic Ben Kheder(2008)基于规制效果的综合视角，用单位能源消耗的国民生产总值(GDP/Energy)来度量环境规制的严格程度，他认为使用该指标的优点在于它可以度量政府针对环境的一系列规则和条款的真正影响效果。鉴于该指标的优越性，余伟(2015)选用它来衡量环境规制的严格程度，即随着 GDP/Energy 比值的增加，环境规制也越严格。除了从环境规制效果对环境规制进行度量外，也有许多学者从环境治理角度对环境规制行为进行度量(Brunnermeier and Cohen,2003；张成等,2011)。而王宇澄(2015)则将这两者结合起来考虑，从而提供了一种较为全面的度量标准，即在国内外相关研究基础上，对被解释变量环境规制强度的刻画进行了分析与研究，将统计测度分为环境规制行为和环境规制效果两大类。

环境规制行为变量指政府制定污染标准的严格程度，以及对环境规制的执行和监管力度。其主要指标包括：① 各地方政府颁布的环保标准或环保方面的规章数量，环保标准越严格，规章数量越多，则说明政府对环保要求越严格；② 污染治理、监管支出和治污执法次数，其中污染治理越严格，监管支出和治污执法次数越多，这说明环境规制的执行力度越严格；③ 环境监管力度等。

环境规制效果通过考察污染治理的实际效果反映治理的努力程度，主要指标是污染密集度，用单位工业增加值的污染物排放表示。污染密集度越大，说明规制效果越差。

（3）其他度量方法

除上述度量方法外，李虹、邹庆(2018)基于已有研究，将环境规制的度量方法进行整合并划分为以下四类。

① 单一指标法，即采用单个指标来衡量环境规制强度，包括采用环境规制

政策、环境治理投入和环境政策绩效等直接指标进行衡量。此外,也有部分学者采用人均收入等间接指标来衡量环境规制强度。

② 综合指数法,一是基于污染排放量的综合指标,如钟茂初等(2015)选取二氧化硫去除率、工业烟尘去除率等 5 个单项指标,计算出综合指数来反映地区环境规制强度;二是基于多角度的综合指标,如环境绩效指数通过构建指标体系,最终给出反映每个国家环境保护与可持续发展的综合指数。

③ 分类考察法,包括基于不同环境规制手段、不同环境规制主体等视角的测度,如黄清煌、高明(2016)将环境规制分为命令控制型、市场激励型和公众参与型三类,分析了不同环境规制工具对节能减排效率的影响。

④ 赋值评分法,即根据一定规则对环境规制的严格程度进行赋值,如 Van-Beer and Van Den Bergh(1997)通过构建环境规制强度体系,设置总分为 24 分的量化体系,测度所研究国家的环境规制强度。

### 2.3.2 环境规制强度的衡量指标

(1) 污染治理成本

① 利用各地区治污设施的总运行费用或环保设备投资额来衡量环境规制(赵红,2007;张成、于同申、郭路,2010;张三峰、卜茂亮,2011;宋马林、王舒鸿,2013)。

② 分别采用工业废水、废气治理设施的运行费用占工业增加值和主营业务成本的比重衡量环境规制(谢靖,2017)。

③ 用治污投资占企业或工业总成本或总产值的比重来衡量环境规制(Gray,1987;Berman and Bui,2001;Lanoie P,2008;Lanoie et al.,2008;张成等,2011;朱承亮、岳宏志、师萍,2011;龚健健、沈可挺,2011;沈能,2012;原毅军、谢荣辉,2014)。

④ 用各地区排污费用与工业总产值的比值衡量环境规制(Levinson,1996;王兵等,2010;李胜兰、初善冰,2014)。

⑤ 以每千元工业产值的污染治理成本作为环境规制强度的衡量指标(刘金林,2015;王国印,2011;黄平,2010;袁丽静,2017)。

(2) 环境规制相关政策及其执行情况

① 环境公约的参与率或环境法规数量(Low and Yeats,1992;Smarzynska and Wei,2001;李永友、沈坤荣,2011;张崇辉、苏为华,2013)。

② 用环境规制机构对企业排污检查和监督次数及排污费征收情况来衡量环境规制强度(Brunnermeier and Cohen,2003;张三峰、卜茂亮,2011;原毅军、谢荣辉,2014)。

（3）污染排放强度

① 用不同污染物的排放强度衡量环境规制（Cole and Elliott，2003a；Domazlicky and Weber，2004）。

② 用污染排放量的多少衡量环境规制（朱平芳、张征宇，2011；童健，2016；黄清煌、高明，2017）。

③ 用工业废水排放达标率来衡量环境规制（朱平芳、张征宇、姜国麟，2011；江珂，2011；Smarzynska and Wei，2011；李子豪、刘辉煌，2013；于文超、高楠，2014）。

④ 用污染排放量的变化值度量环境规制（Domazlicky and Weber，2004）。

（4）国内生产总值（GDP）/收入

① 采用人均 GDP 作为环境规制的替代指标，即随着收入水平的不断提高，环境规制会更加严格（Antweiler et al.，2001；Mani and Wheeler，2003；陆旸，2009）。

② 利用能源消耗强度进行衡量，即 GDP/能耗（Zugravu，2008；江珂，2009）。

（5）综合指数

① 采用综合指数方法构建环境规制的综合测量体系。如基于各行业的实际污染指标的综合指数方法，构建我国各行业的环境规制强度，这套体系由一个目标层（ERS综合指数）、三个评价指标层（废水、废气和废渣）和若干个单项指标层构成。基于我国各类污染物排放的严重程度及数据的可得性，选择废水排放达标率、二氧化硫去除率、烟尘去除率、粉尘去除率和固体废物综合利用率 5 个单项指标来衡量环境规制（赵细康，2003；傅京燕，2010；李虹、邹庆，2018）。

② 采用线性加权法，如基于二氧化硫去除率、工业烟（粉）尘去除率两个单项指标构建环境规制综合指数。此外，在研究中，采用工业二氧化硫去除率和工业烟（粉）尘去除率表征环境规制程度进行稳健性检验（沈坤荣、金刚、方娴，2017）；或者采用工业废水排放总量、工业废水排放达标量、工业二氧化硫排放量、工业二氧化硫去除量数据计算各地区的环境规制强度综合指标（张中元、赵国庆，2012）。

③ 采用行业污染密度综合指数。选取测算污染物排放量指标，即废水排放达标率、二氧化硫去除率和固体废物综合利用率 3 个指标采用综合指数法（赵细康，2003；徐敏燕，2013），构建制造业的环境规制强度综合测量体系（李玲、陶锋，2012）。相关文献如表 2-4 所示。

表 2-4  环境规制的衡量指标

| 类别 | 衡量指标 | 文献 |
|---|---|---|
| 污染治理成本 | 各地区治污设施的总运行费用或环保设备投资额 | 赵红(2007);张成、于同申、郭路(2010);张三峰、卜茂亮(2011);Yana Rubashkina(2015) |
| | 工业废水、废气治理设施的运行费用占工业增加值和主营业务成本的比重 | 谢靖(2017) |
| | 治污投资占企业或工业总成本或总产值的比重 | Gray(1987);Berman and Bui(2001);Lanoie(2008);Lanoie et al.(2008);张成等(2011);朱承亮、岳宏志、师萍(2011);龚健健、沈可挺(2011);沈能(2012);原毅军、谢荣辉(2016) |
| | 各地区排污费用与工业总产值的比值 | Levinson(1996);王兵等(2010);李胜兰、初善冰(2014) |
| | 每千元工业产值的污染治理成本 | 刘金林(2015);王国印(2011);黄平(2010);袁丽静(2017) |
| 相关政策及其执行情况 | 环境公约的参与率或环境法规数量 | Low,Yeats(1992);Smarzynska,Wei(2001);李永友、沈坤荣(2011);张崇辉、苏为华(2013) |
| | 环境规制机构对企业排污检查和监督次数及排污费征收情况 | Brunnermeier and Cohen(2003);张三峰、卜茂亮(2011);原毅军、谢荣辉(2014) |
| 污染排放强度 | 不同污染物的排放强度 | Cole and Elliott(2003a);Domazlicky and Weber(2004) |
| | 污染排放量 | 朱平芳、张征宇(2011);童健(2016);黄清煌、高明(2017) |
| | 工业废水排放达标率 | 朱平芳、张征宇、姜国麟(2011);江珂(2011);Smarzynska and Wei(2011);李子豪、刘辉煌(2013);于文超、高楠(2014) |
| | 污染排放量的变化值 | Domazlicky and Weber(2004) |

表 2-4(续)

| 类别 | 衡量指标 | 文献 |
|---|---|---|
| 综合指数 | 废水排放达标率、二氧化硫去除率、烟尘去除率、粉尘去除率和固体废物综合利用率 5 个单项指标构建环境规制综合指数 | 赵细康(2003);傅京燕(2010) |
| | 采用线性加权法,基于二氧化硫去除率、工业烟(粉)尘去除率两个单项指标构建环境规制综合指数。分别采用工业二氧化硫去除率和工业烟(粉)尘去除率表征环境规制程度进行稳健性检验 | 沈坤荣、金刚、方娴(2017) |
| | 工业废水排放总量、工业废水排放达标量、工业二氧化硫排放量、工业二氧化硫去除量 | 张中元、赵国庆(2012) |
| | 废水排放达标率、二氧化硫去除率和固体废物综合利用率 3 个指标 | 徐敏燕(2013) |
| | 规制行为指标＝(工业污染治理投资＋排污费收入总额)/工业增加值,选取单位工业增加值二氧化硫、工业粉尘、工业废水、工业固体废物排放量检验文章结论的稳健性 | 王宇澄(2015) |
| 收入 | 人均 GDP 作为环境规制的替代指标 | 陆旸(2009) |
| | GDP/能耗 | 江珂(2009) |

# 3 江西省环境治理与环境绩效

## 3.1 江西省总体社会经济概况

江西省地处我国中部地区、长江中下游南岸,总面积 16.7 km²,常住人口 4 622.1万人,下辖 11 个地级市、26 个市辖区、11 个县级市、63 个县。改革开放以来,江西省经济持续快速发展,经济实力大大增强,下面以 2018 年江西省经济运行情况为例,对江西省总体社会经济进行简要概况。

2018 年,江西省经济运行总体平稳、稳中有进、稳中提质。经国家统计局核定,2018 年,全省生产总值 21 984.8 亿元,按可比价格计算,比上年增长 8.7%,实现了 8.5% 左右的预期发展目标,高于全国平均水平 2.1 个百分点,居全国第4,中部地区第 1。分产业看,第一产业增加值 1 877.3 亿元,增长 3.4%;第二产业增加值 10 250.2 亿元,增长 8.3%;第三产业增加值 9 857.2 亿元,增长 10.3%。三次产业结构比例为 8.6 : 46.6 : 44.8。

### 3.1.1 产业发展平稳

2018 年,江西省全省农业生产总体平稳,农林牧渔业总产值 3 148.6 亿元,按可比价格计算,比 2017 年增长 3.5%。粮食继续稳产丰产。全年粮食总产 438.1 亿斤,比 2017 年减少 6.2 亿斤,下降 1.4%,连续第 7 年稳定在 420 亿斤以上,列历史第 5 高产年份。畜禽生产总体趋好。猪肉产量 246.3 万 t,比上年下降 1.3%;牛肉产量 12.5 万 t,增长 3.4%;羊肉产量 2.1 万 t,增长 6.6%;禽肉产量 63.2 万 t,增长 3.9%。生猪存栏 1 587.3 万头,比上年下降 2.1%;生猪出栏 3 124 万头,下降 1.8%。

江西省全省工业生产平稳运行,规模以上工业增加值比上年实际增长 8.9%,增速比上年回落 0.2 个百分点,高于全国平均水平 2.7 个百分点。分经济类型看,国有控股企业增加值增长 6.6%,集体企业增长 6.7%,股份制企业增长 9.3%,外商及港澳台商投资企业增长 8.7%。分行业看,38 个行业大类中 34 个实现增长,占比达 89.5%,其中,计算机、通信和其他电子设备制造业增加值增长 27.3%,电气机械和器材制造业增长 15.3%,电力、热力生产和供应业增长 13.0%,有色金属冶炼和压延加工业增长 12.7%。非公有制工业贡献较大。非公有制工业增加值增长 9.7%,占规模以上工业增加值的 79.8%,对规模以上工业增长的贡献率为 86.5%。其中,私营企业增长 10.1%,占规模以上工业增加值的 37.0%,对规模以上工业增长的贡献率为 41.2%。全省规模以上工业企业实现主营业务收入 29 413.7 亿元,同比增长 11.7%,比上年同期加快 0.6 个百分点;实现利润总额 1 918.1 亿元,增长 16.6%,比上年同期回落 1.8 个百分点;亏损企业亏损额 81.8 亿元,下降 22.5%。

江西省全省服务业保持较快发展,规模以上服务业企业实现营业收入 2 161.7 亿元,同比增长 8.5%。其中,其他营利性服务业企业实现营业收入 414.3 亿元,增长 21.7%。新兴领域快速发展。软件和信息技术服务业实现营业收入 102.4 亿元,增长 38.0%;互联网和相关服务实现营业收入 19.5 亿元,增长 78.6%。企业减负效应明显。规模以上服务业企业营业税金及附加、应交增值税合计 74.0 亿元,下降 10.3%;销售费用、管理费用、财务费用合计 371.9 亿元,增长 7.5%,增速低于全国平均水平 2.3 个百分点。从市场预期看,规模以上服务业企业对下季度企业的经营状况预期指数为 61.3%,继续保持在较高景气区间,其中,信息传输、软件和信息技术服务业预期经营状况最好,预期指数为 68.2%。

### 3.1.2　社会发展稳定

2018 年,江西省全省固定资产投资增速稳定,比上年增长 11.1%,增速比上年回落 1.2 个百分点,高于全国平均水平 5.2 个百分点。分产业看,第一产业投资增长 17.2%,占全部投资的 2.7%;第二产业投资增长 13.1%,占全部投资的 49.1%,其中工业投资增长 13.1%,占全部投资的 48.9%;第三产业投资增长 8.9%,占全部投资的 48.2%。民间投资拉动有力。民间投资增长 12.5%,占全部投资的 67.9%,对投资增长的贡献率为 74.3%。基础设施投资增速加快。基础设施投资增长 17.7%,比上年加快 9.8 个百分点,占全部投资的 17.2%,比上年提高 0.9 个百分点。

江西省全省房地产开发投资比上年增长 8.0%,增速比上年回落 5.7 个百分点,低于全国平均水平 1.5 个百分点。其中,住宅投资增长 14.3%,比上年加快 2.7 个百分点。商品房销售面积 6 200.7 万 m²,增长 6.1%,其中住宅销售面积 5 389 万 m²,增长 8.5%;商品房销售额 4 219.9 亿元,增长 17.5%,其中住宅销售额 3 524.3 亿元,增长 22.4%。12 月末,商品房待售面积 950.5 万 m²,比上年末下降 15.9%,其中,住宅待售面积 497.7 万 m²,下降 17.0%。

江西省全省消费品市场稳健发展,实现社会消费品零售总额 7 566.4 亿元,比上年增长 11.0%,增速比上年回落 1.3 个百分点,高于全国平均水平 2.0 个百分点。其中,限额以上消费品零售额 2 800.7 亿元,增长 10.7%,比上年回落 3.4 个百分点。按经营单位所在地分,城镇消费品零售额 6 399.7 亿元,增长 10.9%,其中城区 3 693.2 亿元,增长 14.1%;乡村消费品零售额 1 166.7 亿元,增长 11.6%。按消费类型分,餐饮收入 951.8 亿元,增长 15.9%;商品零售 6 614.7 亿元,增长 10.3%。消费升级持续增强。乡村游、自驾游、休闲游等旅游服务消费持续火爆,旅游总人数 6.9 亿人次,增长 19.7%;旅游总收入 8 145.1 亿元,增长 26.6%。化妆品类、建筑及装潢材料类、家具类、中西药品类等商品零售额快速增长,增速分别为 19.6%、16.2%、16.1% 和 15.5%。

江西省全省对外贸易稳中趋缓,进出口总值 3 164.9 亿元,比上年增长 5.1%,增速比上年回落 9.0 个百分点,低于全国平均水平 4.6 个百分点。其中,出口值 2 224.1 亿元,增长 0.7%,比上年回落 11.9 个百分点;进口值 940.8 亿元,增长 17.3%,比上年回落 1.3 个百分点。分贸易方式看,一般贸易进出口 2 532.7 亿元,增长 3.1%;加工贸易进出口 594.4 亿元,增长 11.4%。主要出口商品中,机电产品出口 927.9 亿元,增长 11.2%;高新技术产品出口 357.1 亿元,增长 26.8%。主要贸易伙伴中,对东盟进出口总值 494.7 亿元,增长 20.0%;对美国进出口总值 386.8 亿元,下降 3.2%;对欧盟进出口总值 368.3 亿元,下降 3.6%。全省新批外商投资企业 594 家,比上年增长 20.0%;合同金额 88.8 亿美元,下降 12.3%;实际利用外商直接投资 125.7 亿美元,增长 9.7%。

全省财政收支质量提升,财政总收入 3 795.0 亿元,比上年增长 10.1%,增速比上年加快 0.4 个百分点,税收占比 81.3%,比上年提高 2.5 个百分点。其中,一般公共预算收入 2 372.3 亿元,增长 5.6%,比上年加快 1.2 个百分点,税收占比 70.1%,比上年提高 2.7 个百分点。在主要税收中,增值税 712.9 亿元,增长 17.1%;企业所得税 222.6 亿元,增长 22.2%;个人所得税 89.0 亿元,增长 27.8%。

全省一般公共预算支出 5 669.9 亿元,比上年增长 10.9%,增速比上年回落 0.1 个百分点。在重点支出中,教育支出 1 052.2 亿元,增长 11.9%;社会保障和就业支出 762.6 亿元,增长 14.9%;城乡社区支出 702.8 亿元,增长 36.2%;医疗卫生与计划生育支出 586.9 亿元,增长 19.2%。

江西省全省价格水平涨幅温和,居民消费价格比上年上涨 2.1%,涨幅比上年提高 0.1 个百分点。其中,城市上涨 2.1%,农村上涨 2.2%。分类别看,八大类商品和服务价格全部上涨,医疗保健类上涨 8.3%,居住类上涨 2.6%,教育文化和娱乐类上涨 2.6%,交通和通信类上涨 1.6%,食品烟酒类上涨

1.0%,生活用品及服务类上涨 1.0%,其他用品和服务类上涨 0.8%,衣着类上涨 0.2%。12 月份,居民消费价格同比上涨 1.7%,比上月回落 0.2 个百分点。

江西省全省工业生产者出厂价格比上年上涨 4.2%,涨幅比上年回落 3.7个百分点,12 月份同比上涨 0.2%,比上月回落 1.3 个百分点。工业生产者购进价格比上年上涨 3.2%,涨幅比上年回落 4.0 个百分点,12 月份同比上涨 0.7%,比上月回落 1.4 个百分点。

江西省全省居民收入稳步提升,居民人均可支配收入 24 080 元,比上年增长 9.3%,增速比上年回落 0.3 个百分点,高于全国平均水平 0.6 个百分点。其中,城镇居民人均可支配收入 33 819 元,增长 8.4%,增速比上年回落 0.4 个百分点;农村居民人均可支配收入 14 460 元,增长 9.2%,比上年加快 0.1 个百分点。

江西省全省城镇新增就业 55.32 万人,完成全年目标任务的 122.9%;失业人员再就业 22.20 万人,完成全年目标任务的 116.8%;就业困难人员就业 5.35万人,完成全年目标任务的 133.8%,城镇登记失业率控制在 3.44%。

## 3.2　江西省环境规制行动

在我国目前发展阶段,实现环境和经济同步发展在地方政府管理工作中一直占据十分重要的地位。地方政府作为公共权力运行的主要主体,在环境保护过程中扮演着至关重要的角色,特别是在制定与生态环境治理相关法律法规及提供公共服务等方面发挥着重要的作用。江西省一直是环境生态优势区,在环境规制方面一直采取着积极的措施与行动。

### 3.2.1　环境保护措施与行动

(1)水环境

① 深入实施水污染防治行动计划。一是全面完成国家对江西省 2018 年水污染防治行动计划的考核工作。二是完成编制 2018 年度工作计划并经省政府办公厅印发实施。三是实行江西省全省考核断面水质定期通报制度,督促各设区市政府加大整治力度,坚决扭转水质恶化趋势。2018 年,全省国考断面水质优良比例为 92.0%,高于国家年度考核目标 9.3 个百分点。四是推进工业集聚区污水集中处理设施建设,加快推进地下油罐更新改造。

② 加强饮用水水源保护。一是积极推进集中式饮用水水源保护区划定。全省县级及以上集中式饮用水水源保护区划定工作基本完成,共划定保护区

151 个。二是开展饮用水水源环境状况评估。完成全省县级及以上城市上年度集中式饮用水水源水质和环境状况评估工作。三是加快推进备用应急水源建设。上饶市已完成，新余、宜春市和抚州市正在开工建设，有 5 个设区市已完成设计批复等前期工作。

③ 落实消灭劣 V 类水任务。一是持续监测预警。对消灭劣 V 类水重点断面开展加密监测。二是加强调度和通报。督促消灭劣 V 类水重点治理断面和新出现的劣 V 类水断面的责任政府倒排工期，加快进度。三是加强考核。制定印发《江西省消灭劣 V 类水重点工作考核办法》，重点治理的 44 个断面考核结果全部合格，其中优良率达 93.2%，全面实现了省委省政府确定的用一年时间消灭劣 V 类水的工作目标。

④ 贯彻落实河长制工作。一是完成了《2018 年河长制工作要点及考核方案》的编制，完成 2018 年度生态环境领域河长制工作年终考核工作。二是开展"清河行动"，制定了《2018 年全省水质不达标河湖专项治理行动方案》，开展了饮用水源保护专项行动，依法清理了饮用水水源保护区内违法建筑和排污口。三是配合省河长办完成《江西省实施河长制湖长制条例》的颁布实施。

⑤ 开展黑臭水体整治专项督查。一是积极配合国家黑臭水体整治专项督查。完成了南昌、吉安和赣州 3 个设区市黑臭水体整治督查工作。二是开展省级黑臭水体整治专项督查。联合省住建厅对 9 个设区市进行督查。全省设区市建成区 32 个黑臭水体已完成整治 26 个，完成比例为 81%，达到国家考核目标要求。

⑥ 大力开展农村环境保护工作。一是积极推进农村环境综合整治。完成农村环境综合整治任务 715 个，完成率为 102%。二是深入推进畜禽养殖污染防治。2017 年度江西省畜禽养殖废弃物资源化利用工作被农业农村部、生态环境部评定为优秀等次。

（2）大气环境

2018 年，江西省全省 PM2.5 平均浓度 38 $\mu g/m^3$，全省 11 个设区城市首次全面完成空气质量改善任务，南昌市、景德镇市两市空气质量达到二级标准，实现了达标城市零的突破，江西省大气环境质量明显改善，人民的蓝天幸福感明显增强。

① 坚定不移削减燃煤污染。深化燃煤锅炉治理，加快淘汰 10 蒸吨/小时及以下燃煤锅炉，印发了《关于开展 2018 年燃煤锅炉专项整治工作的通知》，全年共淘汰燃煤小锅炉 671 台，超额完成年度目标任务。

② 全面深入治理工业污染。一是推动重点行业大气污染治理项目减排。二是开展工业企业专项整治。三是深入推进挥发性有机物（VOCs）治理，开展

了工业园区 VOCs 专项整治调研。

③ 加快治理交通领域污染。江西省继续实施机动车环保限行、环保准入审核,强化环检机构监管,加强监管能力建设。一是建成省市两级机动车排污监控平台,12 个市县级(11 个设区市＋丰城市)平台建成并投入运行,233 个机动车环检机构全部实施联网。二是推进黑烟车抓拍系统部署,7 个设区市建成遥感黑烟车抓拍系统,四大钢铁联合企业完成货运车辆通道尾气遥感监控设备安装。三是加快淘汰老旧车辆,2018 年,全省共淘汰老旧车辆 7.9 万辆。四是加大新能源车推广力度,2018 年,全省新增新能源汽车 20 716 台,其中新能源公交车 1 257 台。五是启动非道路移动机械执法检查,探索非道路移动源监管路径。

④ 强化城市扬尘污染综合整治。江西省人民代表大会出台《关于加强全省建筑工地扬尘污染防治的决定》,指导各地加强城市精细化管理。全省 PM2.5 平均浓度 38 $\mu g/m^3$,全省开展扬尘检查 14 264 余次,检查 19 560 个工程点,下达建筑工地限期整改通知 11 755 余份,行政处罚 604 起、金额 1 907 余万元,城市建筑工地及道路扬尘污染问题得到极大改善。同时,常态化开展"洗城行动",着力提升城市精细化管理水平。

⑤ 禁止露天焚烧行为。一是有效管控重点节日期间烟花爆竹禁燃禁放。在元旦、春节、清明节期间,狠抓禁燃禁放禁烧工作,空气质量明显好转。二是抓好秸秆焚烧高发时节管控。建立了对县(区)秸秆禁烧管控的考核和资金奖罚机制,有效管控农作物秸秆焚烧,露天焚烧秸秆行为明显减少。

⑥ 精细化管理生活类大气污染源。加大全省干洗行业 VOCs 专项整治;餐饮油烟企业安装高效油烟净化装置,不断加大餐饮油烟污染检查执法力度。

(3) 土壤环境

① 2018 年,江西省继续贯彻落实《土壤污染防治行动计划》,印发了《江西省土壤污染防治 2018 年工作计划》《江西省土壤污染防治工作方案实施情况评估考核规定(试行)》,通过定期调度、督办通报和约谈等措施,全力推进土壤污染防治各项工作。

② 开展土壤污染状况调查,完成农用地土壤污染状况详查,全面启动重点行业企业用地土壤调查。

③ 健全地方法规和标准体系。起草《江西省土壤污染防治条例(草案)》,编制完成《江西省土壤环境质量建设用地土壤污染风险管控标准(试行)》。

④ 强化污染源监管。动态更新了土壤重点监管企业名单 403 家,其中 386 家完成企业用地自行监测并对外公开,其余 17 家停产或未投产。

⑤ 实施建设用地准入管理。建立了疑似污染地块名单 134 块,公布了 28 块污染地块名录。

⑥ 完善土壤污染防治项目库建设。纳入省级项目库 28 个,其中 20 个纳入 2018 年中央项目储备库,按年度计划有序实施列入《土壤污染防治目标责任书》的 9 个试点项目。

⑦ 实施新改扩建涉重金属重点行业建设项目总量替代,完成涉镉污染源排查,建立整治清单,确定 43 个污染源作为第一批的整治清单。

### 3.2.2 环境保护条例与政策

#### 3.2.2.1 环境保护条例

江西省环保法律法规的相关内容包括法规名称、制定机构、发布日期、生效日期以及主要内容和适用范围。以地方人民代表大会及其常务委员会文件为例,江西省环境保护相关法律法规具体如表 3-1 所示。

表 3-1　江西省环境保护条例相关内容

| 法规名称 | 制定机构 | 发布日期 | 生效日期 | 主要内容 | 适用范围 |
|---|---|---|---|---|---|
| 《江西省建设项目环境保护条例》 | 江西省人民代表大会常务委员会 | 1995 年 5 月 5 日 | 1995 年 6 月 1 日 | 加强建设项目的环境保护,有效防止和控制环境污染与生态破坏,保护和合理利用自然资源,保障人体健康,促进经济和社会发展 | 本条例适用于本省行政区域内一切对环境有影响的新建、扩建、改建、迁建、技术改造项目和区域开发建设项目 |
| 《南昌市城市市容和环境卫生管理条例》 | 南昌市人民代表大会常务委员会 | 1998 年 6 月 19 日 | 1998 年 8 月 1 日 | 加强城市市容和环境卫生管理,创造清洁、优美的工作和生活环境,促进社会主义物质文明和精神文明建设 | 在市人民政府划定的市区内,一切单位和个人必须遵守本条例 |

表 3-1(续)

| 法规名称 | 制定机构 | 发布日期 | 生效日期 | 主要内容 | 适用范围 |
|---|---|---|---|---|---|
| 《江西省环境污染防治条例》 | 江西省人民代表大会常务委员会 | 2000 年 12 月 23 日 | 2001 年 3 月 1 日 | 防治污染,保护和改善环境,保障人体健康,促进经济和社会可持续发展 | 本省行政区域内水、大气、环境噪声、固体废物污染和其他污染的防治,必须遵守有关法律、法规和本条例 |
| 《江西省建设项目环境保护条例》 | 江西省人民代表大会常务委员会 | 2001 年 6 月 21 日 | 2001 年 7 月 1 日 | 加强建设项目的环境保护,有效防止和控制环境污染与生态破坏,保护和合理利用自然资源,保障人体健康,促进国民经济和社会的可持续发展 | 本条例适用于本省行政区域内一切对环境有影响的新建、扩建、改建、迁建、技术改造项目和区域开发的建设项目 |
| 《南昌市城市绿化管理规定》（2010 修订） | 江西省人民代表大会常务委员会 | 2001 年 12 月 22 日 | 2001 年 12 月 22 日 | 发展城市绿化事业,改善城市生活环境和生态环境,增进人民身心健康,促进城市现代化建设 | 本市城市规划区内的城市绿化规划、建设、管理和保护,必须遵守本规定 |
| 《南昌市城市市容和环境卫生管理条例》（2003 修订） | 江西省人民代表大会常务委员会 | 2003 年 8 月 1 日 | 2003 年 8 月 1 日 | 加强城市市容和环境卫生管理,创造清洁、优美的工作和生活环境,促进社会主义物质文明和精神文明建设 | 在市人民政府划定的市区内,一切单位和个人必须遵守本条例 |
| 《南昌市城市水土保持条例》 | 南昌市人民代表大会常务委员会 | 2005 年 3 月 31 日 | 2005 年 7 月 1 日 | 预防和治理城市水土流失,保护城市水土资源,改善生态环境,促进经济和社会可持续发展 | 本市城市规划区内水土流失的预防、治理和监督,适用本条例 |

表 3-1(续)

| 法规名称 | 制定机构 | 发布日期 | 生效日期 | 主要内容 | 适用范围 |
|---|---|---|---|---|---|
| 《江西省植物保护条例》 | 江西省人民代表大会常务委员会 | 2005 年 5 月 27 日 | 2005 年 9 月 1 日 | 规范植物保护行为,预防和控制农业有害生物危害,保障农业生产和农产品质量安全,保护生态环境,促进农业可持续发展 | 在本省行政区域内从事植物保护活动应当遵守本条例 |
| 《南昌市城市绿化管理规定》 | 南昌市人民代表大会常务委员会 | 2005 年 5 月 27 日 | 2005 年 5 月 27 日 | 发展城市绿化事业,改善城市生活环境和生态环境,增进人民身心健康,促进城市现代化建设 | 本市城市规划区内的城市绿化规划、建设、管理和保护,必须遵守本规定 |
| 《南昌市机动车排气污染防治条例》 | 南昌市人民代表大会常务委员会 | 2006 年 8 月 3 日 | 2007 年 1 月 1 日 | 防治机动车排气污染,保护和改善大气环境,保障人体健康,促进经济和社会的可持续发展 | 本市城市规划区内机动车排气污染防治适用本条例;以电能驱动的机动车和铁路机车、拖拉机不适用本条例 |
| 《南昌市工业园区环境保护管理条例》 | 南昌市人民代表大会常务委员会 | 2008 年 8 月 13 日 | 2008 年 10 月 1 日 | 加强工业园区环境保护管理,促进经济、社会和环境的协调发展 | 本市行政区域内经国家或者省人民政府批准设立的开发区、工业园区环境保护管理适用本条例 |
| 《江西省环境污染防治条例》 | 江西省人民代表大会常务委员会 | 2008 年 11 月 28 日 | 2009 年 1 月 1 日 | 防治环境污染,保护和改善生活环境与生态环境,建设绿色生态江西,促进经济社会全面、协调、可持续发展 | 本省行政区域内水、大气、固体废物污染和其他污染的防治,适用本条例 |

表 3-1(续)

| 法规名称 | 制定机构 | 发布日期 | 生效日期 | 主要内容 | 适用范围 |
|---|---|---|---|---|---|
| 《鄱阳湖生态经济区环境保护条例》 | 江西省人民代表大会常务委员会 | 2012年3月29日 | 2012年5月1日 | 保护和改善鄱阳湖生态经济区环境,发挥鄱阳湖调洪蓄水、调节水资源、降解污染、保护生物多样性等多种生态功能,促进环境保护与经济社会的协调发展 | 在鄱阳湖生态经济区范围内从事影响环境的生产、经营、建设、旅游、科学研究、管理等活动,应当遵守本条例 |
| 《江西省机动车排气污染防治条例》 | 江西省人民代表大会常务委员会 | 2013年7月27日 | 2013年10月1日 | 防治机动车排气污染,保护和改善大气环境,保障人体健康 | 本省行政区域内机动车排气污染防治及其监督管理工作适用本条例 |

注:以上有关江西省环境保护法律法规的内容主要来源于汇法网。

由表 3-1 可知,地方人大(常委会)发布的文件中,主要的发文机构是江西省人民代表大会常务委员会和南昌市人民代表大会常务委员会,涉及内容包括环境保护、市容和环境卫生管理、植物保护、绿化管理以及污染防治等。这些文件针对环境方面出现的问题提出相应的解决方法,规范环境治理的行为以及防治环境污染,从而使江西省的环境治理达到更好的效果。

根据江西省环境保护地方人大(常委会)发布的文件以及汇法网的资料,笔者整理得出法规上级文件的相关内容,包括上级文件名称、制定机构以及效力级别,具体如表 3-2 所示。

表 3-2　江西省环保条例上级文件相关内容

| 法规名称 | 上级文件 | | |
|---|---|---|---|
| | 名称 | 制定机构 | 效力级别 |
| 《江西省建设项目环境保护条例》 | 《中华人民共和国环境保护法》 | 全国人民代表大会常务委员会 | 法律及全国人大(常委会)文件 |
| 《南昌市城市市容和环境卫生管理条例》 | 《城市市容和环境卫生管理条例》 | 国务院 | 行政法规及国务院(中央政府)文件 |

表 3-2(续)

| 法规名称 | 上级文件 | | |
| --- | --- | --- | --- |
| | 名称 | 制定机构 | 效力级别 |
| 《江西省环境污染防治条例》 | 《中华人民共和国环境保护法》 | 全国人民代表大会常务委员会 | 法律及全国人大(常委会)文件 |
| 《江西省建设项目环境保护条例》 | 《中华人民共和国环境保护法》 | 全国人民代表大会常务委员会 | 法律及全国人大(常委会)文件 |
| 《南昌市城市绿化管理规定》(2001修订) | 《中华人民共和国城市规划法》 | 全国人民代表大会常务委员会 | 法律及全国人大(常委会)文件 |
| | 《城市绿化条例》 | 国务院 | 行政法规及国务院(中央政府)文件 |
| 《南昌市城市市容和环境卫生管理条例》(2003修订) | 《城市市容和环境卫生管理条例》 | 国务院 | 行政法规及国务院(中央政府)文件 |
| 《南昌市城市水土保持条例》 | 《中华人民共和国水土保持法》 | 全国人民代表大会常务委员会 | 法律及全国人大(常委会)文件 |
| | 《中华人民共和国水土保持法实施条例》 | 国务院 | 行政法规及国务院(中央政府)文件 |
| | 《江西省实施〈中华人民共和国水土保持法〉办法》 | 江西省人民代表大会常务委员会 | 地方人大(常委会)文件 |
| 《江西省植物保护条例》 | 《中华人民共和国农业法》 | 全国人民代表大会常务委员会 | 法律及全国人大(常委会)文件 |
| | 《中华人民共和国农业技术推广法》 | 全国人民代表大会常务委员会 | 法律及全国人大(常委会)文件 |
| 《南昌市城市绿化管理规定》 | 《中华人民共和国城市规划法》 | 全国人民代表大会常务委员会 | 法律及全国人大(常委会)文件 |
| | 《城市绿化条例》 | 国务院 | 行政法规及国务院(中央政府)文件 |
| 《南昌市机动车排气污染防治条例》 | 《中华人民共和国大气污染防治法》 | 全国人民代表大会常务委员会 | 法律及全国人大(常委会)文件 |

表 3-2(续)

| 法规名称 | 上级文件 | | |
|---|---|---|---|
| | 名称 | 制定机构 | 效力级别 |
| 《南昌市工业园区环境保护管理条例》 | 《中华人民共和国环境保护法》 | 全国人民代表大会常务委员会 | 法律及全国人大(常委会)文件 |
| | 《中华人民共和国环境影响评价法》 | 全国人民代表大会常务委员会 | 法律及全国人大(常委会)文件 |
| 《江西省环境污染防治条例》 | 《中华人民共和国环境保护法》 | 全国人民代表大会常务委员会 | 法律及全国人大(常委会)文件 |
| 《鄱阳湖生态经济区环境保护条例》 | 《中华人民共和国环境保护法》 | 全国人民代表大会常务委员会 | 法律及全国人大(常委会)文件 |
| 《江西省机动车排气污染防治条例》 | 《中华人民共和国大气污染防治法》 | 全国人民代表大会常务委员会 | 法律及全国人大(常委会)文件 |
| | 《中华人民共和国道路交通安全法》 | 全国人民代表大会常务委员会 | 法律及全国人大(常委会)文件 |

由表 3-2 可知,江西省环境保护的法律法规所依据的上级文件制定机构主要是全国人民代表大会常务委员会和国务院,效力级别一般是法律及全国人大(常委会)文件或行政法规及国务院(中央政府)文件,相对而言比较严谨,执行力度比较强,贴近国家环保法律法规,具有可靠性。

3.2.2.2 环境保护政策

(1)出台实施细则

2017 年 4 月,江西省实行生态环境损害责任终身追究制,对违背科学发展要求,造成Ⅲ级以上生态环境损害等生态环境和资源严重破坏的,责任人不论是否已调离、提拔或者退休,都必须严格追责。《江西省党政领导干部生态环境损害责任追究实施细则(试行)》明确规定将坚持党政同责、一岗双责、联动追责、主体追责、终身追究的原则。

该细则规定,当党政领导干部因不履行或者不正确履行职责,造成或者可能造成生态环境损害,或者因生态环境损害导致的群体性事件,或者未完成中央和上级党委、政府下达的生态环境和资源保护约束性目标任务时,将启动生态环境和资源损害责任追究。

根据造成的后果程度,江西将生态环境损害分为特别重大生态环境损害(Ⅰ级)、重大生态环境损害(Ⅱ级)、较大生态环境损害(Ⅲ级)和一般生态环境损害(Ⅳ级)。责任追究形式包括通报;诫勉、责令公开道歉;组织调整或者组织处理,包括停职检查、调离岗位、引咎辞职、责令辞职、免职、降职;党纪政纪处分等。被追究责任党政领导干部涉嫌犯罪时,及时移送司法机关依法处理。

对于地方党政领导班子成员的选拔任用,细则规定将资源消耗、生态环境和资源保护、生态效益等情况作为考核评价的重要内容。对造成Ⅲ级及以上生态环境损害负有责任的干部,在被追究生态环境损害责任影响期满以后,事态未得到平息的,不得提拔任用或者转任重要职务。

（2）出台《江西省生态文明建设目标评价考核办法（试行）》

2017年6月,《江西省生态文明建设目标评价考核办法（试行）》出台。该评价考核办法适用于江西全省11个设区市和100个县（市、区）的党委和政府生态文明建设目标评价考核。生态文明建设目标评价考核实行党政同责,市、县（市、区）党委和政府领导成员生态文明建设一岗双责。

目标考核内容主要包括国民经济和社会发展规划纲要中确定的资源环境约束性指标,以及省委、省政府部署的生态文明建设重大目标任务完成情况,突出公众的获得感。目标考核体系具体包含:资源利用、生态环境保护、年度评价结果、公众满意度、生态文明制度改革创新情况等内容,生态环境事件为扣分项,美丽中国"江西样板"建设情况为加分项。考核结果分为优秀、良好、合格、不合格四个等次。

3.2.2.3　生态保护补偿机制

2017年6月,江西省出台《江西省人民政府办公厅关于健全生态保护补偿机制的实施意见》,探索建立多元化生态保护补偿机制,逐步扩大补偿范围,合理提高补偿标准。

该实施意见的主要目标是到2018年,森林、湿地、水流、耕地四个重点领域的生态保护补偿试点示范取得阶段性进展,初步建立生态保护补偿政策法规、标准和制度保障体系框架;到2020年,森林、湿地、水流、耕地四个重点领域的生态保护补偿实现全覆盖。此外,江西省明确严格生态环境质量考核,资金分配与考核结果挂钩。

# 3.3　环境规制的相关指标

## 3.3.1　环境规制支出指标

（1）工业生产总值

对江西省工业生产总值（简称工业产值）的分析主要包括两个方面,一是城市,对不同城市的工业生产总值进行横向比较,从而得出工业生产总值在地域上的差别;二是年份,对江西省工业生产总值进行纵向比较,从而得出工业生产总值随时间的推移而发生的变化,具体来说是指对江西省各个城市不同年份的工业生产总值进行比较分析,从而得出工业生产总值的整体变化趋势。对江西省2000 年、2005 年、2010 年和 2015 年各个城市的工业生产总值按 2000 年可比价进行处理,结果如表 3-3 所示。

表 3-3　江西省各市工业产值　　　　　　　　　　单位:亿元

| 城市 | 年份 | | | |
| --- | --- | --- | --- | --- |
| | 2000 年 | 2005 年 | 2010 年 | 2015 年 |
| 南昌市 | 161 | 351.51 | 844.36 | 1 502.6 |
| 景德镇市 | 44.51 | 79.2 | 202.05 | 357.91 |
| 萍乡市 | 50.8 | 112.97 | 232.11 | 401.79 |
| 九江市 | 69.04 | 140.72 | 333.19 | 614.55 |
| 新余市 | 24.39 | 65 | 160.45 | 259.45 |
| 鹰潭市 | 20.43 | 51.63 | 112.75 | 193.67 |
| 赣州市 | 60.2 | 129.02 | 331.3 | 614.8 |
| 吉安市 | 34.89 | 66.3 | 221.87 | 401.65 |
| 宜春市 | 54.74 | 124.09 | 347.18 | 642.67 |
| 抚州市 | 37.5 | 71.92 | 184.74 | 334.49 |
| 上饶市 | 43.03 | 113.95 | 289.87 | 539.55 |

由表 3-3 可知,江西省各市的工业生产总值可大致划分为三个等级,其中南昌市在 2000 年、2005 年、2010 年和 2015 年分别以 161 亿元、351.51 亿元、844.36 亿元和 1 502.6 亿元远高于其他城市,居江西省第一位;上饶市、宜春市、九江市、赣州市相较于除南昌市外的其他城市的工业生产总值更高,处于第二等级梯队;其余城市处于第三等级梯队,即工业生产总值相对较低。其中,萍乡市2000 年、2005 年工业生产总值较高,处于第二等级梯队,但到 2010 年、2015 年生产总值出现下滑,跌落至第三等级梯队。

由于各个城市基期的工业生产总值不同,因此,相同的增长量对于不同城市增长率的影响也有所不同,代表工业生产总值的发展状况也有所不同。所以,分析不同城市的工业生产总值的发展情况,就有必要对增长量和增长率进行结合分析,从而提高数据的说服力。对江西省 11 个城市 2000—2016 年工业生产总值的增长量和年均增长率进行分析。

在 2000—2016 年期间,江西省 11 个城市的工业生产总值的增长量呈现出相似的变化趋势,都是在 2000—2008 年期间持续增大,2008 年以后出现波动性变化,无持续增长或者减缓的趋势。其中,南昌市各年工业生产总值的增长量一直是全省最高的,新余市和鹰潭市最小;反观增长率而言,南昌市的年均增长率仅为 15.92%,排在全省 11 个城市中的第 7 位,处于中等偏下水平,并不居于全省榜首。就总体而言,江西省各城市工业生产总值的年均增长率相差不大,普遍集中在 15%～20% 之间,说明江西省各城市的工业生产总值虽然增长量差别较大,但增长速率还是比较接近的。

工业产值的统计描述指标主要包括年均增长量、年均增长率、均值、标准差、偏度和峰度,具体如表 3-4 所示。

表 3-4　2000—2016 年期间工业产值统计描述

| 区域 | 年均增长量/亿元 | 年均增长率/% | 均值/亿元 | 标准差/亿元 | 偏度 | 峰度 |
|---|---|---|---|---|---|---|
| 南昌市 | 1 476.50 | 917.09 | 495.98 | 727.65 | 0.54 | −1.10 |
| 景德镇市 | 344.09 | 771.30 | 117.08 | 175.33 | 0.53 | −1.14 |
| 萍乡市 | 387.66 | 763.06 | 129.18 | 204.39 | 0.47 | −1.14 |
| 九江市 | 603.27 | 873.85 | 202.90 | 293.92 | 0.59 | −1.03 |
| 新余市 | 257.24 | 1 054.50 | 87.22 | 131.54 | 0.33 | −1.34 |
| 鹰潭市 | 190.37 | 931.62 | 62.94 | 96.96 | 0.44 | −1.10 |
| 赣州市 | 613.00 | 1 018.23 | 207.74 | 288.79 | 0.57 | −1.07 |
| 吉安市 | 403.68 | 1 156.85 | 140.44 | 184.44 | 0.54 | −1.20 |
| 宜春市 | 646.00 | 1 180.04 | 219.79 | 297.42 | 0.56 | −1.10 |
| 抚州市 | 326.51 | 870.79 | 111.25 | 160.81 | 0.55 | −1.11 |
| 上饶市 | 545.26 | 1 267.06 | 183.12 | 252.31 | 0.56 | −1.09 |
| 江西省 | 7610.32 | 1 267.06 | 2 555.90 | 3521.53 | 0.56 | −1.09 |

由表 3-4 可知,在 2000—2016 年期间,南昌市的工业产值表明增长量最大,为 1 476.50 亿元,鹰潭市最小,为 190.37 亿元,且南昌市是鹰潭市的 7.75 倍;上饶市的工业产值年均增长率最大,为 1 267.06%,萍乡市最小,为 763.06%;南昌市工业生产总值的均值为 495.98 亿元,居全省最,鹰潭市最小为 62.94 亿元,且南昌市为鹰潭市的 7.88 倍,南昌市 2001—2016 年的工业生产总值的标准差最大,为 727.65,鹰潭市的最小,为 96.96,且南昌市为鹰潭市的 7.5 倍;九江市工业生产总值的偏度最大,为 0.59,新余市最小,为 0.33,且这 11 个城市工业

产值的偏度都大于 0,为正偏,其中有 3 个城市的偏度处于 0～0.5 之间,属于低偏态分布,其余城市偏度处于 0.5～1 之间,属于中等偏态分布;江西省 11 个城市的峰度都小于 0,呈平峰分布,其中,新余市峰度绝对值最大,为 1.34,赣州市最小,为 1.07。

将江西省各城市工业生产总值按年份展开,依次计算 2000—2016 年期间江西省不同年份工业生产总值的均值、标准差、偏度和峰度,具体如表 3-5 所示。

表 3-5　2000—2016 年期间江西省工业产值统计描述

| 年份 | 均值/亿元 | 增长率/% | 标准差/亿元 | 偏度 | 峰度 |
|---|---|---|---|---|---|
| 2000 年 | 54.60 | | 38.17 | 2.47 | 7.12 |
| 2001 年 | 61.12 | 11.93 | 43.02 | 2.53 | 7.44 |
| 2002 年 | 70.85 | 15.91 | 50.58 | 2.61 | 7.76 |
| 2003 年 | 84.47 | 19.23 | 59.64 | 2.62 | 7.77 |
| 2004 年 | 98.73 | 16.88 | 71.28 | 2.58 | 7.57 |
| 2005 年 | 118.75 | 20.29 | 82.92 | 2.54 | 7.39 |
| 2006 年 | 142.58 | 20.06 | 96.56 | 2.53 | 7.35 |
| 2007 年 | 174.76 | 22.57 | 112.15 | 2.47 | 7.09 |
| 2008 年 | 213.80 | 22.34 | 141.57 | 2.55 | 7.45 |
| 2009 年 | 249.66 | 16.77 | 165.20 | 2.48 | 7.16 |
| 2010 年 | 296.35 | 18.70 | 197.16 | 2.44 | 6.99 |
| 2011 年 | 346.40 | 16.89 | 227.91 | 2.37 | 6.70 |
| 2012 年 | 393.10 | 13.48 | 259.78 | 2.36 | 6.64 |
| 2013 年 | 439.69 | 11.85 | 291.42 | 2.31 | 6.44 |
| 2014 年 | 489.05 | 11.23 | 325.17 | 2.30 | 6.35 |
| 2015 年 | 533.01 | 8.99 | 354.97 | 2.29 | 6.29 |
| 2016 年 | 581.29 | 9.06 | 387.14 | 2.28 | 6.25 |

由表 3-5 可知,在 2000—2016 年期间,江西省工业产值均值呈现出逐年增长的趋势,其中,2016 年的工业生产总值为 581.29 亿元,相比于 2000 年的 54.60 亿元,增长了近 10.65 倍。就江西省全省的工业生产总值增长率而言,2007 年最大,为 22.57%,2015 年最小,为 8.99%,2007 年比 2015 年多增长了 13.58%。2000—2016 年期间,各城市工业生产总值的标准差也在不断增大,且 2016 年最大,为 387.14,2000 年最小,为 38.17.江西省各年份工业产值的偏度

系数都大于1,属于高度偏态分布,且各年份的偏度系数相差不大,其中2003年最大,为2.62,2016年最小,为2.28;峰度系数都大于0,呈尖峰分布,且2003年最大,为7.77,2016年最小,为6.25。2000—2016年,偏度和峰度这两个指标呈现出相同的变化趋势,都是先升后降、再升再降,分别在2003年和2007年达到极大值。

（2）单位GDP的工业产值

以2000年、2005年、2010年和2015年为例,分析江西省各城市单位GDP的工业产值的变化情况,具体如表3-6所示。

表3-6　江西省各市工业产值　　　　　　　　　　单位:亿元

| 城市 | 年份 | | | |
|---|---|---|---|---|
| | 2000年 | 2005年 | 2010年 | 2015年 |
| 南昌市 | 0.373 | 0.372 | 0.432 | 0.405 |
| 景德镇市 | 0.472 | 0.398 | 0.528 | 0.497 |
| 萍乡市 | 0.514 | 0.529 | 0.582 | 0.509 |
| 九江市 | 0.327 | 0.352 | 0.464 | 0.449 |
| 新余市 | 0.378 | 0.454 | 0.571 | 0.486 |
| 鹰潭市 | 0.382 | 0.458 | 0.595 | 0.544 |
| 赣州市 | 0.228 | 0.277 | 0.380 | 0.373 |
| 吉安市 | 0.228 | 0.241 | 0.432 | 0.418 |
| 宜春市 | 0.289 | 0.321 | 0.505 | 0.459 |
| 抚州市 | 0.304 | 0.276 | 0.404 | 0.407 |
| 上饶市 | 0.248 | 0.309 | 0.421 | 0.400 |

由表3-6可知,鹰潭市、新余市、萍乡市的单位GDP工业产值较大,说明这三个城市工业产值对其GDP增长的促进作用较大;对单位GDP工业产值的变化情况而言,2000—2005年、2010—2015年各城市单位GDP的工业产值变化不大,只有鹰潭市、南昌市和景德镇市出现了较大的变化;相比之下可以发现,2005—2010年各城市单位GDP工业产值变化较大,且11个城市的单位GDP工业产值都在逐渐增大。

衡量各城市单位GDP工业产值的变化情况,主要包括两个指标,即各城市单位GDP工业生产总值逐年的增长量和增长率,分别体现了各城市单位GDP工业生产总值的绝对变化和相对变化程度。

2001—2007年期间,除2001年九江市和2003年景德镇市的单位GDP工业产值为负增长外,其他城市各个年度都为正增长,说明在这一期间,各城市的工业产值所占单位 GDP 的比重均在不断增大,2007 年以后则没有明显的增长,甚至有减缓趋势,一直到 2015 年都处于不断波动变化中。就增长率而言,每年各城市的单位 GDP 工业产值增长率都有所不同,2007 年各城市的增长率最大,其中,新余市高达 25.15%,2015 年最小,且 11 个城市的增长率均为负值,其中上饶市低至−5.05%。

对各城市 2000—2016 年期间单位 GDP 工业产值变化进行统计描述,指标主要包括单位 GDP 工业产值的增长量、增长率、均值、标准差、偏度和峰度 6 个指标,具体如表 3-7 所示。

表 3-7   各区域 2000—2016 年期间单位 GDP 工业产值统计描述

| 区域 | 增长量/% | 增长率/% | 均值/% | 标准差/% | 偏度 | 峰度 |
|---|---|---|---|---|---|---|
| 南昌市 | 1.81 | 4.90 | 39.82 | 2.56 | 0.64 | −0.25 |
| 景德镇市 | 0.71 | 1.52 | 47.84 | 4.64 | −0.52 | −0.05 |
| 萍乡市 | −3.54 | −6.95 | 54.07 | 3.28 | 0.13 | 0.09 |
| 九江市 | 9.19 | 28.36 | 40.46 | 6.18 | −0.16 | −1.57 |
| 新余市 | 7.66 | 20.44 | 48.62 | 6.89 | −0.06 | −0.96 |
| 鹰潭市 | 13.32 | 35.14 | 51.45 | 8.72 | −0.40 | −1.45 |
| 赣州市 | 12.39 | 54.82 | 32.26 | 7.06 | −0.40 | −1.61 |
| 吉安市 | 13.47 | 60.13 | 34.06 | 9.27 | −0.13 | −1.84 |
| 宜春市 | 10.61 | 36.98 | 40.59 | 8.94 | −0.15 | −1.64 |
| 抚州市 | 3.51 | 11.61 | 36.05 | 5.97 | −0.04 | −1.38 |
| 上饶市 | 13.58 | 54.75 | 36.16 | 6.56 | −0.34 | −1.38 |
| 江西省 | 11.82 | 43.47 | 38.43 | 6.58 | −0.64 | −1.07 |

由表 3-7 可知,2000—2016 年期间,除萍乡市的单位 GDP 工业产值增长量为负以外,其他城市的增长量均为正,其中,上饶市的增长量最大,为 13.58%,萍乡市最小,为−3.54%,江西省全省的增长量为 11.82%,共有 4 个城市的增长量超过了全省的增长量,分别是上饶市、吉安市、鹰潭市、赣州市,增长量分别为 13.58%、13.47%、13.32% 和 12.39%,其余 7 个城市的单位 GDP 工业生产总值的增长量均低于全省增长量。对增长率而言,吉安市的增长率最大,为 60.13%,萍乡市最小,为−6.95%;其中,江西省的增长率为 43.47%,全省共有 3 个城市的增长率超过全省增长率,分别为吉安市(60.13%)、赣州市(54.82%)、上饶市(54.75%),其余城市的增长率都低于全省增长率。对比各市

单位 GDP 工业生产总值均值，萍乡市最大，为 54.07%，赣州市最小，为 32.26%，萍乡市约为赣州市的 1.68 倍；其中，江西省的均值为 38.43%，全省共有 4 个城市的均值低于江西省，分别是赣州市（32.26%）、吉安市（34.06%）、抚州市（36.05%）、上饶市（36.16%），其余城市的均值均高于江西省整体均值；吉安市的标准差最大，为 9.27，南昌市最小，为 2.56，且吉安市约为南昌市的 3.62 倍。在单位 GDP 工业生产总值的偏度上，除南昌市和萍乡市为正偏外，其他城市均为负偏，且所有城市中，只有南昌市和景德镇市的偏度系数绝对值在 0.5～1.0 之间，是中等偏态分布；其余城市的偏度绝对值都小于 0.5，即呈低偏态分布；江西省所有城市中，萍乡市的峰度最大，为 0.09，且是唯一峰度为正的城市，表明 2000—2016 年萍乡市单位 GDP 工业生产总值呈尖峰分布，其余城市则呈平峰分布，比标准正态分布的形态呈更低更宽幅。

对江西省 11 个城市 2000—2016 年单位 GDP 工业产值变化情况进行统计描述，应用以下 5 个指标：全省单位 GDP 工业产值的均值、增长率、标准差、偏度和峰度，具体如表 3-8 所示。

表 3-8    2000—2016 年江西省单位 GDP 工业产值统计描述

| 年份 | 均值/% | 增长率/% | 标准差/% | 偏度 | 峰度 |
|---|---|---|---|---|---|
| 2000 年 | 33.75 | | 9.40 | 0.55 | −0.47 |
| 2001 年 | 34.35 | 1.78 | 9.25 | 0.58 | −0.43 |
| 2002 年 | 34.92 | 1.64 | 9.23 | 0.54 | −0.32 |
| 2003 年 | 36.30 | 3.96 | 9.40 | 0.47 | −0.08 |
| 2004 年 | 34.21 | −5.76 | 9.29 | 0.43 | −0.43 |
| 2005 年 | 36.25 | 5.98 | 8.99 | 0.50 | −0.63 |
| 2006 年 | 39.28 | 8.35 | 8.80 | 0.51 | −0.92 |
| 2007 年 | 44.25 | 12.64 | 9.78 | 0.78 | −0.75 |
| 2008 年 | 46.03 | 4.02 | 8.98 | 0.68 | −1.22 |
| 2009 年 | 45.18 | −1.83 | 7.22 | 0.44 | −1.22 |
| 2010 年 | 48.31 | 6.92 | 7.67 | 0.28 | −1.53 |
| 2011 年 | 51.18 | 5.95 | 7.35 | 0.25 | −1.64 |
| 2012 年 | 48.57 | −5.10 | 6.06 | 0.32 | −1.06 |
| 2013 年 | 47.45 | −2.30 | 5.79 | 0.41 | −0.65 |
| 2014 年 | 46.77 | −1.44 | 5.63 | 0.31 | −1.03 |
| 2015 年 | 44.97 | −3.85 | 5.41 | 0.33 | −1.01 |
| 2016 年 | 41.27 | −8.23 | 5.79 | 0.40 | −1.10 |

由表 3-8 可知,在 2000—2016 年期间,江西省单位 GDP 工业产值均值是不断波动变化的,先波动上涨而后波动下落,但总体而言,2016 年的均值还是大于 2000 年的均值;其中,最大值出现在 2011 年,为 51.18%,最小值出现在 2000 年,为 33.75%;增长情况也是有增有减,增长率有正有负,但增长量和增长率的变化趋势并非完全一致,增长率的最大值出现在 2007 年,为 12.64%,最小值是 2016 年的-8.23%。江西省单位 GDP 工业产值标准差的总体变化趋势是下降的,中间偶尔会出现波动的情况,其中,2007 年的标准差最大,为 9.78%,2015 年最小,为 5.41%。在江西省单位 GDP 工业产值的偏度上,2007 年的偏度最大,为 0.78,2011 年最小,为 0.25,2008 年之前,除 2003 年和 2004 年的偏度小于 0.5 外,其余都处于 0.5—1.0 之间,为中等偏态分布;2008—2016 年的偏度系数则与 2003 年、2004 年一样,都小于 0.5,偏斜程度较小;2000—2016 年期间,2011 年的峰度系数绝对值是最大的,为 1.64,2003 最小,为 0.08,且江西省 11 个城市的单位 GDP 工业产值分布的峰度都小于 0,都呈平峰分布。

### 3.3.2　环境规制监管指标

（1）工业 $SO_2$ 排放量

对江西省工业 $SO_2$ 排放量进行分析,主要包括两个方面,一是城市,对不同城市的工业 $SO_2$ 排放量进行横向比较,从而得出工业 $SO_2$ 排放量在市域上的差别,二是年份,对江西省工业 $SO_2$ 排放量进行纵向比较,从而得出工业 $SO_2$ 排放量随时间的推移而发生的变化,具体来说是对江西省各个城市不同年份的工业 $SO_2$ 排放量进行比较分析,从而得出工业 $SO_2$ 排放量的变化趋势。对江西省 2000 年、2005 年、2010 年和 2015 年各个城市工业 $SO_2$ 排放量进行描述,结果如表 3-9 所示。

**表 3-9　江西省各市工业 $SO_2$ 排放量**　　　　单位:万 t

| 城市 | 年份 | | | |
| --- | --- | --- | --- | --- |
| | 2000 年 | 2005 年 | 2010 年 | 2015 年 |
| 南昌市 | 3.43 | 2.7 | 3.06 | 3.04 |
| 景德镇市 | 1.22 | 4.74 | 3.77 | 2.95 |
| 萍乡市 | 1.43 | 4.06 | 4.24 | 8.31 |
| 九江市 | 4.37 | 10.25 | 6.68 | 8 |
| 新余市 | 1.39 | 5.07 | 4.57 | 5.4 |
| 鹰潭市 | 2.24 | 5.21 | 2.55 | 2.16 |

表 3-9（续）

| 城市 | 年份 | | | |
|---|---|---|---|---|
| | 2000 年 | 2005 年 | 2010 年 | 2015 年 |
| 赣州市 | 1.1 | 2.67 | 2.96 | 5.74 |
| 吉安市 | 1.2 | 5.38 | 4.81 | 3.83 |
| 宜春市 | 3.7 | 9.11 | 8.67 | 6.66 |
| 抚州市 | 1.17 | 2.74 | 2.24 | 1.97 |
| 上饶市 | 2.96 | 3.54 | 3.55 | 3.5 |

由表 3-9 可知，2000 年九江市的工业 $SO_2$ 排放量最高，为 4.37 万 t，赣州市最低，为 1.1 万 t，且南昌市为赣州市的 3.97 倍；2005 年宜春市工业 $SO_2$ 排放量最高，为 10.25 万 t，南昌市最低，为 2.70 万 t，且宜春市为南昌市的 3.8 倍；2010年宜春市最高，为 8.67 万 t，抚州市最低，为 2.24 万 t，且宜春市为赣州市的3.88倍；2015 年萍乡市最高，为 8.31 万 t，抚州市最低，为 1.97 万 t，且萍乡市为抚州市的 4.22 倍。

江西省各城市工业 $SO_2$ 排放情况进行分析，主要包括两个方面，分别是各城市工业 $SO_2$ 排放量的逐年增长量和增长率，即绝对值和相对值。

2000—2017 年期间，各城市的工业 $SO_2$ 排放量并不是持续变化的，而是波动性地上涨或下降，增长量有正有负。其中，萍乡市的工业 $SO_2$ 排放量变化量最大，2011 年增长量最大，为 4.84 万 t，2017 年增长量最小，为 −1.59 万 t。2003年各城市的工业 $SO_2$ 排放量增长率最高，2017 年最低，且 2017 年各城市工业 $SO_2$ 排放量的增长率都为负。就各城市工业 $SO_2$ 排放量的增长率的差别而言，2015 年最大，其中，南昌市工业 $SO_2$ 排放量增长率最大，为 8 098.44%，萍乡市最小，为 −5.59%。

对 2000—2017 年各城市工业 $SO_2$ 的排放量进行统计描述，主要包括 6 个指标，即增长量、增长率、均值、标准差、偏度和峰度，计算结果如表 3-10 所示。

表 3-10　各区域 2000—2017 年期间工业 $SO_2$ 排放量变化

| 区域 | 增长量/万 t | 增长率/% | 均值/万 t | 标准差/万 t | 偏度 | 峰度 |
|---|---|---|---|---|---|---|
| 南昌市 | −2.22 | −64.64 | 2.77 | 1.05 | −1.13 | 1.58 |
| 景德镇市 | −0.28 | −22.86 | 3.09 | 1.36 | −0.12 | −1.16 |
| 萍乡市 | 0.65 | 45.51 | 4.85 | 2.73 | 0.52 | −1.01 |
| 九江市 | −2.78 | −63.71 | 6.99 | 2.54 | −0.80 | −0.50 |

表 3-10(续)

| 区域 | 增长量/万 t | 增长率/% | 均值/万 t | 标准差/万 t | 偏度 | 峰度 |
|---|---|---|---|---|---|---|
| 新余市 | 1.12 | 80.92 | 4.25 | 1.69 | −0.75 | −0.85 |
| 鹰潭市 | −1.71 | −76.38 | 3.08 | 1.76 | 0.64 | −0.55 |
| 赣州市 | 1.54 | 140.15 | 3.02 | 1.61 | 0.41 | −1.09 |
| 吉安市 | 0.64 | 53.26 | 3.72 | 1.46 | −0.28 | −1.05 |
| 宜春市 | 0.36 | 9.73 | 6.99 | 1.86 | −0.70 | −0.79 |
| 抚州市 | −0.33 | −27.95 | 1.83 | 0.55 | −0.76 | 0.04 |
| 上饶市 | −1.13 | −38.22 | 3.24 | 0.67 | −0.10 | 1.47 |
| 江西省 | −8.64 | −30.09 | 44.28 | 12.96 | −0.81 | −1.03 |

由表 3-10 可知,相较于 2000 年,2017 年各城市工业 $SO_2$ 排放量,有 7 个城市是有所减少的。其中,九江市减少量最多,为 2.78 万 t,其余 4 个城市则有所增加,其中,增加最多的是赣州市,共增加了 1.54 万 t。反观增长率,2000—2017年,赣州市的增长率最大,为 140.15%,鹰潭市的增长率最低,为 −76.38%,江西省的增长率为 −30.09%,共有 4 个城市的工业 $SO_2$ 排放量增长率低于省增长率,其余 7 个城市则高于省增长率。九江市和宜春市的工业 $SO_2$ 排放量均值最大,为 6.99 万 t,抚州市,最小为 1.83,且九江市(宜春市)为抚州市的 3.83 倍。在各城市工业 $SO_2$ 排放量的标准差上,萍乡市最大,为 2.73,抚州市最小,为 0.55。除萍乡市、鹰潭市和赣州市的偏度大于 0,为正偏外,其余城市皆为负偏,且大部分城市的偏度系数绝对值在 0~1 之间,为中等偏态分布或更小的偏斜程度,只有南昌市的偏度系数绝对值大于 1,为高度偏态分布。南昌市、抚州市和上饶市的峰度系数为正,呈尖峰分布,其余城市则为平峰分布,分布形状比正态分布更低更宽幅。

对 2000—2017 年江西省工业 $SO_2$ 排放量变化情况进行统计描述,一共有 5个指标:全省工业 $SO_2$ 排放量的均值、增长率、标准差、偏度和峰度,具体如表 3-11 所示。

表 3-11　2000—2017 年期间江西省工业 $SO_2$ 排放量统计描述

| 年份 | 均值/万 t | 增长率/% | 标准差/万 t | 偏度 | 峰度 |
|---|---|---|---|---|---|
| 2000 年 | 2.20 | | 1.21 | 0.73 | −1.12 |
| 2001 年 | 2.40 | 9.17 | 1.71 | 1.69 | 3.15 |
| 2002 年 | 2.26 | −6.13 | 1.17 | 0.75 | −0.75 |

表 3-11(续)

| 年份 | 均值/万 t | 增长率/% | 标准差/万 t | 偏度 | 峰度 |
|------|-----------|----------|-------------|------|------|
| 2003 年 | 3.56 | 57.90 | 1.58 | 1.06 | 0.79 |
| 2004 年 | 4.26 | 19.72 | 2.11 | 1.19 | 0.87 |
| 2005 年 | 5.04 | 18.25 | 2.52 | 1.27 | 0.86 |
| 2006 年 | 5.18 | 2.76 | 2.34 | 0.70 | −0.30 |
| 2007 年 | 5.03 | −2.89 | 2.36 | 0.42 | −0.47 |
| 2008 年 | 4.65 | −7.63 | 2.04 | 0.43 | −0.42 |
| 2009 年 | 4.46 | −4.10 | 1.79 | 0.59 | −0.14 |
| 2010 年 | 4.28 | −3.93 | 1.91 | 1.40 | 1.81 |
| 2011 年 | 5.16 | 20.62 | 2.76 | 0.56 | −1.34 |
| 2012 年 | 5.01 | −2.91 | 2.72 | 0.48 | −1.29 |
| 2013 年 | 4.94 | −1.45 | 2.64 | 0.63 | −0.85 |
| 2014 年 | 4.37 | −11.55 | 2.68 | 0.23 | −0.63 |
| 2015 年 | 4.69 | 7.27 | 2.26 | 0.47 | −1.21 |
| 2016 年 | 2.39 | −49.05 | 1.08 | −0.12 | −1.36 |
| 2017 年 | 1.83 | −23.58 | 1.00 | 0.97 | 1.29 |

由表 3-11 可知,2000—2017 年期间,江西省工业 $SO_2$ 排放量均值一直处于波动状态,总体呈现出先升后降、再升再降的趋势。其中,2006 年均值最大,为5.18 万 t,2017 年最小,为 1.83 万 t,且 2006 年是 2017 年的 2.83 倍。就增长率而言,2003 年的增长率最大,为 57.90%,2016 年最小,为−49.05%。就全省工业 $SO_2$ 排放量的标准差而言,2011 年最大,为 2.76,2017 年最小,为 1.00,且2011 年为 2017 年的 2.76 倍。2000—2017 年期间,除 2017 年的工业 $SO_2$ 排放量的偏度为负外,其余年份的偏度均为正,即均为正偏;其中,2001 年的偏度最大,为1.69,2016 年最小,为−0.12。计算全省工业 $SO_2$ 排放量的峰度可以发现,在 2000—2017 年期间,有 6 个年份工业 $SO_2$ 排放量峰度系数大于 0,呈尖峰分布,其余 11 个年份的峰度系数均小于 0,呈平峰分布,其中 2001 年最大,为3.15,2016 年最小,为−1.36。

(2) 城镇生活污水排放量

选取 2003 年、2007 年、2011 年、2015 年作为代表年份,对江西省各市城镇生活污水排放情况进行分析,具体如表 3-12 所示。

表 3-12　江西省各市城镇生活污水排放量　　　　　单位:万 t

| 城市 | 年份 | | | |
|---|---|---|---|---|
| | 2003 年 | 2007 年 | 2011 年 | 2015 年 |
| 南昌市 | 11 691 | 12 748 | 31 125 | 36 430 |
| 景德镇市 | 3 316 | 3 638 | 5 414 | 6 695 |
| 萍乡市 | 3 171 | 3 564 | 4 041 | 4 771 |
| 九江市 | 6 384 | 7 537 | 12 906 | 14 249 |
| 新余市 | 2 151 | 2 557 | 4 670 | 5 830 |
| 鹰潭市 | 1 752 | 1 861 | 3 649 | 3 992 |
| 赣州市 | 8 772 | 10 748 | 19 846 | 23 284 |
| 吉安市 | 5 574 | 6 217 | 12 146 | 13 660 |
| 宜春市 | 6 895 | 7 894 | 12 122 | 15 510 |
| 抚州市 | 5 325 | 5 829 | 9 532 | 10 392 |
| 上饶市 | 6 792 | 7 281 | 7 546 | 11 638 |

由表 3-12 可知,在 2003 年、2007 年、2011 年、2015 年这四年中,南昌市的城镇生活污水排放量是全省最高的,且远远超过其他城市;鹰潭市一直都是最低的,且南昌市的城镇生活污水排放量分别是鹰潭市的 6.67 倍、6.85 倍、8.53 倍和 9.13 倍;按照图中的等级划分,可以大致将江西省各城市的城镇生活污水排放量从高到低依次划分为五个等级,其中南昌市始终处于第一等级,景德镇市、萍乡市、新余市、鹰潭市始终处于第五等级,九江市、宜春市始终处于第三等级,其余城市等级则呈波动性变化。

对 2003—2017 年江西省各城市城镇生活污水排放的增长情况进行分析,衡量各市城镇生活污水排放变化的绝对情况和相对情况,即城镇生活污水排放量的增长量和增长率。

2003—2017 年期间,大部分年份的大部分城市的城镇生活污水排放增长量的分布都比较集中,一般是处于 0~2 000 万 t 之间。当然也有特殊情况,如南昌市共有 4 个年份的增长量超过 2 000 万 t,2011 年有 6 个城市增长量超过 2 000 万 t,以及偶尔会出现负增长情况等。但是总体而言,特殊情况所占比例还是较少。观察 2003—2017 年各城市的增长率可以发现,除南昌市的增长率变化较大外,其余城市的增长率变化较小,其中 2011 年各城市的增长率最高,其余年份的增长率较低且几乎趋于一致,2015 年和 2017 年的增长率分别在萍乡市和吉安市发生了极大变化,其余城市无显著变化。

对 2003—2017 年江西省各城市城镇生活污水排放量进行统计描述,主要包括增长量、增长率、均值、标准差、偏度和峰度 6 个指标,计算结果如表 3-13 所示。

表 3-13  各区域 2003—2017 年期间城镇生活污水排放量变化

| 区域 | 增长量/万 t | 增长率/% | 均值/万 t | 标准差/万 t | 偏度 | 峰度 |
|------|-----------|---------|----------|------------|------|------|
| 南昌市 | 16 200.00 | 139 | 22 914.73 | 9 531.32 | 0.06 | −1.82 |
| 景德镇市 | 2 876.00 | 87 | 4 774.33 | 1 375.06 | 0.23 | −2.07 |
| 萍乡市 | 2 126.00 | 67 | 4 591.40 | 1 500.75 | 1.01 | −0.50 |
| 九江市 | 7 728.00 | 121 | 10 055.00 | 3 387.53 | 0.32 | −2.13 |
| 新余市 | 4 307.00 | 200 | 3 890.67 | 1 617.16 | 0.34 | −1.75 |
| 鹰潭市 | 2 262.00 | 129 | 2 865.67 | 1 044.88 | 0.11 | −2.17 |
| 赣州市 | 16 395.00 | 187 | 16 077.40 | 6 330.82 | 0.25 | −2.00 |
| 吉安市 | 9 035.00 | 162 | 9 003.40 | 3 452.50 | 0.46 | −1.77 |
| 宜春市 | 8 392.00 | 122 | 11 142.00 | 3 843.16 | 0.26 | −2.08 |
| 抚州市 | 4 120.00 | 77 | 7 716.60 | 2 076.73 | 0.21 | −2.07 |
| 上饶市 | 12 458.00 | 183 | 9 476.60 | 4 161.92 | 2.03 | 3.02 |
| 江西省 | 85 900.00 | 139 | 102 784.20 | 35 189.97 | 0.14 | −2.06 |

由表 3-13 可知,在 2003—2017 年期间,赣州市的城镇生活污水排放增长量最大,为 16 395 万 t,萍乡市最小,为 2 126 万 t,且赣州市是萍乡市的 7.71 倍。就城镇生活污水排放量的增长率而言,新余市的最大,为 200%,萍乡市最小,为 67%,且新余市的增长率是萍乡市的 2.99 倍,江西省的增长率为 139%,其中有 5 个城市的增长率大于或等于全省的增长率,其余城市则小于全省的增长率。南昌市的城镇生活污水排放量的均值是 22 914.73 万 t,是全省最大值,鹰潭市是 2 865.67 万 t,是全省最小值,且南昌市是赣州市的 8 倍。南昌市和鹰潭市的城镇生活污水排放量的标准差也分别是全省的最大值和最小值,分别为 9 531.32 和 1 044.88,且南昌市为鹰潭市的 9.12 倍。江西省所有城市的城镇生活污水排放量的偏度都大于 0,为正偏,其中仅萍乡市和上饶市的偏度系数大于 1,为高度偏态分布,其余城市的偏度系数都在 0~0.5 区间,偏斜度较小。在各城市 2003—2017 年城镇生活污水排放量上,除上饶市的峰度大于 0,为尖峰分布外,其余城市的峰度系数均小于 0,为平峰分布。

对江西省 11 个城市 2003—2017 年江西省城镇生活污水排放情况进行统计描述,应用以下 5 个指标:全省城镇生活污水排放量的均值、增长率、标准差、偏度和峰度,具体如表 3-14 所示。

**表 3-14   2003—2017 年期间江西省生活污水排放量描述统计**

| 年份 | 均值/万 t | 增长率/% | 标准差/万 t | 偏度 | 峰度 |
|---|---|---|---|---|---|
| 2003 年 | 5 620.27 | | 2 979.36 | 0.61 | 0.24 |
| 2004 年 | 5 922.09 | 5.37 | 3 133.28 | 0.42 | −0.44 |
| 2005 年 | 6 304.36 | 6.46 | 3 633.97 | 0.83 | 0.57 |
| 2006 年 | 6 404.00 | 1.58 | 3 651.20 | 0.80 | 0.50 |
| 2007 年 | 6 352.18 | −0.81 | 3 389.40 | 0.52 | −0.30 |
| 2008 年 | 6 384.00 | 0.50 | 3 368.76 | 0.46 | −0.43 |
| 2009 年 | 7 262.45 | 13.76 | 5 207.68 | 1.87 | 4.34 |
| 2010 年 | 8 012.45 | 10.33 | 7 048.61 | 2.50 | 7.14 |
| 2011 年 | 11 181.55 | 39.55 | 8 227.59 | 1.60 | 2.74 |
| 2012 年 | 12 096.27 | 8.18 | 8 483.71 | 1.62 | 2.83 |
| 2013 年 | 12 601.64 | 4.18 | 8 624.92 | 1.57 | 2.71 |
| 2014 年 | 12 886.10 | 2.26 | 9 420.72 | 1.62 | 2.53 |
| 2015 年 | 13 313.73 | 3.32 | 9 542.63 | 1.57 | 2.76 |
| 2016 年 | 12 270.36 | −7.84 | 7 251.63 | 0.53 | −1.30 |
| 2017 年 | 13 429.27 | 9.44 | 8 110.11 | 0.62 | −0.71 |

由表 3-14 可知,2003—2017 年期间,江西省城镇生活污水的排放量总体而言呈波动上升的趋势,只有 2007 年和 2016 年出现负增长,其中 2017 年的均值最大,为 13 429.27 万 t,2003 年最小,为 5 620.27 万 t,2017 年城镇生活污水的排放量是 2003 年的 2.39 倍。就增长率而言,2011 年的增长率是最大的,为 39.55%,2016 年最小,为 −7.84%。对于标准差而言,总体是以 2015 年为转折点先增大后减小的,2015 年最大,为 9 542.63 万 t,2003 年最小,为 2 979.36 万 t。2003—2017 年期间,所有年份的偏度系数均大于 0,为正偏,其中有 2 个年份的偏度系数小于 0.5,为低偏态分布,有 6 个年份的偏度系数在 0.5~1.0 区间,为中等偏态分布,其余 7 个年份的偏度系数大于 1,属于高等偏态分布。观察江西省城镇生活污水排放量的峰度可以发现,有 5 个年份的峰度系数小于 0,呈平峰分布,其余年份为尖峰分布,且 2010 年峰度系数最大,为 7.14,2016 年最小,为 −1.30。

对 2003—2017 年江西省各城市城镇生活污水中 COD 的产生情况进行统计描述,主要包括增长量、增长率、均值、标准差、偏度和峰度 6 个指标,结果如表 3-15 所示。

表 3-15  各区域 2003—2017 年期间城镇生活污水中 COD 产生量统计描述

| 区域 | 增长量/t | 增长率/% | 均值/t | 标准差/t | 偏度 | 峰度 |
|---|---|---|---|---|---|---|
| 南昌市 | 37 527 | 60.63 | 69 130.07 | 23 894.54 | —0.74 | 0.89 |
| 景德镇市 | 13 009 | 69.75 | 21 068.20 | 6 374.47 | —1.79 | 6.23 |
| 萍乡市 | 2 241 | 12.57 | 21 741.00 | 7 188.97 | —1.46 | 4.06 |
| 九江市 | 16 719 | 46.56 | 59 519.07 | 42 287.10 | 2.48 | 8.01 |
| 新余市 | 8 414 | 69.53 | 15 626.40 | 4 622.12 | —1.33 | 2.54 |
| 鹰潭市 | 5 755 | 58.40 | 11 722.07 | 4 071.49 | —1.59 | 4.35 |
| 赣州市 | 55 072 | 111.59 | 70 718.07 | 26 619.69 | —1.18 | 2.37 |
| 吉安市 | 31 876 | 101.67 | 40 757.13 | 14 552.47 | —1.06 | 2.40 |
| 宜春市 | 28 489 | 74.59 | 46 009.67 | 14 162.06 | —1.92 | 6.27 |
| 抚州市 | 19 717 | 65.84 | 37 201.80 | 12 021.94 | —1.54 | 4.18 |
| 上饶市 | 49 309 | 145.64 | 51 151.67 | 22 113.61 | —0.28 | —0.38 |
| 江西省 | 268 128 | 79.10 | 444 644.40 | 156 428.60 | —1.10 | 2.05 |

由表 3-15 可知,2003—2017 年期间,赣州市的城镇生活污水中 COD 产生量的增长量最大,为 55 072 t,萍乡市最小,为 2 241 t,且赣州市为萍乡市的 24.57 倍。但是就增长率而言,上饶市的增长率为 145.64%,是全省城镇生活污水中 COD 产生量增长率最大的城市,最小的是萍乡市,14 年间仅增长了 12.57%,江西省的增长率为 79.10%,其中,只有赣州市、吉安市和上饶市这三个城市的增长率超过了全省增长率,其余城市均低于全省增长率。在城镇生活污水中 COD 的产生量上,赣州市是最大的,均值为 70 718.07 t,鹰潭市最小,为 11 722.07 t,且赣州市是鹰潭市的 6.03 倍。在城镇生活污水中 COD 产生量的标准差上,九江市最大,为 42 287.1,鹰潭市最小,为 4 071.49。在偏度上,仅九江市偏度系数为正,属于正偏,其他的城市均为负偏,其中上饶市的偏度系数绝对值小于 0.5,为低偏态分布,南昌市的偏度系数处于 0.5~1.0 区间,为中等偏态分布,其余城市均是高度偏态分布。全省 11 个城市中,仅上饶市的峰度系数大于 0,为尖峰分布,其余城市皆为平峰分布。

对 2003—2017 年江西省各城市城镇生活污水中 COD 的排放情况进行统计描述,主要包括增长量、增长率、均值、标准差、偏度和峰度 6 个指标,计算结果如表 3-16 所示。

表 3-16 各区域 2003—2017 年期间城镇生活污水中 COD 排放量统计描述

| 区域 | 增长量/t | 增长率/% | 均值/t | 标准差/t | 偏度 | 峰度 |
|---|---|---|---|---|---|---|
| 南昌市 | −7 572 | −12.96 | 42 165.13 | 12 671.05 | −1.83 | 5.53 |
| 景德镇市 | 9 097 | 48.77 | 17 932.13 | 5 211.35 | −1.97 | 8.19 |
| 萍乡市 | −1 340 | −7.51 | 19 133.80 | 5 452.29 | −2.63 | 8.48 |
| 九江市 | 5 701 | 15.88 | 38 291.80 | 10 487.87 | −2.93 | 10.42 |
| 新余市 | 3 444 | 28.46 | 11 681.47 | 3 215.37 | −3.01 | 10.81 |
| 鹰潭市 | 2 727 | 27.67 | 10 351.93 | 2 961.91 | −2.57 | 8.28 |
| 赣州市 | 35 569 | 72.07 | 63 084.93 | 19 260.28 | −2.04 | 5.89 |
| 吉安市 | 20 962 | 66.86 | 36 271.87 | 11171.17 | −1.95 | 6.09 |
| 宜春市 | 11 532 | 30.19 | 40 120.67 | 10 609.13 | −3.34 | 12.21 |
| 抚州市 | 7 872 | 26.29 | 31 732.80 | 8 773.37 | −2.89 | 10.27 |
| 上饶市 | 37 679 | 111 28.87 | 43 765.47 | 17 291.94 | −0.46 | 1.09 |
| 江西省 | 125 671 | 37.46 | 354 531.80 | 99 360.49 | −2.73 | 9.28 |

由表 3-16 可知,2003—2017 年期间,仅南昌市和萍乡市的城镇生活污水 COD 排放量为负增长,其中增长量最大、增长速度最快的都是上饶市,共增长了 37 679 t,增长率为 11 128.87%;减少量最大,减缓速度最快的是南昌市,共减少了 7 572 t,减少率为 12.96%。其中,江西省全省增长率为 37.46%,只有景德镇市、赣州市、吉安市和上饶市增长率超过了全省增长率,其余城市都低于全省增长率。全省 11 个城市中,均值最大的是赣州市,为 63 084.92 t,最小的是鹰潭市,为 10 351.93 t,其中赣州市是鹰潭市的 6.09 倍。2003—2017 年期间,各城市的偏度系数均为负,只有上饶市的偏度系数绝对值小于 0.5,为低偏态分布,其余城市绝对值均大于 1,为高度偏态分布。所有城市 2003—2017 年的城镇生活污水中 COD 排放量的峰度都大于 0,为尖峰分布,其中宜春市的峰度最大,为 12.21,上饶市最小,为 1.09。

对江西省 2003—2017 年城镇生活污水中 COD 产生与排放情况进行统计描述,主要包括均值、标准差、偏度和峰度 4 个指标,具体如表 3-17 所示。

表 3-17 2003—2017 年期间江西省城镇生活污水中 COD 产生与排放情况

| 年份 | 城镇生活污水中 COD 产生量 | | | | 城镇生活污水中 COD 排放量 | | | |
|---|---|---|---|---|---|---|---|---|
| | 均值/t | 标准差/t | 偏度 | 峰度 | 均值/t | 标准差/t | 偏度 | 峰度 |
| 2003 年 | 30 813.27 | 15 831.56 | 0.53 | −0.02 | 30 497.00 | 15 169.34 | 0.36 | −0.43 |
| 2004 年 | 32 551.45 | 16 816.94 | 0.37 | −0.63 | 32 165.91 | 16 156.14 | 0.24 | −0.87 |

表 3-17（续）

| 年份 | 城镇生活污水中 COD 产生量 | | | | 城镇生活污水中 COD 排放量 | | | |
|---|---|---|---|---|---|---|---|---|
| | 均值/t | 标准差/t | 偏度 | 峰度 | 均值/t | 标准差/t | 偏度 | 峰度 |
| 2005 年 | 32 325.45 | 15 389.17 | 0.13 | −0.66 | 31 443.82 | 14 631.31 | 0.21 | −0.12 |
| 2006 年 | 33 429.18 | 16 021.38 | 0.08 | −0.95 | 32 588.73 | 15 214.91 | 0.11 | −0.61 |
| 2007 年 | 34 363.00 | 16 931.40 | 0.20 | −0.95 | 32 485.82 | 15 643.74 | 0.19 | −0.66 |
| 2008 年 | 3 236.36 | 3 151.76 | 1.93 | 4.91 | 2 551.64 | 1 322.51 | 0.28 | −0.81 |
| 2009 年 | 35 668.00 | 18 079.51 | 0.28 | −0.88 | 30 151.91 | 15 457.05 | 0.46 | 0.35 |
| 2010 年 | 36 627.45 | 19 165.09 | 0.44 | −0.47 | 28 481.73 | 14 035.82 | 0.42 | 0.51 |
| 2011 年 | 58 657.82 | 51 208.88 | 2.08 | 5.21 | 35 427.36 | 18 007.19 | 0.32 | −0.30 |
| 2012 年 | 48 229.82 | 25 881.99 | 0.22 | −1.05 | 36 201.09 | 18 608.91 | 0.41 | −0.10 |
| 2013 年 | 51 480.73 | 27 358.21 | 0.09 | −1.54 | 36 273.00 | 18 921.80 | 0.55 | 0.32 |
| 2014 年 | 47 746.91 | 25 492.46 | 0.42 | −0.84 | 36 722.73 | 19 383.62 | 0.49 | 0.18 |
| 2015 年 | 52 090.64 | 29 917.64 | 0.31 | −1.25 | 36 049.18 | 19 314.01 | 0.51 | 0.42 |
| 2016 年 | 53 925.64 | 29 442.32 | 0.38 | −1.07 | 40 491.18 | 23 130.83 | 0.39 | −0.52 |
| 2017 年 | 55 188.55 | 31 547.93 | 0.27 | −1.19 | 41 921.64 | 23 227.78 | 0.44 | −0.46 |

由表 3-17 可知，2003-2017 年期间，城镇生活污水中 COD 产生量和排放量都是波动性变化的，但总体趋势都是增长的，其中产生量和排放量的最大值与最小值都出现在 2017 年及 2008 年，产生量在 2017 年为 55 188.55 万 t，在 2008 年为 3 236.36 万 t，且 2017 年为 2008 年的 17.05 倍；排放量在 2017 年为 41 924.64 万 t，在 2008 年为 2 551.64 万 t，且 2017 年是 2008 年的 16.4 倍。2011 年城镇生活污水中 COD 产生量的标准差最大为 51 208.88 万 t，2008 年的最小为 3 151.76 万 t，城镇生活污水中 COD 排放量的标准差最大出现在 2017 年，为 23 227.78 万 t，最小为 2008 年 1 322.51 万 t。就偏度而言，城镇生活污水中 COD 产生量和排放量所有年份的偏度系数都为正，即均为正偏，不同的是城镇生活污水中 COD 产生量在 2003 年是中等偏态分布，2008 年和 2011 年是高度偏态分布，其余年份则是低偏态分布，而排放量除了 2013 年和 2015 年是中等偏态分布外都是低偏态分布。城镇生活污水中 COD 产生量只有 2008 年和 2011 年偏度系数为正，呈尖峰分布，而城镇生活污水中 COD 排放量在 2009 年、2010 年、2013—2015 年份偏度系数都为正，呈尖峰分布。

对 2003—2017 年江西省各城市城镇生活污水中氨氮的产生情况进行统计描述，主要包括增长量、增长率、均值、标准差、偏度和峰度 6 个指标，计算结果如表 3-18 所示。

表 3-18 各区域 2003—2017 年期间城镇生活污水中氨氮产生量统计描述

| 区域 | 增长量/t | 增长率/% | 均值/t | 标准差/t | 偏度 | 峰度 |
|---|---|---|---|---|---|---|
| 南昌市 | 6 883 | 142.98 | 7 194.27 | 2 951.82 | 0.33 | −1.69 |
| 景德镇市 | 1 635 | 112.68 | 2 166.20 | 689.95 | 0.26 | −2.03 |
| 萍乡市 | 1 233 | 88.90 | 2 310.40 | 902.69 | 0.35 | −1.86 |
| 九江市 | 4 076 | 145.94 | 5 719.27 | 4 693.89 | 3.08 | 10.63 |
| 新余市 | 1 473 | 156.54 | 1 624.00 | 626.19 | 0.16 | −2.18 |
| 鹰潭市 | 1 262 | 164.54 | 1 253.87 | 514.78 | 0.39 | −1.84 |
| 赣州市 | 8 447 | 220.09 | 7 563.20 | 3 362.35 | 0.24 | −2.05 |
| 吉安市 | 4 329 | 177.49 | 4 257.00 | 1 786.27 | 0.23 | −2.11 |
| 宜春市 | 4 149 | 139.70 | 5 072.27 | 1 891.79 | 0.16 | −2.22 |
| 抚州市 | 2 949 | 126.62 | 3 764.07 | 1 337.92 | 0.16 | −2.23 |
| 上饶市 | 6 104 | 205.38 | 5 508.20 | 2 654.26 | 0.30 | −1.93 |
| 江西省 | 42 541 | 159.32 | 46 444.93 | 19 425.92 | 0.24 | −2.07 |

由表 3-18 可知,2003—2017 年期间,江西省 11 个城市的城镇生活污水中氨氮产生量都是有所增加的,其中增长量和增长率最大的都是赣州市,共增加了 8 447 t,增长率为 220.09%;增长量和增长率最小的都是萍乡市,仅增长了 1 233 t,增长率为 88.9%,且赣州市的增长量是萍乡市的 6.85 倍;江西省的增长率是 159.32%,其中共有 4 个城市的增长率大于全省增长率,其余城市则小于全省增长率。赣州市城镇生活污水中氨氮的产生量均值最大,为 7 563.2 t,最小的为鹰潭市(1 253.87 t),且赣州市约为鹰潭市的 6.03 倍;标准差最大的是九江市,为 4 693.89,最小的是鹰潭市,为 514.78;所有城市的偏度都大于 0,且仅九江市的偏度系数大于 1,为高度偏态分布,其余城市的偏度系数都小于 0.5,为低偏态分布;所有城市的峰度系数均为负,仅九江市的峰度系数为正,属尖峰分布,其中峰度系数最小的是抚州市,为 −2.23,最大的是九江市,为 10.63。

对 2003—2017 年江西省各城市城镇生活污水中氨氮排放情况进行统计描述,主要包括增长量、增长率、均值、标准差、偏度和峰度 6 个指标,计算结果如表 3-19 所示。

**表 3-19  各区域 2003—2017 年期间城镇生活污水中氨氮排放量统计描述**

| 区域 | 增长量/t | 增长率/% | 均值/t | 标准差/t | 偏度 | 峰度 |
|---|---|---|---|---|---|---|
| 南昌市 | 1 643 | 38.24 | 4 970.80 | 1 374.89 | −0.30 | −1.24 |
| 景德镇市 | 1 370 | 94.42 | 1 913.60 | 438.59 | 0.59 | −0.88 |
| 萍乡市 | 899 | 64.82 | 2 016.53 | 644.77 | 0.33 | −1.82 |
| 九江市 | 2 954 | 105.76 | 4 200.67 | 1 342.61 | 0.23 | −2.06 |
| 新余市 | 534 | 56.75 | 1 198.47 | 321.12 | 0.22 | −1.79 |
| 鹰潭市 | 928 | 120.99 | 1 110.67 | 347.86 | 0.39 | −1.72 |
| 赣州市 | 6 011 | 156.62 | 6 579.73 | 2 391.47 | 0.20 | −2.09 |
| 吉安市 | 3 256 | 133.50 | 3 794.67 | 1 411.98 | 0.22 | −2.14 |
| 宜春市 | 2 515 | 84.68 | 4 331.23 | 1 194.31 | 0.17 | −2.15 |
| 抚州市 | 1 636 | 70.24 | 3 043.67 | 771.25 | 0.05 | −2.01 |
| 上饶市 | 4 708 | 158.41 | 4 891.27 | 2 153.08 | 0.24 | −2.09 |
| 江西省 | 26 455 | 101.03 | 38 053.00 | 12 115.01 | 0.17 | −2.22 |

  由表 3-19 可知,2003—2017 年期间,江西省 11 个城市的城镇生活污水中氨氮排放量都是有所增加的,其中增长量最大的是赣州市,共增加了 6 011 t,但增长率最大的却是上饶市,增长率为 158.41%,增长量最小的是新余市,仅增长了 534 t,但增长率最小的是南昌市,增长率仅为 38.24%,且赣州市的增长量是新余市的 11.26 倍;江西省的增长率为 101.03%,其中有 5 个城市的增长率大于全省增长率,城市则小于全省增长率。赣州市城镇生活污水中氨氮产生量均值是最大的,为 6 579.73 t,最小的是鹰潭市(1 110.67 t),且赣州市约为鹰潭市的 5.92 倍;标准差最大的是赣州,为 2 391.47,最小的是新余市,为321.12;除南昌市外,所有城市的偏度都大于 0,且仅景德镇市的偏度系数大于 0.5,为中等偏态分布,其余城市的偏度系数都小于 0.5,为低偏态分布;所有城市的峰度系数都为负,为平峰分布,其中宜春市的峰度系数最小,为 −2.15,景德镇市最大,为−0.88。

  对江西省 2003—2017 年城镇生活污水中氨氮的产生与排放情况进行统计描述,主要包括均值、标准差、偏度和峰度这 4 个指标,具体如表 3-20 所示。

表 3-20  2003—2017 年期间江西省城镇生活污水中氨氮产生与排放情况

| 年份 | 城镇生活污水中氨氮产生量 | | | | 城镇生活污水中氨氮排放量 | | | |
|---|---|---|---|---|---|---|---|---|
| | 均值/t | 标准差/t | 偏度 | 峰度 | 均值/t | 标准差/t | 偏度 | 峰度 |
| 2003 年 | 2 427.36 | 1 241.86 | 0.44 | −0.22 | 2 380.27 | 1 148.63 | 0.13 | −0.90 |
| 2004 年 | 2 563.36 | 1 316.62 | 0.28 | −0.76 | 2 527.73 | 1 256.90 | 0.13 | −1.02 |
| 2005 年 | 2 551.73 | 1 217.51 | 0.05 | −0.85 | 2 429.27 | 1 135.17 | 0.27 | −0.05 |
| 2006 年 | 2 566.09 | 1 198.96 | 0.03 | −0.77 | 2 483.64 | 1 148.11 | 0.21 | −0.21 |
| 2007 年 | 2 722.09 | 1 374.40 | 0.26 | −0.87 | 2 607.82 | 1 300.57 | 0.16 | −0.94 |
| 2008 年 | 2 721.36 | 1 361.12 | 0.24 | −0.90 | 2 549.09 | 1 322.87 | 0.28 | −0.81 |
| 2009 年 | 2 790.55 | 1 411.46 | 0.23 | −0.94 | 2 434.55 | 1 187.20 | 0.23 | −0.66 |
| 2010 年 | 2 867.00 | 1 493.49 | 0.40 | −0.54 | 2 353.91 | 1 160.72 | 0.14 | −1.10 |
| 2011 年 | 6 755.73 | 5 631.39 | 2.01 | 4.94 | 4 462.00 | 2 248.32 | 0.08 | −1.15 |
| 2012 年 | 5 535.45 | 2 918.63 | 0.21 | −0.97 | 4 573.36 | 2 345.02 | 0.09 | −1.10 |
| 2013 年 | 5 690.82 | 2 928.29 | 0.27 | −0.98 | 4 577.91 | 2 337.85 | 0.15 | −0.79 |
| 2014 年 | 5 631.55 | 2 880.77 | 0.26 | −0.75 | 4 608.00 | 2 446.15 | 0.24 | −0.68 |
| 2015 年 | 5 799.27 | 3 342.16 | 0.47 | −0.76 | 4 304.36 | 2 451.93 | 0.46 | −0.14 |
| 2016 年 | 6 400.36 | 3 481.34 | 0.31 | −1.16 | 4 810.82 | 2 703.40 | 0.27 | −1.05 |
| 2017 年 | 6 294.64 | 3 634.92 | 0.45 | −0.97 | 4 785.18 | 2 624.49 | 0.46 | −0.31 |

由表 3-20 可知,2003—2017 年期间,江西省城镇生活污水中氨氮产生量和排放量都是波动性上升的,其中产生量最大值为 2011 年(6 755.73 t),最小值为 2003 年(2 427.36 t),且 2011 年是 2003 年的 2.78 倍;排放量的最大值为 2016 年(4 810.82 t),最小值为 2010 年(2 353.91 t),2016 年是 2010 年的 2.04 倍。城镇生活污水中氨氮产生量标准差的最大值是 5 631.39 t,最小值是 2006 年 1 198.96 t,排放量标准差最大最小值分别为 2016 年的 2 703.40 t 和 2006 年的 1 148.11 t。2003—2017 年城镇生活污水中氨氮产生量和排放量的偏度都为正,且都在 0~0.5 区间,属于低偏态分布。在 2003—2017 年期间,城镇生活污水中氨氮的产生量和排放量的峰度系数均为负,都属于平峰分布。

### 3.3.3 环境规制巡查指标

以江西省地方人大(常委会)文件为例,对环境保护条例的巡查指标进行统计,具体如表 3-21 所示。

**表 3-21 江西省地方人大环保条例的巡查指标**

| 法规名称 | 巡查指标 |
|---|---|
| 《江西省建设项目环境保护条例》 | 环境保护稽查举报制度的建立情况;改变环境保护设计依据编制环境保护篇章的,是否取得具有审批权的环保部门同意,并作为环境保护设施竣工验收的依据 |
| 《南昌市城市市容和环境卫生管理条例》 | 建筑物、构筑物和其他设施应当符合国家、本省和本市规定的城市容貌标准;清扫保洁必须达到国家、本省和本市规定的环境卫生质量标准;环境卫生设施应当符合国家、本省和本市规定的城市环境卫生设施设置标准 |
| 《江西省建设项目环境保护条例》 | 将建设项目环境保护工作纳入环境保护规划,实施污染物排放总量控制;建立环境保护稽查举报制度 |
| 《南昌市城市水土保持条例》 | 采取措施做好水土流失防治工作;按照城市水土保持规划,有计划地对水土流失进行治理;加强城市水土保持的监督管理,建立健全监督管理制度 |
| 《江西省植物保护条例》 | 建立植物保护防灾减灾体系,组织制定重大农业有害生物灾害及疫情应急预案,健全植物保护机构;制定农业有害生物监测预报办法,加强重大农业有害生物预警工作,建立全省重大农业有害生物预警系统;设置农业有害生物监测预报站点 |
| 《南昌市城市绿化管理规定》 | 划定规划绿线;计划、规划、建设、园林等行政主管部门在审批工程建设项目时,应当按照规定的标准严格执行;建设单位必须按照批准的绿化工程设计方案进行施工 |
| 《南昌市机动车排气污染防治条例》 | 机动车向大气排放污染物不得超过国家规定的排放标准;建立和完善机动车排气污染监测制度,定期向社会公布城市主要道路的机动车排气污染监测情况 |
| 《南昌市工业园区环境保护管理条例》 | 建立工业园区环境保护考核和责任追究制度;工业园区管理机构应当做好工业园区环境保护管理工作;工业园区的环境保护实施监督管理 |
| 《江西省环境污染防治条例》 | 建立健全主要污染物排放总量控制制度、重点排污单位污染物排放在线监测制度和排污许可制度的实行情况;缴纳排污费的情况;环境监测体系和环境监督机制的建立健全情况 |
| 《鄱阳湖生态经济区环境保护条例》 | 鄱阳湖生态经济区生态补偿机制;设立生态补偿专项资金;建立绿色国民经济核算考评机制;湖体核心保护区内的某些区域应当建立湿地自然保护区 |
| 《江西省机动车排气污染防治条例》 | 机动车排气污染防治协调机制的建立情况;规定的机动车排气污染物排放标准的执行情况;对排气污染物超过规定排放标准的城市公共客运车辆的淘汰情况;机动车环保检验制度的实行情况;全省机动车环保检验机构的数量和布局的建立情况;机动车排气污染防治监督管理信息系统的建立情况 |

由表 3-21 可知,针对江西省地方人大(常委会)文件确立的巡查指标,主要包括政策是否按要求建立、制度是否按要求实行、执行机构是否承担相应的义务和方案是否按期执行等。根据巡查机构的不同,一般相应的巡查指标也会有所不同,审查一个机构是否达到环境保护条例的要求并不是指该机构必须满足所有的巡查指标,而是指该机构在它所处的层级上,能够达到相应巡查指标的要求,不同层级巡查指标的不同,使其构成了一个完整的巡查体系,从而有利于环保法律法规的完善执行。

## 3.4 江西省环境绩效

### 3.4.1 水环境

(1)生活污水处理情况

对 2004—2017 年江西省各城市城镇生活污水中 COD 处理情况进行分析,主要包括两方面,一是衡量各城市城镇生活污水中 COD 变化的绝对情况,即城镇生活污水中 COD 处理量的增长量,二是衡量各城市城镇生活污水中 COD 处理量的相对情况,即城镇生活污水中 COD 处理量的增长率。由于 2004—2007 年期间许多城市的生活污水产生量等于排放量,即处理量为 0;同时,2008 年萍乡市的数据为 −141 万 t,鹰潭市的为 −814 万 t,赣州市的为 −4 673 万 t,宜春市的为 −328 万 t,经修改后默认为 0,但不便于计算增长率,所以,利用 2009—2017 年的数据为代表计算增长量和增长率,城镇生活污水中 COD 的处理量为产生量和排放量的差值。

2009—2017 年期间,江西省各城市城镇生活污水中 COD 处理量每年的增长量一般是比较稳定的,大部分属于正增长,且一般处于 −50 000～50 000 t 的区间;其中萍乡市 2011 年和 2012 年的增长量变化较大,变化量绝对值趋近于150 000 t,这是由于九江市 2011 年的处理量为 15 256 t 所导致的;就城镇生活污水中 COD 处理量的增长率而言,2011 年的九江市增长率最大达 2 025.95%,其次是 2013 年的鹰潭市为 1 102.95%,其余城市有所波动,偶尔一个年份中有某个城市波动较大,但总体而言,各年的增长速度没有明显的差异。

对江西省 2003—2017 年城镇生活污水中 COD 处理量进行统计描述,主要指标包括增长量、均值、标准差、偏度和峰度(由于 2003 年许多城市的处理量为0,因此无法计算 2003—2017 年的增长率,所以将增长率的计算舍去),具体如表 3-22 所示。

表 3-22　2003—2017 年城镇生活污水中 COD 处理情况统计描述

| 区域 | 增长量/t | 均值/t | 标准差/t | 偏度 | 峰度 |
|---|---|---|---|---|---|
| 南昌市 | 45 099 | 26 964.93 | 20 406.64 | 0.14 | −1.94 |
| 景德镇市 | 3 912 | 3 136.07 | 3 206.28 | 0.86 | 0.33 |
| 萍乡市 | 3 581 | 2 616.60 | 2 866.47 | 0.92 | 0.52 |
| 九江市 | 11 018 | 21 227.27 | 38 875.70 | 3.13 | 10.74 |
| 新余市 | 4 970 | 3 944.93 | 3 110.38 | −0.08 | −1.55 |
| 鹰潭市 | 3 028 | 1 424.40 | 1 447.89 | 0.25 | −1.81 |
| 赣州市 | 19 503 | 7 944.67 | 8 168.41 | 0.21 | −1.96 |
| 吉安市 | 10 914 | 4 485.27 | 4 507.04 | 0.40 | −1.54 |
| 宜春市 | 16 957 | 5 910.87 | 6 307.43 | 0.71 | −1.09 |
| 抚州市 | 11 845 | 5 469.00 | 4 861.02 | 0.04 | −1.95 |
| 上饶市 | 11 630 | 7 386.20 | 6 070.52 | 0.08 | −1.74 |
| 江西省 | 142 457 | 90 112.60 | 80 341.09 | 0.45 | −0.79 |

由表 3-22 可知,2003—2017 年期间,南昌市的城镇生活污水中 COD 处理量的增长量和均值都是最大的,共增加了 45 099 t,均值为 26 964.93 t,鹰潭市的增长量和均值都是最小的,其中增长量为 3 581 t,均值为 1 424.40 t,且南昌市的增长量和均值分别是鹰潭市的 14.89 倍和 18.93 倍。各城市城镇生活污水中 COD 处理量的标准差相差较大,其中最大的是九江市(38 875.70 t),最小的是鹰潭市(1 447.89 t)。就偏度而言,仅新余市的偏度为负,呈负偏,其他城市都为正偏,其中有 7 个城市偏度系数绝对值小于 0.5,为低偏态分布,3 个城市为中等偏态分布,仅九江市为高度偏态分布。观察各市城镇生活污水中 COD 处理量的峰度可知,仅景德镇市、萍乡市和九江市的峰度系数为正,呈尖峰分布,其余城市均为平峰分布,其中九江市的峰度系数最大,为 10.74,赣州市最小,为−1.96。

将江西省各城市城镇生活污水中 COD 处理量按年份展开,依次计算 2000—2016 年期间江西省不同年份城镇生活污水中 COD 处理量的均值、标准差、偏度和峰度,可得以下结果,具体如表 3-23 所示。

表 3-23　2003—2017 年江西省城镇生活污水中 COD 处理情况

| 年份 | 均值/t | 增长率/% | 标准差/t | 偏度 | 峰度 |
|---|---|---|---|---|---|
| 2003 年 | 316.27 | | 1 048.96 | 3.32 | 11.00 |
| 2004 年 | 385.55 | 21.90 | 1 168.27 | 3.27 | 10.76 |

表 3-23(续)

| 年份 | 均值/t | 增长率/% | 标准差/t | 偏度 | 峰度 |
|---|---|---|---|---|---|
| 2005 年 | 881.64 | 128.67 | 2 584.72 | 3.26 | 10.71 |
| 2006 年 | 840.45 | −4.67 | 2 206.48 | 3.09 | 9.79 |
| 2007 年 | 1 877.18 | 123.35 | 2 954.87 | 2.70 | 7.96 |
| 2008 年 | 1 226.18 | −34.68 | 2 111.90 | 2.46 | 6.60 |
| 2009 年 | 5 516.09 | 349.86 | 6 432.19 | 2.80 | 8.45 |
| 2010 年 | 8 145.73 | 47.67 | 10 503.95 | 3.08 | 9.86 |
| 2011 年 | 23 230.45 | 185.19 | 44 217.63 | 3.02 | 9.42 |
| 2012 年 | 12 028.73 | −48.22 | 12 349.33 | 2.53 | 7.46 |
| 2013 年 | 15 207.73 | 26.43 | 14 700.51 | 1.82 | 2.77 |
| 2014 年 | 11 024.18 | −27.51 | 9 770.98 | 1.96 | 4.79 |
| 2015 年 | 16 041.45 | 45.51 | 16 653.77 | 1.83 | 2.99 |
| 2016 年 | 13 434.45 | −16.25 | 12 365.13 | 2.75 | 8.37 |
| 2017 年 | 13 266.91 | −1.25 | 12 921.61 | 2.32 | 6.28 |

由表 3-23 可知,2003—2017 年期间,江西省城镇生活污水中 COD 的处理量并没有统一的增长或下降的趋势,而是波动性变化的,但总体而言还是上升的。其中 2011 年的均值最大,为 23 230.45 t,2003 年的均值最小,为 316.27 t,且 2011 年的均值是 2003 年的 73.45 倍。虽然 2011 年的均值最大,但增长率最大的年份却出现在 2009 年,为 349.86%,最小值为 2012 年的−48.22%;2011年的标准差最大,为 44 217.63,2003 最小,为 1 048.96。2003—2017 年期间,江西省城镇生活污水中 COD 的处理量的偏度系数都为正数,且偏度系数都大于 1,属于高度偏态分布。峰度系数都大于 0,属于尖峰分布,其中最大值出现在2003 年,为 11.00,最小值为 2013 年的 2.77。

(2)地表水环境质量

2018 年,江西省全省地表水水质为优,优良比例为 90.7%(含县界断面),与上年相比,水质略有改善。主要河流水质优良比例为 97.4%,其中,萍水河水质良好,其余河流水质为优。主要湖库水质优良比例为 25.0%,其中,柘林湖水质为优,鄱阳湖、仙女湖和其他湖库水质轻度污染,其主要污染物为总磷。各个主要河流的地表水水质具体如下。

赣江:断面水质优良比例为 97.5%,水质优。其中,Ⅱ类比例为 74.0%、类比例为 23.5%、Ⅴ类比例为 0.8%、劣Ⅴ类比例为 1.7%。其主要污染物为氨氮。

抚河:断面水质优良比例为 95.2%,水质优。其中,Ⅱ类比例为 61.9%、类比例为 33.3%、Ⅴ类比例为 4.8%。其主要污染物为总磷。

信江:断面水质优良比例为 100%,水质优。其中,Ⅰ类比例为 38.2%、Ⅱ类比例为 61.8%。

修河:断面水质优良比例为 93.3%,水质优。其中,Ⅰ类比例为 13.3%、Ⅱ类比例为 73.3%、Ⅲ类比例为 6.7%、Ⅴ类比例为 6.7%。其主要污染物为氨氮、五日生化需氧量和化学需氧量。

饶河:断面水质优良比例为 100%,水质优。其中,Ⅱ类比例为 76.2%、Ⅲ类比例为 23.8%。

长江九江段:断面水质优良比例为 100%,水;灰代。其中,Ⅱ类比例为 100%。

袁水:断面水质优良比例为 100%,水质优。其中,Ⅱ类比例为 52.9%、Ⅲ类比例为 47.1%。

萍水河:断面水质优良比例为 81.8%,水质良好。其中,Ⅱ类比例为 45.4%、Ⅲ类比例为 36.4%、Ⅴ类比例为 9.1%、Ⅴ类比例为 9.1%。其主要污染物为氨氮、总磷和化学需氧量。

东江:断面水质优良比例为 100%,水质优。其中,Ⅰ类比例为 100%。

环鄱阳湖区河流:断面水质优良比例为 100%,水质优。其中,Ⅱ类比例为 38.5%、Ⅲ类比例为 61.5%。

鄱阳湖:点位水质优良比例为 5.9%,水质轻度污染。其中,Ⅲ类比例为 5.9%、Ⅳ类比例为 76.5%、Ⅴ类比例为 17.6%。其主要污染物为总磷,营养化程度为轻度富营养。

柘林湖:点位水质优良比例为 100%,水质优。其中,Ⅰ类比例为 25.0%;Ⅱ类比例为 75.0%。其营养化程度为中营养。

仙女湖:点位水质优良比例为 0%,水质轻度污染。其中,Ⅳ类比例为 50.0%、Ⅴ类比例为 50.0%。其主要污染物为总磷,营养化程度为轻度富营养。

其他湖库:点位水质优良比例为 66.7%,水质轻度污染,其中,Ⅱ类比例 66.7%、Ⅴ类比例为 33.3%。其主要污染物为总磷,营养化程度为中营养。2018 年江西省地表水断面(点位)水质优良情况如图 3-1 所示。

### 3.4.2 大气环境

(1)工业 $SO_2$ 去除情况

除 2005 年外,全省 11 个城市中,鹰潭市的工业 $SO_2$ 去除量的增长量一直

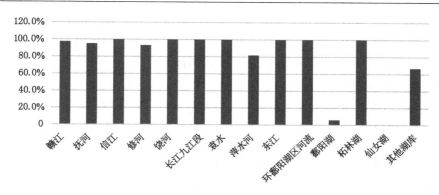

图 3-1　2018 年江西省地表水断面(点位)水质优良情况

排在第一,尤其是 2003 年更是高达 14.2 万 t,遥遥领先于其他城市,赣州市 2007 年的工业 $SO_2$ 去除量也是远高于其他年份。就工业 $SO_2$ 去除量的增长率而言,有两个特别突出点,即 2009 年的赣州市和 2007 年的宜春市,这两个点不仅增长率居当年第一,而且与同年其他城市的差距十分明显,其余城市的增长率并无太大变化。

对 2000—2010 年各城市工业 $SO_2$ 去除量进行统计描述,主要包括增长量、增长率、均值、标准差、偏度和峰度 6 个指标,计算结果如表 3-24 所示。

表 3-24　各区域 2000—2010 年工业 $SO_2$ 去除量统计描述

| 区域 | 增长量/万 t | 增长率/% | 均值/万 t | 标准差/万 t | 偏度 | 峰度 |
|---|---|---|---|---|---|---|
| 南昌市 | 4.54 | 678.12 | 1.53 | 1.40 | 2.01 | 4.76 |
| 景德镇市 | 0.66 | 658.10 | 0.44 | 0.28 | 0.66 | −0.75 |
| 萍乡市 | 0.72 | 150.98 | 0.57 | 0.23 | 2.55 | 7.12 |
| 九江市 | 7.85 | 7 852.00 | 2.92 | 2.64 | 0.64 | −0.67 |
| 新余市 | 3.58 | 1 022.00 | 1.32 | 1.11 | 1.64 | 2.37 |
| 鹰潭市 | 70.44 | 140.96 | 77.09 | 26.64 | 0.71 | −1.03 |
| 赣州市 | 1.40 | 1 395.70 | 0.47 | 0.89 | 2.39 | 5.35 |
| 吉安市 | 5.33 | 6 656.75 | 0.66 | 1.58 | 3.26 | 10.72 |
| 宜春市 | 6.72 | 3 198.95 | 2.91 | 3.39 | 0.69 | −1.83 |
| 抚州市 | 0.66 | 550.33 | 0.20 | 0.20 | 2.93 | 9.18 |
| 上饶市 | 8.02 | 1 145.06 | 2.16 | 2.52 | 2.14 | 4.47 |
| 江西省 | 109.91 | 207.84 | 90.28 | 38.62 | 0.89 | −0.54 |

由表 3-24 可知,2010 年相较于 2000 年,各城市工业 $SO_2$ 去除量都是有所增加的,其中鹰潭市的增长量最大,为 70.44 万 t,景德镇市和抚州市最小,为 0.66 万 t,且鹰潭市的增长量是景德镇市(抚州市)的 106.7 倍。反观增长率,2000—2010 年期间,九江市的增长率最大,为 7 852%,吉安市尾随其后,为 6 656.75%,鹰潭市的增长率最低,为 140.96%,江西省的增长率为 207.84%,共有 9 个城市的工业 $SO_2$ 去除量增长率高于全省增长率,仅有 2 个城市低于全省增长率。鹰潭市的工业 $SO_2$ 去除量均值最大,为 77.09 万 t,抚州市最小,为 0.20 万 t,且鹰潭市为抚州市的 385.45 倍。在各城市工业 $SO_2$ 去除量的标准差上,鹰潭市最大,为 26.64 万 t,抚州市最小,为 0.20 万 t。江西省 11 个城市 2000—2010 年工业 $SO_2$ 去除量的偏度都大于 0,为正偏,且有 4 个城市的偏度系数的绝对值在 0~1 之间,为中等偏态分布,其余 7 个城市的偏度系数大于 1,为高度偏态分布。景德镇市、九江市、鹰潭市和宜春市的峰度系数为负,呈平峰分布,其余城市峰度系数为正,为平峰分布,分布形状比正态分布更高更陡。

对 2000—2017 年江西省工业 $SO_2$ 去除量变化情况进行统计描述,共以下 5 个指标:全省工业 $SO_2$ 去除量的均值、增长率、标准差、偏度和峰度,具体如表 3-25 所示。

**表 3-25　2000—2010 年江西省工业 $SO_2$ 去除量统计描述**

| 年份 | 均值/万 t | 增长率/% | 标准差/万 t | 偏度 | 峰度 |
|---|---|---|---|---|---|
| 2000 年 | 4.81 | | 14.98 | 3.32 | 10.99 |
| 2001 年 | 5.03 | 4.61 | 15.66 | 3.32 | 11.00 |
| 2002 年 | 4.75 | −5.48 | 14.41 | 3.31 | 10.99 |
| 2003 年 | 6.06 | 27.57 | 18.69 | 3.32 | 10.99 |
| 2004 年 | 6.82 | 12.43 | 20.55 | 3.31 | 10.98 |
| 2005 年 | 6.59 | −3.35 | 19.44 | 3.31 | 10.98 |
| 2006 年 | 7.68 | 16.51 | 22.06 | 3.30 | 10.93 |
| 2007 年 | 8.87 | 15.54 | 23.98 | 3.27 | 10.78 |
| 2008 年 | 11.87 | 33.85 | 32.68 | 3.28 | 10.84 |
| 2009 年 | 13.00 | 9.45 | 34.16 | 3.29 | 10.85 |
| 2010 年 | 14.80 | 13.88 | 35.15 | 3.28 | 10.80 |

由表 3-25 可知,2000—2010 年期间,江西省工业 $SO_2$ 去除量一直处于波动上升状态,其中 2010 年均值最大,为 14.8 t,2002 年最小,为 4.75 万 t,且 2010 年是 2002 年的 3.12 倍。全省工业 $SO_2$ 去除量的增长率除 2002 年和 2005

年外均为正,其中 2008 年的增长率最大,为 33.85%,2002 年最小,为—5.48%。就全省工业 $SO_2$ 去除量的标准差而言,2010 年最大,为 35.15 万 t,2002 年最小,为 14.41 万 t,且 2010 年为 2002 年的 2.44 倍。2000—2010 年期间,江西省各城市的工业 $SO_2$ 去除量的偏度都为正,且都大于 1,集中在 3.27~3.32 之间,属于高度偏态分布。2000—2010 年期间,各年份工业 $SO_2$ 去除量的峰度集中在 10.78~11 区间,都大于 0,属于尖峰分布。

（2）环境空气质量

2018 年,江西省全省设区城市优良（达标）天数比例均值为 88.3%,与上年相比,城市环境空气质量大幅好转。各市的城市环境空气质量优良天数比例如图 3-2 所示。

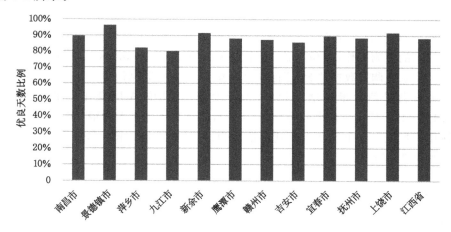

图 3-2　2018 年江西省各城市环境空气质量优良天数比例

在空气中,各类环境空气质量的优良程度的表达,还包括细颗粒物（PM2.5）、可吸入颗粒物（PM10）、臭氧（$O_3$）、二氧化硫（$SO_2$）、二氧化氮（$NO_2$）和一氧化碳（CO）的排放情况,具体如下。

细颗粒物（PM2.5）：11 个设区城市中,除南昌和景德镇市达到二级标准外,其余 9 个设区城市年均超二级标准。江西省全省年均值为 38 $\mu g/m^3$,与上年相比下降 8 $\mu g/m^3$。

可吸入颗粒物（PM10）：11 个设区城市中,除萍乡市超二级标准外,其余 10 个设区城市年均值达到二级标准。全省年均值为 64 $\mu g/m^3$,与上年相比下降 9 $\mu g/m^3$。

臭氧（$O_3$）：11 个设区中,城市 $O_3$ 日最大 8 小时值,90% 位数值均达到二级标准,日均值超标率范围为 2.5%~7.4%。全省 $O_3$ 日最大 8 小时值,90% 位数值均值为 145 $\mu g/m^3$。

二氧化硫($SO_2$)：11 个设区城市中，除新余、鹰潭和上饶市达到二级标准外，其余 8 个城市年均值均达到一级标准。全省浓度年均值为 17 $\mu g/m^3$，与上年相比下降 6 $\mu g/m^3$。

二氧化氮($NO_2$)：11 个设区城市中，年均值均达到一级标准。全省年均值为 25 $\mu g/m^3$，与上年相比下降 1 $\mu g/m^3$。

一氧化碳(CO)：11 个设区城市中，日均浓度 95％位数值均达到一级标准，日均值超标率均为 0。全省 CO 日均浓度 95％位数值值为 1.4 $\mu g/m^3$，日均值超标率为 0。

### 3.4.3 土壤环境

2018 年,开展了全省 111 个背景值点位 A 层(表土)、B 层(心土)、C 层(底土)三层样品的监测工作,点位覆盖 11 个设区市的 66 个县(市、区)。根据已公布的"七五"背景值调查数据,"七五"背景值调查至 2018 年监测约 30 年间,土壤常规重金属元素背景值含量呈增加趋势,为轻度变化,其中 A 层变化量最大的为砷(64.4％),B 层变化量最大的为砷(45.6％),C 层变化量最大为镉(66.7％)。表层土壤中常规元素变化程度由高到低依次为:砷>镉>铬>铅>镍>锌>铜>汞。具体如图 3-3 所示。

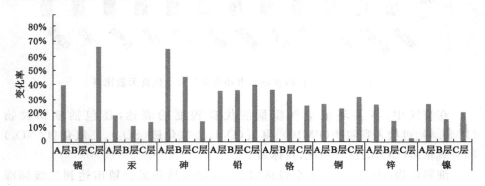

图 3-3　常规重金属变化情况

(资料来源:江西省生态环境厅,2018 年江西省生态环境状况公报)

# 4 各市域环境规制对碳减排的影响：
# 总量效应研究

从理论上，政府制定环境规制政策，通过行政命令或者征收碳税、能源税等，增加碳排放的生产成本与环境成本，进而促进碳减排；或者补贴清洁能源，鼓励使用替代能源，优化能源消费结构，达到减少碳排放总量的目的（Testa et al.，2011），从而产生负向的"绿色悖论"和正向的倒逼机制。因此，环境规制对碳减排绩效的直接影响机理既可能是正向的倒逼机制效应，也可能是逆向的"绿色悖论"效应，也许两者间并非简单的线性关系。间接影响则一般是通过能源结构、产业结构、技术创新和 FDI 四条传导渠道完成，主要是：① 双结构（能源结构和产业结构）优化：严格的环境规制将显著抑制高碳能源的使用和污染密集型产业的增长，推动能源结构低碳化和产业结构高级化，因此有利于减少碳排放总量（干春晖、郑若谷、余典范，2011；李眺，2013）。② 技术创新：环境规制对技术创新的影响既有正向的补偿效应，也有负向的抵消效应，进而间接影响碳减排绩效指标。为了避免环境规制对技术创新"非正即负"的简单论断，更多的学者也探讨了两者间的非线性关系。这一点需要依据实际情况进一步验证。③ FDI：环境规制会影响 FDI 的技术溢出效应、吸收能力和资本积累效应。而 FDI 对碳减排绩效的影响也存在正向的"污染光环"效应和负向的"污染避难所"效应的争议。前者认为承载先进技术的外资企业可以向东道国传播更为绿色清洁的生产技术，减少碳排放；而后者认为发达国家企业面临苛刻的环境规制时，往往会将高能耗的污染密集型产业转移到发展中国家，进而降低东道国的碳减排绩效（孙浦阳、武力超、陈思阳，2011）。本研究在实证分析时，利用江西省 11 个地级市的 2000—2017 年面板数据，拟在直接影响的计量模型基础上，再引入环境规制与能源结构、产业结构、技术创新和 FDI 的交叉项，以探求四种途径对碳减排绩效的作用机理、强度和方向等。

# 4.1  理论分析

### 4.1.1  直接影响的时空差异研究

　　毋庸置疑,要想实现碳总量减排目标,很大程度上依赖于政府一系列合理的环境规制政策。究其原因,碳排放行为是生产和消费过程中的一种外部性行为,要想实现碳减排目标,单纯依赖市场机制是不充分的,因而需要政府制定环境政策来进行规制和矫正。从理论上讲,政府通过制定环境规制政策来直接影响碳排放,主要有两种方式。一是采用税费等基于市场的激励型环境规制手段,如征收碳税、能源税等,或者通过补贴清洁能源、鼓励使用替代能源、优化能源消费结构等,即可以通过对化石能源生产者和使用者征收税费,从而增加化石能源的消费成本,抑制化石能源的需求,进而促进碳减排,或者通过补贴清洁能源,从而降低清洁能源的使用和生产成本,促进清洁能源的使用,进而促进碳减排。二是采用命令控制型环境规制手段,比如关停部分高耗能高污染企业、强制部分企业使用低碳技术等,增加碳排放的生产成本与环境成本,进而促进碳减排。无论是基于市场的市场-激励型环境规制手段还是命令控制型的环境规制手段,政府的政策意旨都是通过执行严格的环境规制标准来限制碳排放即产生正向的倒逼机制,从而实现环保目标。然而,Sinn(2008)的"绿色悖论"理论却表明,由于环境规制的强度正在不断增加,导致能源所有者预期,未来的能源开采和出售会愈发艰难,因此为了实现企业经济利益的最大化,在短期内能源开采者将不断加快能源的开采,力求在新的环境规制标准实施前开采并出售完能源资产,从而加快能源消费并获取最大经济利益。但是这样做的后果是导致了温室气体排放量的急剧增加,加速了环境恶化,意味着"好的意图并不总是引起好的结果",因此,从这一方面进行考察发现,政府环境规制政策的制定不仅没有达到碳减排的目标,反而促进了碳排放,即产生了负向的"绿色悖论"效应。在 Sinn 之后,也有许多学者(如 Smulders,Yacov and Amos,2012)对"绿色悖论"的作用机制进行了一定的研究,且一致认同 Sinn 的观点,认为环境规制政策的制定,将使得能源所有者向前移动开采路径,从而加快能源耗竭,最终导致了碳排放的上升,即产生了负向的"绿色悖论"效应。

　　关于碳排放驱动因素研究的文献较多,但是这些文献大都属于理论研究,将目光集中在经济产出、能源结构、能源强度、人口规模、人均财富、技术水平和产业结构等因素上。而对环境规制政策的理论研究在近年来不断涌现,实证研究更是日渐增多(许广月,2010;何小钢、张耀辉,2012;张华、魏晓平,2014;邵帅等,

2019)，通过采用主自解释变量、添加虚拟变量和时间趋势项等方式，捕捉环境规制对碳排放的影响，但缺乏对"环境规制"指标的省域以下，如以市域为单元的微观具体的刻画。事实上，早在 2002 年，Schou 就对环境规制的必要性和有效性提出过质疑。他认为随着自然资源的不断消耗，污染排放会自动趋于减少，因此没有必要实行环境规制政策。那么事实真的是这样吗？ 环境规制是否正如Schou 所言，没有存在的必要性呢？ 如果环境规制有存在的必要性，那么其有效性又体现在哪里呢？ 真的能产生正向的倒逼机制？"绿色悖论"发生的条件又是什么呢？ 如何才能避免"绿色悖论"现象呢？ 厘清上述问题，对于评估环境规制的有效性以及规避环境规制对碳排放的"绿色悖论"效应具有重要的理论和现实意义。

因此，由上面的分析可知，在省域层面上，政府制定的一系列环境规制政策的直接影响机理既可能是正向的倒逼机制效应，也可能是逆向的"绿色悖论"效应，又或者两者间并非简单的线性关系。因此，为了对环境规制政策的作用进行深入的研究，本研究拟引入环境规制的平方项，构建计量模型，考察潜在的非线性影响，从而探讨环境政策对碳减排的实际作用机理与作用路径，全面深入诠释"绿色悖论"之谜。

### 4.1.2　间接的影响时空差异研究

中央政府和地方政府不仅可以通过制定环境规制政策对碳排放产生直接作用效应，还可能通过其他路径对碳排放绩效产生间接影响。从环境规制对碳总量减排绩效的间接影响进行分析，一般是通过双结构（能源结构和产业结构）优化、技术创新和 FDI 三条传导渠道完成的。

（1）双结构（能源结构和产业结构）优化

从环境规制—双结构（能源结构和产业结构）—碳排放总量这条路径而言，学者普遍认为严格的环境规制将显著抑制高碳能源的消费和污染密集型产业的增长，推动双结构优化（能源结构低碳化和产业结构高级化），因此，有利于减少碳排放总量（干春晖、郑若谷、余典范，2011；李眺，2013）。这是因为严格的环境规制使得高碳能源和高耗能高污染的产业承担高昂的"环境遵循成本"，为了规避这一成本，能源使用会逐步偏向低碳化，同时，污染密集型产业会向环境规制较为宽松的地区转移，而清洁型产业所受的冲击较小。所以，严格的环境规制将有效抑制高碳能源的生产消费和污染密集型产业的规模扩张，促进低碳清洁能源和服务业的发展，从而促使能源消费的清洁化和产业结构向高级化方向发展，碳排放总量也会随之显著减少。

出现这种现象的主要原因与当地政府的抉择有关，当地区经济发展水平较低时,地方政府迫于政绩考核的压力,会迫切想要提高当地的经济发展水平,因此便不得不放松环境管制,以牺牲环境来换取地区的 GDP,这就造成了地区能源和产业结构的高碳化,由此造成环境规制通过双结构(能源结构和产业结构)调整实现碳总量减排这条作用路径失效。而当地区经济水平发展到一定程度时,地方政府将不会单方面地追求经济发展速度,而是更加注重经济发展质量,从而会提高环境规制的水平,迫使企业进行双结构(能源结构和产业结构)优化,碳排放总量也因此而降低。

正是因为环境规制能够通过双结构(能源结构和产业结构)调整而间接地影响碳排放,因此地方政府要采取适宜的环境规制强度和手段,循序渐进地推动双结构(能源结构和产业结构)优化。由于在能源品类中,化石能源的含碳量高,并按照煤炭、石油、天然气等顺序依次降低,非化石能源的含碳量低,更加清洁,在三次产业中第二产业碳排放量占总碳排放量的比重最大,因而要调整优化能源品类和第二产业内部结构,降低高碳的化石能源,尤其是煤炭消费和高耗能高污染行业的比重,关停部分低附加值、低产能、高消耗的企业,积极引导清洁能源的消费,以及技术密集型高端制造行业的发展,从根本上遏制高化石能源的要素投入模式和资源损耗型的生产模式。我国清洁能源和第三产业发展迅速,但低碳能源和现代服务业占比仍然不高,因而应大力发展清洁的新能源产业和高技术含量的现代服务业,给予清洁能源和现代服务业以政策上的支持。与此同时,对于第三产业中能耗较高的产业,如交通运输业和房地产业等,应重视其节能环保工作。此外,第一产业的碳总量减排潜力不容小觑,政府应引导农民使用低碳环保型生产资料,加大农业科研投入,推广低碳生产技术,培养农业科技人才,使得农业生产方式从粗放型向集约型转变。

(2)技术创新

环境规制对技术创新的影响既有正向的补偿效应,也有负向的抵消效应,进而间接影响碳减排绩效指标。为了避免环境规制对技术创新"非正即负"的简单论断,更多的学者也探讨了两者间的非线性关系。这一点需要依据实际情况进一步验证。

从环境规制—低碳技术创新—碳排放总量这条路径而言,环境规制对技术创新既可能存在"波特假说"效应,也可能存在"遵循成本"效应。传统经济学认为,环境规制的实施对于本国的企业来说是不利的,因为它会提高厂商的私人成本,在短期内,环境规制不仅增加企业控制污染的直接成本(污染控制设备的购买、安装、维护等),而且也提高了企业在生产过程中的间接成本(培养员工使用新设备的成本、改变生产工艺的成本等),导致厂商的生产能力降低,从而损害了其在国际和国内市场的竞争力,对一个国家和一个地区的经济增长产生负面效应。但是 20 世纪 90 年代初，迈克尔·波特等人提出了相反的观点，他们认为，合理的环境规制会激发企业进行一定的创新活动，这会部分或者全部抵消企业的环境成本，还有可能会使企业产生额外的收益，与没有被规制的企业相比获得更大的竞争优势，因此对于企业来说，环境规制对他们而言其实是有正面效应的。这就是所谓的波特假说。另外有人提出应当实施创新投入补贴的环境规制政策，即对于那些实施低碳行为的企业，给予一定的补贴，从短期来看，政府的这一做法减轻了企业的压力，减少了低碳技术创新的实际投入，但是，如果得到补助后其净收益仍低于选择传统企业策略的企业，为了经济利益最大化，企业最终仍然会放弃低碳技术创新策略而选择传统技术策略来进行生产和运营. 因此从长期来看，政府只实施低碳技术创新投入补贴一种环境规制措施不足以推动企业实施低碳技术创新行为。而且不容忽视的一点是，企业技术创新面临着许多技术风险、市场风险、管理风险及外部大环境风险，在没有环境规制时，企业的外部大环境相对来说是比较稳定的，企业能够充分地了解市场信息，因此，企业技术创新所面临的风险性相对是较小的；但是在环境规制的作用下，企业的外部大环境产生了变化，在短期内，企业对绿色技术的生产资料、生产工艺等相关信息并不了解，企业对绿色技术的知识储备较传统技术的知识储备少，企业技术创新的风险性增大。所以，政府应该建立合适的环境规制来激发企业进行低碳技术创新，促使生产技术和环保技术升级，从而有效减少碳排放；同时也应该考虑有些企业可能由于资金和技术的原因，一方面不能承受环境规制带来的高昂的企业治污成本，另一方面又缺乏低碳生产技术的研发能力，从而无法找到合适的促进碳减排方式。此外，由于各个地区环境规制水平不尽相同，因而所呈现的环境规制的碳减排效应会出现地区异质性。

事实上，由于企业具有异质性，不同的企业具有不同的特点，因此环境规制对不同的企业会产生不一致的影响，相同的环境规制也不可能促进每个企业技术创新。同时，企业技术创新的原因也有很多种，也并不是都得益于环境规制。另外环境规制对企业的技术创新效应不是恒定不变的。在动态的发展框架下，负效应会转化成正效应，正效应也可能转变成负效应。因此，江西省要按照不同地级市的发展状况，合理实施环境规制政策，同时还要考虑多种因素的影响，更好地促进绿色技术创新，进而提高江西省经济发展水平。

（3）FDI

环境规制会影响 FDI 的技术溢出效应、吸收能力和资本积累效应。而 FDI 对碳减排绩效的影响也存在正向的"污染光环"效应和负向的"污染避难所"效应的争议。前者认为承载先进技术的外资企业可以向东道国传播更为绿色清洁的生产技术，减少碳排放；而后者认为发达国家企业面临苛刻的环境规制时，往往会将高能耗的污染密集型产业转移到发展中国家或欠发达地区,进而降低东道国的碳总量减排绩效(孙浦阳、武力超、陈思阳,2011)。

许多学者认为 FDI 对我国的碳排放等环境规制存在负向的"污染避难所"效应,其主要原因是,发展中国家和欠发达地区面临着巨大的经济压力,更迫切地需要寻求外商直接投资,因此如果发展中国家和欠发达地区为了谋求经济的发展不断降低环境标准,那么将使发展中国家和欠发达地区环境污染不断加剧,进而导致环境问题的加重。对于发达国家和地区而言,环境标准是较高的,企业可利用的环境资源则较少,在这种情况下,企业就会不断地寻求环境资源多的国家和地区。而面临巨大发展压力的欠发达国家和地区,为了能够吸引更多的外商直接投资,可能会不断降低自己的环境标准。另外,由于各个国家之间的经济发展存在着激烈的竞争关系,当一国和地区意识到其他国家和地区正在采取以环境换发展的策略时,其也可能会采取相应的策略以促进自己的经济发展,由此将引发环境规制的"逐底竞争",致使发展中国家和地区的环境污染越来越严重,甚至将会成为污染的集中地,即"污染天堂"假说,面临的问题也会日趋严重。

虽然大部分学者认为 FDI 给环境带来的是负面作用,但也有部分学者认为 FDI 带来的是正面作用,即存在正向的"污染光环"效应。其主要原因是发展中国家和地区的经济水平相对落后、产业环境治理能力不强,而发达国家恰恰在这些方面更优秀,FDI 在进入发展中国家和地区时,把发达国家的环保生产模式也带到了发展中东道国和地区,为他们带来了高新的生产技术、清洁的生产过程等各种环境友好型生产模式,为本土企业起到引导作用,促进了发展中国家和地区环境的改善和能源利用率的提高,从而减少东道国的碳排放量、减轻环境压力,提高发展中东道国和地区的环境质量。

综上所述,FDI 既可能是碳排放的有利因素,也可能是阻碍因素,其中有利因素不但表现在带来更多高新、成熟技术,还在于提高东道国的能源利用率、减少碳排放总量等方面。然而,值得关注的一点是虽然 FDI 存在技术溢出的事实和巨大的潜力,对东道国的碳排放可能存在正面效应,但是随着时间的增长,FDI 在进入东道国以后,为了寻求利益的最大化,发展中东道国和地区可能会对 FDI 所带来的环境问题产生一定的忽略性,从而导致环境问题越来越严重,成为阻碍因素。但是从另一方面考虑,如果发展中国家和地区足够重视环境问题,对 FDI 所带来的各项问题能够认真分析把握,并采取各种应对措施,通过严格的经济惩罚来监管 FDI 的规模、强度以及生产过程中的碳排放问题,从而有效地把环境因素与 FDI 相结合,那么就能在促进经济发展的同时最大限度地降低其带来的环境负面作用,从而增强碳减排绩效。

## 4.2  环境规制影响碳排放的研究设计

### 4.2.1  计量模型设定

环境规制对碳排放总量的直接影响既可能是正向的"倒逼减排"效应,也可能存在逆向的"绿色悖论"效应,因而两者间并非简单的线性关系。本研究引入环境规制的平方项以考察潜在的非线性影响。此外,$CO_2$排放可能存在滞后效应,引入$CO_2$排放的滞后项可以较好地控制内生性问题。基于以上考虑,本研究构建如下计量模型来衡量环境规制对碳排放影响的直接效应:

$$C_{i,t} = \beta_0 + \beta_1 C_{i,t-1} + \beta_2 ER_{i,t} + \beta_3 ER^2{}_{i,t} + \xi X_{i,t} + \alpha_i + \varepsilon_{i,t}$$

其中,$i$和$t$分别表示市域和年度;$C_{i,t}$表示江西省各个地级市$CO_2$排放总量;$ER_{i,t}$表示环境规制;$\beta_0$为常数项;$\beta_1$为滞后乘数,表示前一期$CO_2$排放水平对当期的影响情况;待估参数$\beta_2$和$\beta_3$表示环境规制对$CO_2$排放的直接影响;$\alpha_i$表示地区非观测效应,反映了市域间持续存在的差异;$\varepsilon_{i,t}$代表特定异质效应,假设服从正态分布;$X_{i,t}$是其他控制变量,包括能源消费结构(Ener)、产业结构(Indu)、技术水平(Tech)、FDI、人均收入($Y$)和人口规模(POP)。需要说明的是,参照环境库兹涅茨曲线,我们考虑在模型中同时囊括人均收入的一次方和二次方项,以考察碳排放总量库兹涅茨曲线的存在性。

此外,为了分析环境规制对$CO_2$排放的间接影响,本研究引入环境规制与能源消费结构、产业结构、技术创新和FDI的交叉项,以探求四种途径对$CO_2$排放总量的作用机理及强度,具体计量模型如下:

$$C_{i,t} = \gamma_0 + \gamma_1 C_{i,t-1} + \gamma_1 ER \times Ener_{i,t} + \gamma_2 ER \times Indu_{i,t} + \gamma_3 ER \times Tech_{i,t} + \gamma_4 ER \times FDI_{i,t} + \xi Z_{i,t} + \alpha_i + \varepsilon_{i,t}$$

其中,$ER \times Ener_{i,t}$表示江西省第$i$个地级市第$t$年环境规制与能源消费结构的交叉项;$ER \times Indu_{i,t}$表示环境规制与产业结构的交叉项;$ER \times Tech_{i,t}$表示环境规制与技术水平的交叉项;$ER \times FDI_{i,t}$表示环境规制与FDI的交叉项;$Z_{i,t}$是其他控制变量,包括人均收入和人口规模。

### 4.2.2  数据与变量

本研究使用江西省2000—2017年11个地级市的面板数据进行实证检验。原始数据主要来源于历年《江西省统计年鉴》《中国统计年鉴》《中国区域经济统计年鉴》《中国能源统计年鉴》《统计公报》等。由于存在通货膨胀因素,本研究对涉及价格指数的指标均调整至以2000年为基期的不变价格。

（1）$CO_2$ 排放总量

$CO_2$ 排放主要来源于化石能源燃烧和水泥生产活动。化石能源燃烧的 $CO_2$ 排放量具体计算公式为：

$$EC = \sum_{i=1}^{7} EC_i = \sum_{i=1}^{7} E_i \times CF_i \times CC_i \times COF_i \times \frac{44}{12} = \sum_{i=1}^{7} \frac{44}{12} \alpha_i E_i$$

其中，EC 表示估算的各类能源消费的 $CO_2$ 排放总量；$i$ 表示能源消费种类，包括煤炭、焦炭、煤油、汽油、柴油、燃料油和天然气共 7 种；$E_i$ 为第 $i$ 种能源消费量；$CF_i$ 是发热值；$CC_i$ 是碳含量；$COF_i$ 是氧化因子；$\alpha_i = CF_i \times CC_i \times COF_i$，表示第 $i$ 种能源碳排放系数。关于 $\alpha_i$ 的取值，选取国际上通用的 IPCC 国家温室气体排放清单指南的相关数据，具体为煤炭 0.759 9、焦炭 0.855 0、煤油 0.571 4、汽油 0.553 8、柴油 0.592 1、燃料油 0.681 5 及天然气 0.448 3，单位均为吨碳/吨标准煤。

水泥生产过程排放的 $CO_2$ 计算公式为：$CC = Q \times \beta$。其中，CC 表示水泥生产过程中 $CO_2$ 排放总量；$Q$ 表示水泥生产总量；$\beta$ 表示水泥生产的 $CO_2$ 排放系数，参考杜立民（2010），取值 0.527 0 t $CO_2$/t。各地区的 $CO_2$ 排放总量计算公式为：$CO_2 = EC + CC$。表 4-1 列出了各类 $CO_2$ 排放来源的相关碳排放系数。

**表 4-1　$CO_2$ 排放系数**

| 排放源 | 化石燃料燃烧 | | | | | | | 工业生产过程 |
|---|---|---|---|---|---|---|---|---|
| | 煤炭 | 焦炭 | 汽油 | 煤油 | 柴油 | 燃料油 | 天然气 | 水泥 |
| 碳含量（t-C/TJ） | 27.28 | 29.41 | 18.90 | 19.60 | 20.17 | 21.09 | 15.32 | — |
| 热值（TJ/万 t 或 TJ/亿 m³） | 178.24 | 284.35 | 448.00 | 447.50 | 433.30 | 401.90 | 3 893.10 | |
| 碳氧化率 | 0.923 | 0.928 | 0.980 | 0.986 | 0.982 | 0.985 | 0.990 | — |
| 碳排放系数（吨 $CO_2$/t 或 t$CO_2$/亿 m³） | 0.449 | 0.776 | 0.830 | 0.865 | 0.858 | 0.835 | 5.905 | — |
| $CO_2$ 排放系数（吨 $CO_2$/t 或 吨 $CO_2$/亿 m³） | 1.647 | 2.848 | 3.045 | 3.174 | 3.150 | 3.064 | 21.670 | 0.527 |

注：① 小括号内为相应指标的单位；② 资料数据来源于杜立民（2010）。

根据上述碳排放计算公式和表 4-1 中的 $CO_2$ 排放系数，本研究测算出 2000—2017 年江西省 11 个市的 $CO_2$ 排放量。

（2）环境规制

对环境规制的准确、科学测度是分析环境规制对碳排放总量影响的前提。

由于不存在对环境规制直接量化的统计指标，既有文献均使用替代指标衡量环境规制强度，而替代指标的多样性造成了环境规制指标的差异化。总的来看，环境规制替代指标基本有三类：环境规制实施的成本指标；环境规制实施后的收益指标；与环境规制强度紧密相关的指标。环境规制实施的成本指标主要有：污染治理成本或污染治理成本占总成本的比重，环境规制机构的监督检查次数，政策法规的颁布数量或税收额度。环境规制实施后的收益指标有：不同污染物的排放密度，不同污染物的处理率（去除率）。与环境规制强度高度相关的指标有：人均 GDP 和能源消费等。

考虑到三类指标侧重点的差异，本研究从环境规制实施后的收益看来，选取 $SO_2$ 去除率测度环境规制强度，记为 ER，其原因在于 $SO_2$ 与 $CO_2$ 同根同源，绝大部分来源于化石能源的燃烧，$SO_2$ 去除率从侧面折射出政府对限制 $CO_2$ 排放的努力程度，并且节能减排带来的政治激励使得地方政府在污染物排放中更重视废气排放的环境规制，$SO_2$ 去除率值越大意味着当地政府对于环境规制的努力程度越大。

## 4.3 环境规制影响碳排放的实证结果

鉴于计量模型中引入了被解释变量的一阶滞后变量作为解释变量，从而演变成动态面板模型，在此运用差分 GMM 方法进行估计，在分析过程中利用差分转换的方法消除个体不随时间变化的异质性。

### 4.3.1 环境规制影响碳排放总量的直接效应结果分析

表 4-2 报告了环境规制影响碳排放直接效应的结果。模型Ⅰ～Ⅲ为动态面板模型，分别为环境规制的一次方、二次方和三次方项与碳排放关系的估计结果。作为一致估计，动态面板模型成立的前提是，扰动项的一阶差分仍将存在一阶自相关，但不存在二阶乃至更高阶的自相关。模型Ⅰ～Ⅲ均通过 AR 检验，并且 Sargan 检验不能拒绝"所有工具变量均有效"的原假设，即本研究采用的工具变量合理有效。

**表 4-2　环境规制对碳排放影响的直接效应（动态模型）**

| 解释变量 | 模型Ⅰ | 模型Ⅱ | 模型Ⅲ |
|---|---|---|---|
| $\ln C_{t-1}$ | 0.333 7*** | 0.259 0*** | 0.283 6*** |
|  | （0.056 1） | （0.059 7） | （0.041 7） |

表 4-2(续)

| 解释变量 | 模型Ⅰ | 模型Ⅱ | 模型Ⅲ |
|---|---|---|---|
| ER | −0.002 7*** | 0.000 7 | 0.001 1 |
| | (0.000 4) | (0.001 1) | (0.000 8) |
| ER² | | −0.000 1*** | −0.000 0 |
| | | (0.000 0) | (0.000 0) |
| ER³ | | | 0.000 0 |
| | | | (0.000 0) |
| Ener | 0.005 9*** | 0.006 1*** | 0.006 1*** |
| | (0.000 5) | (0.000 5) | (0.000 5) |
| Indu | 0.000 7 | 0.000 5 | 0.000 2 |
| | (0.001 7) | (0.001 6) | (0.000 9) |
| Tech | 0.032 4 | 0.039 4 | 0.039 4 |
| | (0.014 0) | (0.025 2) | (0.025 2) |
| FDI | 0.000 3 | −0.000 9 | −0.001 0 |
| | (0.004 7) | (0.004 6) | (0.004 6) |
| ln Y | 2.101 7*** | 2.391 5*** | 2.206 1*** |
| | (0.339 4) | (0.343 1) | (0.386 8) |
| (ln Y)² | −0.076 7*** | −0.088 5*** | −0.081 0*** |
| | (0.017 5) | (0.017 4) | (0.020 4) |
| ln POP | 0.701 3*** | 0.721 4*** | 0.683 3*** |
| | (0.137 5) | (0.134 9) | (0.052 9) |
| 常数项 | −12.501 7*** | −13.647 3*** | −12.565 9*** |
| | (2.133 4) | (2.116 5) | (1.762 2) |
| AR(1) | −2.032 8 | −1.804 7 | −1.719 4 |
| | [0.042 1] | [0.071 1] | [0.085 5] |
| AR(2) | 0.489 9 | 0.768 2 | 0.695 3 |
| | [0.624 2] | [0.442 3] | [0.486 8] |
| Sargan 检验 | 24.862 1 | 24.519 9 | 23.942 0 |
| | [0.526 8] | [0.546 3] | [0.579 3] |

注:① *、**、*** 分别表示10%、5%、1%的显著水平,系数下方小括号内数值为其标准误;② AR(1)、AR(2)分别表示一阶和二阶差分残差序列的 Arellano-Bond 自相关检验,Sargan 检验为过度识别检验,中括号内数值为统计量相应的 $p$ 值。本章以下各表同。

从表 4-2 可以看出，模型Ⅰ中环境规制的一次方项系数在 1% 的水平上显著为负，说明环境规制有效地遏制碳排放总量，发挥"倒逼减排"的作用，并没有出现"绿色悖论"现象。更进一步，模型Ⅱ中环境规制的一次方项系数为正，二次方项系数在 1% 的水平上显著为负，表明环境规制与碳排放总量之间存在着显著的倒 U 形曲线关系，即环境规制对碳排放的直接作用存在一个阈值，当一个地区的环境规制强度小于阈值时，环境规制强度的增强促进碳排放总量上升，发生"绿色悖论"现象，呈逆反效应；当环境规制强度大于阈值时，环境规制对碳排放的抑制作用占据上方，达到环境规制的预期效果。根据模型Ⅱ的回归结果，测算出倒 U 形曲线的拐点为 9.33，即 $SO_2$ 去除率达到 9.33%，"绿色悖论"效应将过渡到"倒逼减排"效应。根据描述性统计结果发现，$SO_2$ 去除率的平均值远远超过阈值，意味着现阶段中国的环境规制有效抑制碳排放总量。模型Ⅲ进一步引入环境规制的三次方项，目的在于检验环境规制对碳排放的作用是否出现"重组"现象，即 N 形或倒 N 形，结果表明系数均不显著，从而佐证了环境规制与碳排放之间倒 U 形关系的稳健性。

此外，前期的碳排放和当期的碳排放显著正相关，表明碳排放是一个连续动态累积的调整过程，回归系数在 0.25～0.33 之间摆动，这一结论吻合于李锴、齐绍洲（2011）的工作。作为参照，模型Ⅳ～Ⅵ分别为模型Ⅰ～Ⅲ的静态面板模型中固定效应（Fixed Effect）的估计结果（表 4-3），以考察动态模型结果的稳健性，类似的比较研究思路也被其他学者所采用。Hausman 检验结果表明固定效应结果是有效的，比较发现，环境规制与碳排放之间的倒 U 形关系是稳健的。

表 4-3　环境规制对碳排放影响的直接效应（静态模型）

| 解释变量 | 模型Ⅳ | 模型Ⅴ | 模型Ⅵ |
|---|---|---|---|
| ER | −0.001 6*** | 0.002 1 | −0.002 2 |
| | (0.000 4) | (0.001 3) | (0.003 6) |
| $ER^2$ | | −0.000 1*** | 0.000 0 |
| | | (0.000 0) | (0.000 0) |
| $ER^3$ | | | −0.000 0 |
| | | | (0.000 0) |
| Ener | 0.008 2*** | 0.008 3*** | 0.008 4*** |
| | (0.000 9) | (0.000 9) | (0.000 9) |

表 4-3(续)

| 解释变量 | 模型 Ⅳ | 模型 Ⅴ | 模型 Ⅵ |
|---|---|---|---|
| Indu | 0.008 1*** | 0.008 0*** | 0.007 8*** |
| | (0.002 9) | (0.002 8) | (0.002 7) |
| Tech | 0.073 3*** | 0.094 4** | 0.092 5** |
| | (0.043 7) | (0.043 5) | (0.041 5) |
| FDI | −0.018 1*** | −0.018 3*** | −0.018 7*** |
| | (0.006 2) | (0.005 9) | (0.006 0) |
| lnY | 1.927 1*** | 2.077 2*** | 2.184 7*** |
| | (0.457 7) | (0.464 3) | (0.479 8) |
| $(\ln Y)^2$ | −0.056 0*** | −0.064 3** | −0.069 8*** |
| | (0.025 4) | (0.025 7) | (0.026 4) |
| ln POP | 0.612 9*** | 0.559 5*** | 0.577 8*** |
| | (0.157 2) | (0.157 1) | (0.155 1) |
| 常数项 | −9.262 6*** | −9.584 0*** | −10.200 4*** |
| | (2.643 7) | (2.712 4) | (2.777 4) |
| $R^2$ | 0.949 7 | 0.951 1 | 0.951 5 |
| Hausman 检验 | 64.46 | 74.49 | 80.48 |
| | [0.000 0] | [0.000 0] | [0.000 0] |

从模型Ⅰ～Ⅵ的回归结果比较来看,无论是动态面板模型,还是静态面板模型,各解释变量对碳排放的作用方向均保持一致,并且人均GDP的一次方项与碳排放显著正相关,人均GDP的二次方项与碳排放显著为负,因此人均GDP与碳排放之间显示了强烈的倒U形曲线关系,说明江西省市域间存在碳排放碳库兹涅茨曲线。此外,所有模型都表明人口规模对碳排放有明显的促进作用,人口的快速增长对资源与环境的承载力提出严峻挑战,通过增加能源消费而增加碳排放总量。

控制变量中,动态模型和静态模型的估计结果均表明能源消费结构与碳排放在1%的显著性水平上正相关,由于煤炭燃烧的碳排放量是石油的1.2倍,是天然气的1.6倍,结合江西省"富煤、贫油、少气"的能源禀赋现状,以煤为主的能源消费结构将长期羁绊江西省碳减排目标的实现。产业结构对碳排放的影响在动态模型中为正,在静态模型中显著为正,总体而言,重工业比重的上升促进了碳排放总量的增加。以R&D支出衡量的技术创新水平与碳排放呈正相关关系,但在动态模型中不显著,在静态模型中1%的显著性水平上,没有足够的证据表明江西省通过研发以提高能源效率而减少碳排放总量。其原因可能在于江西省属于欠发达的环境相对友好地区，一系列制度安排更加倾向于经济发展而非环境保护的要求，从而 R&D 支出更倾向于提高资本和劳动效率的技术研发，而忽略了提高环境保护技术和能源效率的投资。动态模型Ⅱ和Ⅲ中，FDI 对碳排放的影响不显著为负，且在静态模型中 FDI 显著遏制碳排放，这证明了 FDI 的环境收益效应大于向底线赛跑效应。

## 4.3.2　环境规制影响碳排放总量的间接效应结果分析

表 4-4 报告了环境规制影响碳排放总量间接效应的结果。在此采用逐步添加变量法进行实证分析，主要目的在于逐步观察环境规制通过四种途径对 $CO_2$ 排放总量的影响，以检验结果的稳健性。容易发现，AR(1)检验拒绝原假设，AR(2)检验不能拒绝原假设，表明扰动项的一阶差分存在一阶自相关，但不存在二阶自相关，通过 AR 检验。此外，Sargan 检验均不能拒绝原假设，说明工具变量合理有效。与环境规制对碳排放总量影响的直接效应分析一致，前期的碳排放总量对当期的碳排放总量有显著的正向驱动作用，人口规模依然是增加碳排放总量的主要影响因素，并且存在显著的倒 U 形的碳排放库兹涅茨曲线。

表 4-4　环境规制对碳排放影响的间接效应

| 解释变量 | 模型Ⅰ | 模型Ⅱ | 模型Ⅲ | 模型Ⅳ |
|---|---|---|---|---|
| $\ln C_{t-1}$ | 0.449 7*** | 0.478 7*** | 0.445 5*** | 0.432 1*** |
| | (0.023 8) | (0.025 9) | (0.075 2) | (0.024 5) |
| ER×Ener | −0.000 1*** | 0.000 1*** | 0.000 1*** | 0.000 1*** |
| | (0.000 0) | (0.000 0) | (0.000 0) | (0.000 0) |
| ER×Indu | | −0.000 1*** | −0.000 1*** | −0.000 1*** |
| | | (0.000 0) | (0.000 0) | (0.000 0) |
| ER×Tech | | | −0.000 1 | −0.000 1 |
| | | | (0.000 2) | (0.000 1) |
| ER×FDI | | | | 0.000 2*** |
| | | | | (0.000 0) |
| $\ln Y$ | 1.871 6*** | 1.391 6*** | 1.376 0*** | 1.677 2*** |
| | (0.339 1) | (0.239 8) | (0.443 9) | (0.361 9) |

表 4-4(续)

| 解释变量 | 模型 I | 模型 II | 模型 III | 模型 IV |
|---|---|---|---|---|
| $(\ln Y)^2$ | −0.071 6*** | −0.042 9*** | −0.040 7* | −0.055 9*** |
| | (0.017 4) | (0.011 9) | (0.022 6) | (0.018 8) |
| $\ln POP$ | 0.337 8*** | 0.474 9*** | 0.525 4*** | 0.525 5*** |
| | (0.093 9) | (0.071 5) | (0.183 2) | (0.093 9) |
| 常数项 | −9.398 8*** | −7.895 3*** | −8.029 7*** | −9.398 8*** |
| | (1.959 4) | (1.382 1) | (2.812 6) | (1.959 4) |
| AR(1) | −1.868 8 | −2.463 7 | −2.324 8 | −2.478 9 |
| | [0.061 7] | [0.013 8] | [0.020 1] | [0.013 2] |
| AR(2) | 0.600 4 | 1.216 7 | 1.347 8 | 1.496 1 |
| | [0.548 2] | [0.223 7] | [0.177 7] | [0.134 6] |
| Sargan 检验 | 28.689 14 | 28.020 85 | 25.605 02 | 26.738 51 |
| | [0.325 4] | [0.357 4] | [0.485 0] | [0.423 1] |

表 4-4 中,除模型 I 外,模型 II～IV 中的环境规制与能源消费结构交叉项均在 1% 的水平上显著为正。可以认为在环境规制的影响下,以煤为主的能源消费结构是增加碳排放总量的重要诱因,对比表 4-3,发现环境规制尚未通过低碳化能源消费结构而遏制碳排放总量。究其根源:首先,正如上文所述,江西省"富煤、贫油、少气"的能源禀赋决定了以煤为主的能源消费结构,且短期内不会改变,进而约束碳减排目标的实现;其次,政府为了实现快速的经济发展,长期压制能源价格,而人为地获得"资源红利",能源价格并不能真正地反映能源的稀缺成本和环境成本;最后,相较于化石能源,清洁能源成本高昂、市场幼小、体制尚不健全,并不具备大规模应用的商业条件。因此,环境规制倒逼能源消费结构低碳化是一个长期缓慢的过程。

在环境规制约束下,江西省产业结构对碳排放总量的影响在 1% 的水平上显著为负,符号发生转变,意味着环境规制通过产业结构对碳减排产生间接的积极影响。究其根源,严格的环境规制使得污染密集型产业承担高昂的"环境遵循成本",提升高耗能行业的生存门槛,相比之下,技术密集型和劳动密集型的服务业受到的环境规制的制约则微不足道,甚至受益于倾斜性环境规制政策。总而言之,环境规制抑制高耗能高污染的重工业发展,鼓励清洁产业为主的服务业发展,促使产业结构高级化,从而减少能源消耗和碳排放。可见,环境规制倒逼产业结构升级,进而带来"结构效应红利",有利于江西省实现碳总量减排目标。

环境规制与技术创新的交叉项对碳排放的影响为负,虽然系数在统计意义上不显著，但是通过表4-3的结果比较发现，技术创新对碳排放的作用发生根本性改变。原因在于，政府是环境规制的供给者，环境规制强度在一定程度上是政府在经济增长与环境质量之间权衡取舍的博弈结果，承载了政府保护环境的意愿和诉求，折射出政府对环境保护的态度和决心，因此，制度安排由"为增长而竞争"向"为和谐而竞争"转变，决策者逐渐重视环保技术和能源节约型技术的研发，以满足人们日益增长的环境需求。

在环境规制约束下，驱动碳排放总量增加的重要力量来源于FDI，FDI对碳排放总量的作用方向发生逆转。从理论上讲，严格的环境规制将阻止发达国家污染密集型产业的进入，避免江西省成为"污染避难所"。然而，对于已经进入江西省的外资企业而言，提高环境规制强度将增加其生产成本，阻碍FDI的技术溢出效应，并且严格的环境规制同样促使企业生产成本上升，削弱了对外资企业先进技术的吸纳能力。更有甚者，高强度的环境规制使得外资企业纷纷逃离，从而减少江西省的资本存量，拖累经济发展，不利于能耗强度的改善。总的来看，环境规制通过抑制FDI的环境溢出效应和资本累积效应以及削弱江西省企业的技术吸收能力而间接对碳总量减排产生消极影响。

# 4.4　进一步讨论

早在2008年2月22日，江西省就正式成立鄱阳湖生态经济区建设领导小组，时任省委书记和省长任组长和第一副组长。2008年3月8日，十一届全国人大一次会议江西代表团在北京人民大会堂举行了主题为"关于建立环鄱阳湖生态经济试验区构想"的记者招待会，推出鄱阳湖生态经济区构想。2008年3月27日及其后，省委深入鄱阳湖区，就推进环鄱阳湖生态经济区建设先后进行5次专题调研。国务院于2009年12月12日正式批复《鄱阳湖生态经济区规划》，标志着建设鄱阳湖生态经济区正式上升为国家战略。这也是新中国成立以来，江西省第一个纳入国家战略的区域性发展规划，是江西省发展史上的重大里程碑，对实现江西崛起新跨越具有重大而深远的意义。

《鄱阳湖生态经济区规划》涉及9个城市：南昌、景德镇、九江、鹰潭、新余、抚州、宜春、上饶、吉安。有关鄱阳湖生态经济区设立对环境规制的碳减排效应的影响方面，一直没有进行深入的系统论证，所以在此分别对政策实施前后情况进行对比分析。

## 4.4.1　经济区整体规划设立的分析

鄱阳湖生态经济区规划批复的时间是2009年12月，但之前的2008年3月份便成立了领导小组，因此，以 2009 年为时间间隔，分为规划批复前后的样本。2000—2008 年和 2009—2017 年两个时间段，年数相等，均为 9 年的样本时间长度，计算结果如表 4-5 所示。

**表 4-5　鄱阳湖生态经济区成立前后情况对比**

| 解释变量 | 鄱阳湖生态经济区规划成立前 | | | 鄱阳湖生态经济区规划成立后 | | |
|---|---|---|---|---|---|---|
| | 模型 I | 模型 II | 模型 III | 模型 I | 模型 II | 模型 III |
| $\ln C_{t-1}$ | 0.731 7 *** | 0.731 6 *** | 0.727 0 *** | 1.394 2 *** | 1.235 8 *** | 1.224 4 *** |
| | (0.056 6) | (0.057 5) | (0.059 6) | (0.215 7) | (0.235 7) | (0.253 0) |
| ER | −0.054 7 | −0.064 9 | 0.032 9 | −0.063 1 | −1.200 7 | −1.420 6 |
| | (0.047 0) | (0.152 9) | (0.303 3) | (0.153 4) | (0.813 7) | (1.436 4) |
| $ER^2$ | | 2.490 0 | −7.100 0 | | 0.000 1 | 0.000 1 |
| | | (3.550 0) | (0.000 0) | | (0.000 1) | (0.000 2) |
| $ER^3$ | | | 1.220 0 | | | −2.300 0 |
| | | | (3.250 0) | | | (1.210 0) |
| Indu | 0.694 2 | 0.696 0 | 0.639 9 | −0.416 8 * | 0.268 8 | 0.469 4 |
| | (0.926 7) | (0.941 4) | (0.965 9) | (0.283 1) | (0.276 9) | (0.307 5) |
| FDI | 0.994 4 *** | 0.990 2 *** | 0.100 3 *** | 0.193 4 * | 0.142 4 | 0.147 8 |
| | (0.207 7) | (0.219 0) | (0.022 4) | (0.097 6) | (0.100 6) | (0.108 7) |
| $\ln Y$ | −0.346 9 | −0.348 5 | −0.381 5 | 0.568 5 | −0.550 2 | −0.504 8 |
| | (0.366 2) | (0.372 6) | (0.387 8) | (0.108 1) | (0.130 4) | (0.138 1) |
| $(\ln Y)^2$ | 0.169 4 | 0.170 2 | 0.187 3 | −0.231 4 | 0.342 5 | 0.317 5 |
| | (0.200 7) | (0.204 2) | (0.211 9) | (0.544 4) | (0.661 6) | (0.702 4) |
| $\ln POP$ | −0.512 8 ** | −0.509 5 ** | −0.495 8 * | 0.307 7 | 0.297 1 | 0.312 4 |
| | (0.236 5) | (0.244 6) | (0.250 6) | (0.492 5) | (0.474 3) | (0.501 1) |
| 常数项 | 9.394 1 ** | 9.353 3 ** | 9.308 1 ** | −3.768 9 | 1.676 0 | 1.439 4 |
| | (3.685 1) | (3.787 2) | (3.840 9) | (5.746 1) | (6.728 9) | (7.126 6) |
| $R^2$ | 0.959 6 | 0.959 6 | 0.959 8 | 0.953 4 | 0.960 1 | 0.960 3 |

　　从表 4-5 可知，鄱阳湖生态经济区规划前后模型 I 中环境规制的一次方系数都为负且不具有显著性，这说明环境规制与碳排放总量呈负相关，环境规制能够遏制碳排放，发挥"倒逼减排"的作用，但效果并不是很显著。更进一步，模型 II 中环境规制的一次方项系数为负，二次方项系数为正，且都不具有显著性，表明环境规制与碳排放之间存在着正 U 形的关系，即环境规制对碳排放总量的直

接作用存在一个阈值,当一个地区的环境规制强度小于阈值时,环境规制强度的增强遏制碳排放,发挥"倒逼减排"的作用;当环境规制强度大于阈值时,环境规制对碳排放总量的促进作用占据主导地位,发生"绿色悖论"现象。但无论是遏制还是促进,其效果都不具有显著性,这与前述 2000—2017 年全部样本的研究结论发生逆转,主要的原因可能是分段的时间点和图形的表达形态以及已经明显强化的碳排放总量的惯性效应和累计效应。

此外,鄱阳湖生态经济区前期的碳排放总量和当期的碳排放总量在规划前后都呈显著正相关,且显著性都为 1%,表明碳排放总量是一个连续动态累积的过程。对鄱阳湖生态经济区规划前后进行比较可以发现,各解释变量对碳排放总量的作用方向并不总是保持一致的,其中人均 GDP 的一次方项在规划前与碳排放总量负相关,规划后则正负相关都有,但其效果并不具有显著性,同样,人均 GDP 二次方项与碳排放的关系也不具有显著性,因此没有足够的证据表明人均 GDP 与碳排放之间是否存在库兹涅茨曲线。此外,在进行规划前,所有模型都表明人口规模对碳排放总量有明显的抑制作用,且显著性都为 5%,即人口的快速增长对资源与环境的承载力并没有提出了严峻的挑战,但 2009—2017 年后,人口规模的碳排放效应得以验证,通过增加能源消费而增加碳排放总量。

在控制变量中,鄱阳湖生态经济区规划前后的估计结果均表明 FDI 会促进碳排放,只是促进的效果不同,在规划前 FDI 对碳排放促进作用的显著性为 1%,规划后则为 10%,表明生态经济区的规划对 FDI 促进碳排放的作用起到了一定的遏制作用。产业结构对碳排放的影响在规划前为正,在规划后显著为负,说明生态经济区的规划促进产业结构的调整,使得产业结构逐渐倾向于低碳化。

鄱阳湖生态经济区规划前后的估计结果对比清晰可见,环境规制的碳排放效应由正转负,发挥了抑制作用;人口的增量作用更加明显;FDI 由显著的促进碳排放转为不明显的正向作用。因此可以说,鄱阳湖生态经济区的设立,发挥了环境规制的碳排放抑制效应。

### 4.4.2　经济区核心圈层规划的影响

(1) 经济区核心圈层规划前后的影响对比

鄱阳湖生态经济区位于江西省北部,包括南昌、九江、景德镇 3 市,以及鹰潭、新余、抚州、宜春、上饶、吉安市的部分县(市、区),共 38 个县(市、区)和鄱阳湖全部湖体在内,面积为 5.12 万 $km^2$。在此以包含 3 个县(市、区)以上的南昌、九江、景德镇、鹰潭、宜春、上饶 6 市为核心圈层规划区样本。对核心圈层规划前后进行对比,主要是因为在鄱阳湖生态经济区成立以后,无论是中央政府还是江西省地方政府,都会对核心圈层所包含的市域进行更加严格的规制。计算结果如表 4-6 所示。

**表 4-6　鄱阳湖生态经济区成立前后核心圈层对比分析**

| 解释变量 | 生态经济区成立之前 | | | 生态经济区成立之后 | | |
|---|---|---|---|---|---|---|
| | 模型Ⅰ | 模型Ⅱ | 模型Ⅲ | 模型Ⅰ | 模型Ⅱ | 模型Ⅲ |
| $\ln C_{t-1}$ | 0.795 7*** | 0.794 8*** | 0.755 1*** | 1.383 0*** | 1.540 0* | 1.447 2 |
| | (0.080 6) | (0.083 2) | (0.090 6) | (0.267 7) | (0.589 8) | (1.689 1) |
| ER | −0.074 8 | −0.104 2 | 0.262 6 | 0.018 4 | 1.155 8 | 0.331 8 |
| | (0.048 4) | (0.171 4) | (0.380 0) | (0.201 6) | (3.703 1) | (14.377 8) |
| $ER^2$ | | 0.000 0 | 0.000 0 | | −0.000 1 | 0.000 0 |
| | | (0.000 0) | (0.000 0) | | (0.000 2) | (0.001 7) |
| $ER^3$ | | | 0.000 0 | | | 0.000 0 |
| | | | (0.000 0) | | | (0.000 0) |
| Indu | 0.543 2 | 0.613 9 | 0.489 7 | −0.123 5 | −0.581 7 | 0.717 6 |
| | (1.189 3) | (1.286 9) | (1.285 3) | (0.435 3) | (0.503 5) | (0.812 3) |
| FDI | 0.113 1*** | 0.111 4*** | 0.118 7*** | 0.235 0 | 0.282 8 | 0.274 6 |
| | (0.022 4) | (0.024 9) | (0.025 7) | (0.121 8) | (0.205 7) | (0.274 1) |
| $\ln Y$ | −1.811 5 | −2.055 7 | −5.661 8 | −1.540 6 | 8.567 1 | 4.190 6 |
| | (5.477 1) | (5.802 8) | (6.668 4) | (1.913 3) | (3.906 3) | (8.571 7) |
| $(\ln Y)^2$ | 0.573 8 | 0.701 4 | 0.260 4 | 0.135 9 | −0.377 3 | −0.154 3 |
| | (0.301 1) | (0.318 2) | (0.362 3) | (0.965 8) | (0.198 0) | (0.436 2) |
| $\ln POP$ | −0.798 6*** | −0.797 9*** | −0.788 4*** | 0.167 0 | 0.149 7 | 0.181 2 |
| | (0.257 1) | (0.264 8) | (0.263 5) | (0.597 4) | (0.662 5) | (0.927 2) |
| 常数项 | 1.290 0** | 1.300 0** | 1.460 0** | −2.040 9 | −4.954 5 | −2.878 4 |
| | (4.768 7) | (4.944 9) | (5.128 3) | (1.010 0) | (1.960 0) | (4.130 0) |
| $R^2$ | 0.976 8 | 0.976 9 | 0.978 5 | 0.974 0 | 0.974 6 | 0.974 7 |

从表 4-6 可见,在规划前模型Ⅰ中环境规制的一次方系数为负,但不显著,模型Ⅱ中一次项系数为负,二次项系数为正,且都不具有显著性,表明环境规制与碳排放总量之间存在着正 U 形的关系。即环境规制对碳排放总量的直接作用存在一个阈值,当一个地区的环境规制强度小于阈值时,环境规制强度的增强遏制碳排放,发挥"倒逼减排"的作用;当环境规制强度大于阈值时,环境规制对碳排放总量的促进作用占据主导地位,发生"绿色悖论"现象,但无论是遏制还是促进,其效果都不具有显著性,规划后的系数正负情况则与规划前的相反。

此外,模型Ⅰ中鄱阳湖核心圈层前期的碳排放总量和当期的碳排放总量在规划前后都是正相关关系,且都具有显著性,表明生态经济区的规划并没有对前期碳排放总量的恶性循环效应产生影响,即碳排放是一个连续积累的过程。对核心圈层规划前后进行比较可以发现,各解释变量对碳排放总量的作用方向并不总是保持一致的,在模型Ⅰ中人均GDP的一次方项在规划前后与碳排放总量都呈负相关关系,且其效果都不具有显著性,同样人均GDP二次方项与碳排放总量的正关系也不具有显著性,因此没有足够的证据表明人均GDP对碳排放总量有作用。此外,在进行经济区规划前,人口规模与碳排放总量为显著负相关关系,规划后则为正相关关系,且不具有显著性。

在控制变量中,鄱阳湖生态经济区规划前后的估计结果均表明FDI会促进碳排放总量增加,且规划前的为显著促进作用,规划后则无显著性,这说明规划后政府对核心圈层的FDI进行了一定的筛选,因此FDI的增长不会像规划前一样对碳排放总量有显著的促进作用;产业结构对碳排放总量的影响在规划前为正,在规划后则为负,且都不具有显著性,说明生态经济区的规划对核心圈层产业结构的调整有一定的促进作用,但效果可能并不明显。

综上所述,鄱阳湖生态经济区核心圈层在规划实施前后具有一定的差异,但环境规制的碳排放抑制效应不明显,可能是通过产业结构、FDI等发挥间接的规制效应。

(2)经济区非核心圈层规划前后对比

鄱阳湖生态经济区非核心圈层规划包含的地区为除了以上的南昌、九江、景德镇、鹰潭、宜春、上饶6个市域之外的5个地级市,即赣州、萍乡、吉安、新余、抚州,作为研究的样本,对比结果如表4-7所示。

**表4-7 鄱阳湖生态经济区成立前后非核心圈层对比分析**

| 解释变量 | 生态经济区之前 | | | 生态经济区之后 | | |
|---|---|---|---|---|---|---|
| | 模型Ⅰ | 模型Ⅱ | 模型Ⅲ | 模型Ⅰ | 模型Ⅱ | 模型Ⅲ |
| $\ln C_{t-1}$ | 0.563 1*** | 0.573 0*** | 0.564 4*** | 0.474 8 | 0.287 8 | 0.409 0 |
| | (0.110 8) | (0.115 5) | (0.116 1) | (0.560 2) | (0.674 3) | (0.893 8) |
| ER | −0.093 7 | −0.170 1 | 0.297 0 | −0.266 1 | −0.934 0 | −0.635 8 |
| | (0.062 3) | (0.195 1) | (0.524 3) | (0.223 8) | (1.194 2) | (1.806 7) |
| ER² | | 1.760 0 | 0.000 0 | | 0.000 0 | 0.000 0 |
| | | (4.240 0) | (0.000 0) | | (0.000 0) | (0.000 2) |

表 4-7（续）

| 解释变量 | 生态经济区之前 | | | 生态经济区之后 | | |
|---|---|---|---|---|---|---|
| | 模型Ⅰ | 模型Ⅱ | 模型Ⅲ | 模型Ⅰ | 模型Ⅱ | 模型Ⅲ |
| $ER^3$ | | | 6.990 0 | | | 2.660 0 |
| | | | (7.280 0) | | | (1.120 0) |
| Indu | 1.842 9 | 1.892 5 | 1.674 2 | 5.580 9* | 5.771 5* | 5.183 0 |
| | (1.196 1) | (1.226 3) | (1.249 6) | (2.591 8) | (2.746 9) | (3.883 0) |
| FDI | 1.069 6*** | 1.033 9*** | 1.026 2*** | −1.194 3 | −1.538 9 | −1.438 2 |
| | (0.216 1) | (0.236 8) | (0.237 4) | (1.131 1) | (1.334 4) | (1.513 9) |
| $\ln Y$ | 6.903 9 | 6.294 5 | 6.606 9 | −3.117 2 | −9.336 7 | −1.019 1 |
| | (7.118 8) | (7.410 9) | (7.432 6) | (7.285 2) | (1.332 6) | (1.495 4) |
| $(\ln Y)^2$ | −4.113 8 | −3.765 2 | −3.927 1 | 1.754 9 | 4.909 0 | 5.322 7 |
| | (3.968 6) | (4.135 7) | (4.147 2) | (3.602 2) | (6.703 1) | (7.506 1) |
| $\ln POP$ | −8.273 4*** | −8.018 9** | −7.538 8** | −1.828 6 | −2.047 9 | −1.644 8 |
| | (2.848 0) | (2.970 5) | (3.017 9) | (1.685 9) | (1.814 7) | (2.603 9) |
| 常数项 | 9.278 1** | 9.165 1** | 8.314 8* | 3.886 9 | 7.272 0 | 7.132 3 |
| | (3.880 9) | (3.969 2) | (4.074 3) | (4.207 8) | (7.403 2) | (8.085 7) |
| $R^2$ | 0.944 8 | 0.945 3 | 0.947 8 | 0.968 7 | 0.970 3 | 0.970 6 |

由表4-7可见，模型Ⅰ中环境规制的一次方系数在规划前后都为负且不具有显著性，表明非核心圈层的环境规制与碳排放总量呈负相关，但效果并不是很显著，这一结果与核心圈层的结论不同。更进一步，模型Ⅱ中环境规制的一次方项系数为负，二次方项系数为正，且都不具有显著性，表明环境规制与碳排放之间存在着正U形的关系。即环境规制对碳排放的直接作用存在一个阈值，当一个地区的环境规制强度小于阈值时，环境规制强度的增强遏制碳排放，发挥"倒逼减排"的作用；当环境规制强度大于阈值时，环境规制对碳排放的促进作用占据主导地位，发生"绿色悖论"现象。但无论是遏制还是促进，其效果都不具有显著性，这与核心圈层的情况相一致。

此外，在鄱阳湖非核心圈层规划前后，前期的碳排放总量和当期的碳排放总量都呈正相关，只不过相关程度有所不同。在规划前，前期的碳排放总量和当期的碳排放总量呈显著的正相关关系，而在规划后则不具有显著性，表明生态经济区的规划削弱了前期碳排放总量的恶性循环效应，使得前期碳排放的作用效果得到了缓和。

对非核心圈层规划前后进行比较可以发现，各解释变量对碳排放总量的作用方向并不总是保持一致的,在规划前人均 GDP 的一次项与碳排放总量呈正相关,规划后则呈负相关,说明进行规划后非核心圈层可能有意识地去衡量 GDP 和环境保护的重要性,而不是一味追求 GDP,即使其效果不具有显著性,同样人均 GDP 二次方项与碳排放的关系也不具有显著性。此外,规划前后人口规模与碳排放总量都为负相关关系,且规划前为显著负相关,规划后为不显著的负相关,系数降低幅度较大,这说明环境规制削弱了人口规模对于碳排放总量的促进作用。

在控制变量中,生态经济区规划前后的估计结果均表明非核心圈层产业结构对碳排放总量的影响为正,只是显著性有所不同。在规划前产业结构对碳排放总量促进作用不具有显著性,在规划后则具有显著性,说明生态经济区的规划促进了非核心圈层产业结构调整的经济导向,使产业结构向高碳化发展,这与核心圈层的情况相反。在规划前非核心圈层的 FDI 对碳排放具有 1% 的显著促进作用,在规划后则是不显著的负相关关系,表明环境规制的存在使得非核心圈层在选择外商直接投资的时候会选择更加符合环境保护标准的进行引入,提高了外商直接投资的准入门槛,从而抑制了碳排放,这一点与核心圈层的情况也是不同的。

# 5  各市域环境规制对碳减排的影响：强度效应研究

## 5.1  模型及变量说明

### 5.1.1  模型构建

以 2000—2017 年江西省 11 个地级市面板数据为基础,借鉴温忠麟等(2014)提出的中介效应分析法及检验流程。选择碳排放强度为被解释变量,环境规制为核心解释变量,地区人口、经济发展水平、能源结构、城镇化等作为控制变量,产业结构升级以及外商直接投资为中介变量,构建模型如下:

$$\text{IC}_{i,t} = \alpha_0 + \beta_1 \text{ER}_{i,t} + \beta_2 X_{i,t} + \beta_3 \text{Indu}_{i,t} \times \text{Tech}_{i,t} + \varepsilon_{i,t} \tag{1}$$

$$\text{IC}_{i,t} = \alpha_0 + \beta_1 \text{ER}_{i,t} + \beta_2 X_{i,t} + \beta_3 \text{FDI}_{i,t} \times \text{Tech}_{i,t} + \varepsilon_{i,t} \tag{2}$$

其中：$\text{IC}_{i,t}$ 为碳排放强度,采用江西省各城市 8 种能源消费量核算的碳排放量与地区生产总值之比计算得出；$\text{ER}_{i,t}$ 为环境规制,采用建成区绿化覆盖率来测度江西省各城市的环境规制强度；$\text{Indu}_{i,t}$ 为产业结构升级,由产业结构高级化指数和产业结构合理化指数来测度；$\text{Indu}_{i,t} \times \text{Tech}_{i,t}$ 为产业结构升级与技术创新的交乘项；$\text{FDI}_{i,t}$ 为江西省各地级市人均外商直接投资额；$\text{FDI}_{i,t} \times \text{Tech}_{i,t}$ 为外商直接投资额与技术创新的交乘项；$X_{i,t}$ 为一组控制变量,包括江西省各城市年末总人口数、经济活动水平、技术创新水平、能源结构和城镇化水平；$\varepsilon_{i,t}$ 为随机扰动项。若模型(1)中系数 $\beta_1$ 显著,说明环境规制对碳排放影响显著,满足第一步的条件,继续进行后续检验。将产业结构以及外商直接投资作为中介变量,纳入模型(1)和(2)中,构建模型(3)和(4)验证环境规制—产业结构升级—碳排放,以及环境规制—外商直接投资—碳排放这两条路径是否具有中介效应。

$$M_1 = \alpha_0 + \beta_1 \text{ER}_{i,t} + \beta_2 X_{i,t} + \beta_3 \text{Indu}_{i,t} \times \text{Tech}_{i,t} + \varepsilon_{i,t} \tag{3}$$

$$M_2 = \alpha_0 + \beta_1 \text{ER}_{i,t} + \beta_2 X_{i,t} + \beta_3 \text{FDI}_{i,t} \times \text{Tech}_{i,t} + \varepsilon_{i,t} \tag{4}$$

$$\text{IC}_{i,t} = \alpha_0 + \beta_1 \text{ER}_{i,t} + \beta_2 X_{i,t} + \beta_3 M + \beta_4 \text{Indu}_{i,t} \times \text{Tech}_{i,t} + \varepsilon_{i,t} \tag{5}$$

$$\text{IC}_{i,t} = \alpha_0 + \beta_1 \text{ER}_{i,t} + \beta_2 X_{i,t} + \beta_3 M + \beta_4 \text{FDI}_{i,t} \times \text{Tech}_{i,t} + \varepsilon_{i,t} \tag{6}$$

其中，$M_1$、$M_2$ 为中介变量，即产业结构升级水平以及外商投资水平。关于产业结构的中介效应验证，选取产业结构高度化水平和产业结构合理化水平两个维度进行测度，依次检验模型(3)的系数 $\beta_1$ 和模型(5)的系数 $\beta_3$，若两个都显著则环境规制对碳排放的间接效应显著。转到第三步，检验模型(5)的系数 $\beta_1$ 是否显著，如果其不显著，则直接效应不显著，表明只存在中介效应，此时称为完全中介效应；如果其显著，则表明直接效应也显著，此时称为部分中介效应。关于外商投资水平的中介效应，也是同理，分别进行模型(4)和模型(6)的检验，若两个都显著。则环境规制对碳排放的间接效应显著；转到第三步，检验模型(6)的系数 $\beta_1$ 是否显著，如果其不显著，则直接效应不显著，表明只存在中介效应，此时称为完全中介效应；如果其显著，则表明直接效应也显著，此时称为部分中介效应。

### 5.1.2　变量选取

#### 5.1.2.1　主变量

① 被解释变量：碳排放强度(IC)。采用江西省 11 个地级市 2000—2017 年煤炭、焦炭、原油、汽油、煤油、柴油、燃料油以及天然气等能源消耗量，通过折标煤系数统一转换成吨标煤，然后通过碳排放量转换公式计算得到碳排放总量，最后将碳排放总量与地区生产总值的比例作为碳排放强度的代理变量。

② 中介变量 1：产业结构(Indu)转型升级水平。主要从产业结构高级化与产业结构合理化两个维度进行测度。

产业结构高级化(TS)是产业结构转型升级的重要维度，反映的是产业结构根据经济发展的历史和逻辑序列从低水平状态向高水平状态顺次演进的动态过程(袁航、朱承亮，2018)。学者干春晖、郑若谷、余典范(2011)认为产业结构升级可以用产业结构高级化来衡量，信息化推动下的经济结构服务化是产业结构升级的一个重要特征，本书借鉴干春晖、郑若谷、余典范(2011)的研究，将第三产业产值与第二产业产值之比作为产业结构高级化的衡量指标。

产业结构合理化(TR)是产业之间协调能力不断加强和关联水平不断提高的动态过程，既是产业之间协调程度的反映，也是资源有效利用程度的反映，是对要素投入结构和产出结构耦合程度的一种衡量(干春晖、郑若谷、余典范，2011)。现有研究中，涉及产业结构合理化的定量研究并不多，其指标的确定也尚未统一，有些学者以钱纳里等人倡导的标准产业结构为依据，采用 Hamming 贴近度指标来度量区域产业结构合理化程度，但该指标所涉及的三次产业结构标准模式中各产业产值比例并不适合中国实际情况，致使得出的结果往往存在偏差。本研究的产业结构合理化指标用产业结构与就业结构偏离系数衡量，具体计算公式为：

$$TL = \sum_{t=1}^{3} (y_{i,m,t} \times l_{i,m,t}) \times \sqrt{\sum_{t=1}^{3} (y_{i,m,t})^2 \sum_{t=1}^{3} (l_{i,m,t})^2}$$

其中，$m = 1,2,3$，$y_{i,m,t}$ 表示 $i$ 地区 $m$ 产业在 $t$ 时期占地区生产总值的比重，$l_{i,m,t}$ 表示 $i$ 地区第 $m$ 产业在 $t$ 时期从业人员占总就业人员的比重。

③ 中介变量2:外商直接投资(FDI)。随着经济全球化的发展以及我国对外开放程度的加深,中国已经成为世界上吸引最多直接投资的区域之一。外商投资一方面可以导致技术溢出促进国内企业技术进步,进而减少碳排放(Antweiler, Copeland and Taylor,2001),另一方面可能会产生"污染天堂"的作用(Cole and Elliott,2003b;王美昌、徐康宁,2015;徐建中、王曼曼,2018)。高耗能、高污染的行业可能转移到中国,产生严重的"贸易引致型"环境污染。有研究用 FDI 的绝对值来衡量外商投资水平(柴泽阳、杨金刚、孙建,2016),为了排除区域差异造成的影响,有学者采用 FDI 与 GDP 的比值(丁绪辉、张紫璇、吴凤平,2019;李斌、吴新华,2016),有学者用人均 FDI(徐盈之、杨英超、郭进,2015)来表示。本研究引入外商投资进入研究模型,参考徐盈之、杨英超、郭进(2015)的方法,采用地区人均 FDI 的对数来衡量外商投资强度。

④ 核心解释变量:环境规制(ER)。目前国内外测量环境规制强度的方法总结起来,主要有以下几类:一是从污染治理投资/支出角度进行衡量,如环境保护财政支出(郭进,2019)、污染物的治理投资额(江小国、何建波、方蕾,2019;朱金鹤、王雅莉,2018)、排污费(郑石明,2019)等。二是从环境法规数量和相关管理制度方面衡量(郭进,2019;郑石明,2019)。三是从污染治理的效率角度进行衡量,如污染物排放量(Javorcik and Wei,2005)、废水排放达标率、二氧化硫去除率和固体废物综合利用率等(徐敏燕、左和平,2013)。四是用工具变量来表示,如邝嫦娥、路江林(2019)以及李敬子、毛艳华、蔡敏容(2015)采用市辖区建成区绿化覆盖率来作为环境规制的代理变量,是因为市辖区建成区绿化覆盖率与环境治理程度高度相关,受绿色技术创新的影响较小,因而可以有效缓解使用成本类变量所带来的内生性问题。通常来说,市辖区建成区绿化覆盖率越高,代表环境规制强度越强。本研究参考邝嫦娥、路江林(2019)的做法,采用建成区绿化覆盖率来衡量环境规制。

#### 5.1.2.2 控制变量

① 技术创新(Tech)。技术创新的衡量通常运用 R&D 投入资金或人员(邝嫦娥、路江林,2019)、专利数据(郭进,2019;朱金鹤、王雅莉,2018;郭捷、杨立成,2020;林春艳,2019)或者是全要素生产率(梁圣蓉、罗良文,2019)来衡量。其中采用专利数据作为技术创新的测量指标,具有以下优点:与自我报告的问卷调查数据相比,专利数据客观并且公开可得;适用于大样本,并且易于复制以用于后

续研究;专利表示重大的激进创新,而不是只有微小改进的创新。因此,本研究参考林春艳(2019)的方法,采用绿色专利数量来衡量绿色技术创新,根据世界知识产权组织(WIPO)公布的绿色技术清单中的 IPC 号,在专利汇数据库(https://www.patenthub.cn/)进行搜索,由于外观设计专利不涉及技术方案,因此,只统计发明专利和实用新型专利的数据。用于衡量技术创新时,由于可能会有零专利的情况,统一加"1"处理,并取对数。

② 地区经济活动(RGDP)。地区经济活动是碳排放量的重要驱动因素,本研究选取各城市人均 GDP 作为地区经济活动的代理指标。

③ 人口规模(POP)。人口规模是引起碳排放量的重要因素,因而本研究纳入人口规模,以研究其对碳排放量的作用。

④ 能源结构(Ener)。这一变量采用煤炭消费量占能源消费总量的比重来测度。能源消费结构直接决定了能源消费碳排放强度(即单位能源消费的碳排放)的大小,当能源消费结构中清洁能源比重较大时,相同水平的能源消费量所产生的碳排放就会较少,而以煤炭为主的化石能源则是产生二氧化碳的主要来源(林伯强、蒋竺均,2009),煤炭消费比重越高显然越不利于碳排放强度的下降。

⑤ 城镇化(UR)。这一变量采用年末城镇人口占总人口比重来测度。一方面,城镇化进程会引致大量的能源消费需求(孙庆刚、郭荣娥、师博,2013),从而可能引起相应的碳排放增加。另一方面,当城镇化率达到一定水平后,随着新环保技术的应用、能源效率的提高、低碳绿色城市发展模式的实施等均有可能利于碳减排目标的达成。

### 5.1.3 数据来源及处理

本研究采用的是 2000—2017 年江西省 11 个地级市的面板数据。其中,碳排放量选择根据 IPCC(2006)所公布的方法计算的各省市碳排放数据表示,产业结构选择产业结构高级化、合理化指数表示,外商直接投资额采用地区人均 FDI 的对数来衡量,环境规制由建成区绿化覆盖率来表示。

数据来源于《中国能源统计年鉴》《中国城市统计年鉴》《中国统计年鉴》《中国环境统计年鉴》《江西统计年鉴》及国家统计局网站上所公布的数据。其中,在数据处理方面,为了剔除价格因素的影响,本研究采用地区生产总值指数对各地区生产总值进行价格平减处理;为了统一货币单位,采用美元兑人民币年均价汇率将以人民币计的实际利用外商投资额换算成美元;此外,为了剔除价格因素的影响,本研究以 2000 年的价格水平为基期进行价格平减处理。

## 5.1.4　描述性统计

各变量的描述性统计结果,如表 5-1 所示。

表 5-1　变量的描述性统计

| 变量 | 变量符号 | 样本量 | 均值 | 标准差 | 最小值 | 最大值 |
|---|---|---|---|---|---|---|
| 碳排放强度 | IC | 198 | 9.190 5 | 1.099 5 | 6.296 1 | 11.457 7 |
| 人均碳排放量 | AC | 198 | 6.275 0 | 1.449 0 | 2.723 7 | 8.975 7 |
| 环境规制 | ER | 198 | 6.275 0 | 0.308 4 | 2.541 6 | 4.261 5 |
| 产业结构高级化 | TS | 198 | 0.725 9 | 0.207 1 | 0.393 2 | 1.360 2 |
| 产业结构合理化 | TL | 198 | 0.920 3 | 0.069 8 | 0.691 3 | 0.999 7 |
| 技术创新 | Tech | 198 | 3.081 3 | 1.982 2 | 0 | 7.615 2 |
| 人均 GDP | GDP | 198 | 9.711 3 | 0.907 5 | 7.900 4 | 11.557 6 |
| 人口规模 | Pop | 198 | 14.997 6 | 0.688 6 | 13.855 9 | 15.971 4 |
| 能源结构 | Ener | 198 | 0.981 7 | 0.022 | 0.879 3 | 0.998 2 |
| 人均 FDI | FDI | 198 | 6.120 2 | 1.181 4 | 2.516 8 | 8.201 7 |
| 城镇化率 | UR | 198 | 0.270 2 | 0.194 1 | 0.053 3 | 0.750 0 |

由表 5-1 可以看出,人均 FDI 的城市差异较大,各城市的外资发展水平参差不齐,最大值与小值之间的差值达到 6 倍。同样,碳排放强度有差异,但是整体差异较小,这说明不同的城市类型和规模会有不同的碳排放强度。人均碳排放量存在着较大差异,说明城市之间的人均碳排放差异比较明显,与城市的定位密切相关:资源密集型城市人均碳排放量较高,而高新技术城市和旅游城市则人均碳排放量低。技术创新水平差异较大,最小值为 0,最大值 7.615 2,各城市的技术创新发展不一。能源结构的差异也较大,说明江西省整体的能源结构水平较为落后,能源消耗中大多以化石燃料为主,较易造成环境污染。人均 FDI 最大值为 8.201 7,最小值为 2.516 8,说明地区之间的外资投资水平有较大的差异。产业结构高级化的最大值与最小值之间的差距较产业结构合理化之间的差距稍大,产业结构高级化的区域不平衡性更明显。总体而言,碳排放强度和城市的类型、技术创新以及产业结构息息相关。

为更加直观地对江西省 11 个地级市 2002—2017 年 FDI 的发展状况进行描述,绘制图形如图 5-1 所示。

由图 5-1 可见,从整体看,江西省 11 个地级市的外商直接投资额整体呈上升发展趋势,与整体的经济发展保持同步增长。2002—2005 年之间,整体呈现

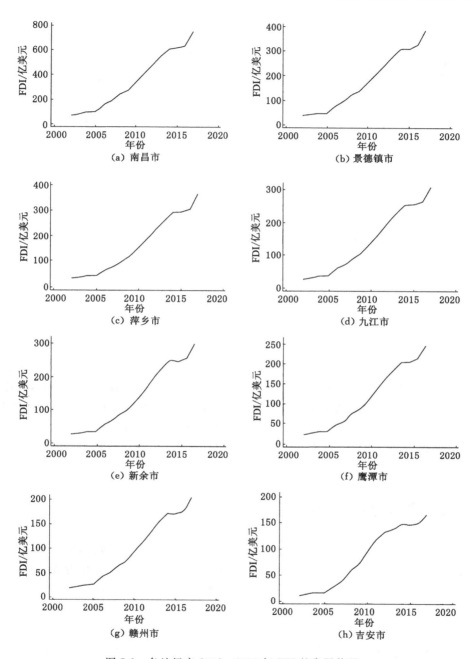

图 5-1 各地级市 2002—2017 年 FDI 的发展状况

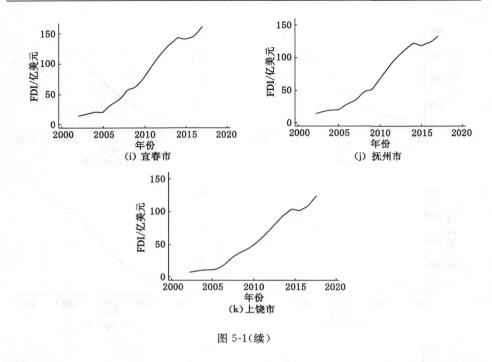

图 5-1(续)

缓慢增长态势,2005—2009 年呈现快速增长趋势,2010—2014 年呈爆发式增长,2015 年整体均出现回落,随后几年开始持续快速增长。从投资规模来看,其中,FDI 投资规模最大的是南昌市,发挥了省会城市对外商的吸引作用。次一级规模的有景德镇市以及萍乡市,景德镇以陶瓷闻名,而萍乡市以矿产开发为主。规模最小的主要有抚州市、上饶市以及宜春市,都属于文化以及自然资源相对匮乏地区。

## 5.2 产业结构的中介作用

随着中国改革开放程度的逐步加深,中国经济水平迅速提高,综合实力逐步增强,成为世界第二大经济体。但在前期的经济发展过程中,我国存在片面追求经济改革效率从而造成环境污染和资源消耗过多的问题,这对生态环境造成了极大的破坏,因此急需改变发展模式。目前,我国经济已步入"新常态"发展阶段,经济发展正逐渐由追求增长速度的粗放式模式向追求结构调整和环境效率的内涵式模式转变。在这种高质量发展模式下,节能减排无疑是中国经济绿色转型发展过程中的"主旋律"。

产业的支撑与可持续发展是一个国家经济增长的中观基础,产业结构升级是江西省经济结构转型的一个重要问题。促进产业结构优化升级,走低污染、低能耗的绿色发展道路,提高全要素生产率,是我国经济发展政策和战略规划的出发点,也是实现经济增长与环境保护"双赢"局面的关键因素。

随着工业化和城市化进程的不断加快,长江经济带内各省市发展不断加快的同时,也带来了区域内生态环境的不断恶化。江西省具有丰富的矿产资源,如铜、钨、稀土、硅、盐等,其矿产资源保有量在全国都处于领先地位。尤其是稀土储量,更是在国内位居前列。江西省更多依靠自然资源使得工业及整体地方经济得到了平稳较快发展。但是从规模以上工业增加值来看,江西省重工业比重(重工业增加值占其与轻重工业增加值之和的比值)一直维持在较高水平,基本在62%以上,最高超过68%。这个数据直观说明,江西省重工业比重高于轻工业比重。考虑到江西省近年经济增速开始放缓,重工业比重过高,产业结构不合理,将会进一步显露出经济发展方式粗放问题,对资源和环境造成压力。在"共抓大保护,不搞大开发"战略导向下,如何协调好江西省经济发展和环境保护之间的关系,加快推进江西生态文明制度体系建设,制订合理的节能减排计划,对实现节能减排、产业升级和环境保护的整体目标有着重要的作用,对江西省的绿色可持续协调发展有着重要意义与价值。

### 5.2.1　环境规制与产业结构升级

产业指国民经济中产品和劳务的生产经营具有某些相同特征的企业或单位及其活动的集合和系统(王康、李志学、周佳,2020)。产业结构是产业间各种经济要素的数量比例关系和质量协调关系(李悦,1998)。产业结构状况反映一个国家或地区经济发展水平。要了解一个区域的经济发展状况,就要清楚它的产业结构状况,并要了解产业结构的划分情况。经常使用的分类方法有两大领域、两大部类分类法,三次产业分类法,资源密集度分类法和国际标准产业分类法等。两大领域、两大部类分类法是指按照生产活动的性质及其产品属性对产业进行分类。按生产活动性质,把产业部门分为物质资料生产部门和非物质资料生产部门两大领域,前者指从事物质资料生产并创造物质产品的部门,包括农业、工业、建筑业、运输邮电业、商业等;后者指不从事物质资料生产而只提供非物质性服务的部门,包括科学、文化、教育、卫生、金融、保险、咨询等部门。三次产业分类法由新西兰经济学家费歇尔最早提出,20世纪40年代英国经济学家克拉克在费歇尔的基础上将国民经济分为第一、二、三次产业,并分析了三次产业结构的变化规律及其对经济发展的影响。我国第一产业主要指农业,包括林、牧、渔业等;第二产业包括工业和建筑业;第三产业主要包括服务部门和流通部门。国际标准产业分类法是指联合国为使不同国家的统计数据具有可比性,颁布了《全部经济活动的国际标准产业分类》(ISIC),从而建立了世界各国产业分类的统一标准,这一产业分类标准将所有的经济活动划分为十大项和若干中、小项及细项。我国遵循国际标准也将国民经济所有行业分为4级即门类、大类、中类、小类。资源密集度产业分类法是指根据在生产过程中不同产业部门对资源依赖度差异来进行产业分类的一种方法。按照这种分类法,产业大致可以分为劳动密集型产业、资本密集型产业、知识密集型产业和技术密集型产业。

产业结构升级是指在一个国家的经济社会发展进程中,产业结构由于受到不同影响因素的作用而进行调整,促使国民经济中的产业间结构发生变化,实现各产业向合理化和高级化演进和优化的过程。在产业结构升级和环境规制的关系研究中,学者们主要有以下两种观点。

第一种持积极观点。传统观点认为在其他条件不变、环境规制强度提升时,环境保护会增加企业成本、影响产品竞争力。对此不断有学者提出质疑,认为环境规制政策的合理设置可以促进产业升级转型,如陆菁(2007)指出环境规制的倒逼机制可有效推动产业升级。Boyd and Mcclelland(1999)和 Testa et al.(2011)在对欧洲国家的重度污染行业进行研究后认为,环境规制虽然在短期内不利于改善企业经营绩效,但从长期来看对行业发展将具有一定的积极影响。Lucas,Roger and Flomentine(2011)通过模拟政府的碳政策对瑞士能源消耗、福利和产业发展的影响,发现政府的碳政策会促使知识密集型产业获得较快增长,而非知识密集型产业的增长率低于前者。原毅军、谢荣辉(2014)指出正式环境规制能有效驱动产业结构调整。李晓英(2018)利用空间计量模型实证检验了环境规制对产业结构优化的作用,发现环境规制显著促进了产业结构优化升级,且环境规制对产业结构调整具有倒逼效应。Dou and Han(2019)研究发现环境规制对产业转移和产业结构升级转型有明显的正向促进作用。

第二种持不确定观点。Lanoie,Patry and Lajeunesse(2008)和 Rubashki-na,Galeotti and Verdolini(2015)研究指出,环境规制对企业技术创新虽有积极影响,但未能促进全要素生产率的提升,优化产业结构效果并不显著。肖兴志、李少林(2013)采用动态面板数据,实证研究了环境规制强度对产业升级路径的影响,发现总体环境规制强度对产业升级的方向和路径产生了积极的促进作用,但存在明显的区域差异性,中西部地区并不显著。蔡传里(2015)认为环境规制有利于环境质量改善,但目前中国还没有完全实现环境规制的经济与环境"双赢"局面。钟茂初、李梦洁、杜威剑(2015)利用中国省际面板数据实证检验发现,中国现阶段的经济发展方式仍属于半内涵式,即环境规制可以促进产业转移却不能有效带动产业结构升级,并且不同类型的环境规制对于产业转移和结构升级的效应具有显著差异。一些学者认为虽然环境规制对产业结构升级有促进作用,但是这种作用是存在前提条件的,如李娜等(2016)采用1998—2014年的省际面板数据实证检验发现,在我国对外开放初期,环境规制对产业结构升级影响并不明显,但随着对外开放进程的不断深入发展,环境规制对产业结构升级作用逐渐变得显著。谢婷婷、郭艳芳(2016)认为技术进步是产业结构升级的内生动力,技术创新是环境规制促进产业结构升级的前提;如果没有有效的技术创新激励,单纯依靠环境规制推动产业结构升级是不可持续的。

### 5.2.2　产业结构升级与碳排放

近些年,学者们针对产业结构调整升级对于环境状态的影响开展了许多研究。在碳排放和产业结构这两者之间,大多数学者对碳排放量的影响因素进行了研究,论证产业结构是影响碳排放的重要因素之一,但所得结论并不一致。

部分学者认为产业结构调整增加了污染排放的直接驱动因素,总体上会加重环境污染,李斌、赵新华(2011)运用37个工业行业2001—2009年三种主要废气排放数据实证分析了工业经济结构和技术进步对工业废气减排的贡献,发现工业结构的变化没有对环境保护起到显著的促进作用而是加剧了工业环境污染。

而另一种观点认为产业结构调整升级能够降低高污染、高能耗产业的比重,促进清洁设备投资和环境技术的研发,从而减少碳排放量。朱永彬等(2013)通过比较美国、日本、欧盟与我国在产业结构以及能源强度两方面的区别,结果表明美国、日本和欧盟的能源强度远低于我国,我国的能源利用效率较低。究其原因,是由于我国第一产业以及第二产业占比比较高,这也造成了我国的二氧化碳排放量较大。Chang(2015)利用投入产出模型分析得出,产业结构是减少碳排放的必要途径。Ru et al.(2010)基于上海市的碳减排研究发现,二氧化碳排放主要来自产业经济活动,产业结构升级是减少碳排放的主要选择。谭飞燕、张雯(2011)通过设定不同模型形式考察了各种因素特别是产业结构变动的碳排放效应,结果显示,产业结构变动是碳排放增长的重要驱动因素之一,工业化进程加剧了二氧化碳的排放。蔡圣华、牟敦国、方梦祥(2011)基于当时的产业结构变化及消费情况预测了纯消费拉动下我国未来产业结构演进的特征与二氧化碳强度的发展趋势。其研究表明,要降低二氧化碳排放量,未来需要将产业结构向服务业进行调整,加大力度减少能源消耗强度高的重化工业比重。王文举、向其凤(2014)通过构建产业结构调整的动态投入产出模型,对生产领域能源消耗以及碳排放的结果进行核算,认为产业结构调整将对降低耗能、减少碳排放产生有力的推动作用,其中对实现中国碳强度目标的贡献最高可达60%左右。Brannlund，Lundgeren and Marlund(2014)利用 LMDI、KAYA 恒等式等模型对产业结构和碳排放量之间的关系进行研究,发现产业结构的优化升级会引起能源消费结构及效率的变化,可以有效地抑制碳排放的增长,甚至会减少碳排放量。张雷等(2011)通过构建产业结构、能源结构与碳排放的联动模型分析发现第二产业绝对主导的产业结构演进极大地延缓了单位 GDP 能耗倒 U 形变化的过程,推动结构节能减排,有利于低碳经济发展。张宏艳、江悦明、冯婷婷(2016)运用计量模型也得出了相似的结论。

综上所述,目前已有研究侧重从国家、区域、行业和空间层面,研究碳排放、产业结构和环境规制两两之间的关系和影响机制,取得了诸多成果,揭示了不同时期和地区的碳排放特点与问题,对中国实现节能减排起到指导意义。然而,在省级层面,从产业结构升级的角度对环境规制政策的碳减排有效性进行探究的文献比较匮乏。碳排放和产业结构及环境规制之间存在一定程度上的相互影响关系,在降低碳排放的目标下,必然会带来相关政策的变化,从而带来产业结构和环境规制的变化,而产业结构的调整和升级与环境规制的变化也会对生产生活活动产生影响,引起碳排放量的变化。本研究以江西省为研究对象,从三者协调发展的视角对该省的碳排放、产业结构和环境规制互相之间的影响机制进行研究,为推动江西省绿色协调发展提供一定的思路。

### 5.2.3 研究假设

#### 5.2.3.1 环境规制对碳强度的影响

《微观规制经济学》将规制解释为"对构成特定社会、机构,特定经济主体所得,并按照一定的规章制度采取的限制行为"(植草益,1992)。一般而言,环境规制主要分为四类:命令控制型、市场激励型、自愿型及隐型环境规制(赵玉民、朱方明、贺立龙,2009)。关于环境规制对于碳排放的影响分析,主要存在"绿色悖论"与"倒逼减排"两种观点。

持"倒逼减排"观点的学者认为,我国现阶段的环境规制能够有效地遏制碳排放,政府可以通过一系列环境规制措施促成"倒逼减排"效应。作为高污染、高能耗产业的"进入壁垒",环境规制对污染大、能耗高的新建企业的迁入具有显著的约束作用。一方面通过命令控制型环境规制对高污染高能耗企业进行整顿关停,并提高传统产业的准入门槛,形成天然的"进入壁垒",阻碍寻找污染避难所的企业涌入,迫使其缩减生产规模或者强制使用低碳技术,在一定程度上降低能源消耗强度;另一方面可以通过市场激励型环境规制,即采用征收排污税、环境保护税、污染治理补贴等方式要求受规制的新企业配置污染治理设备进行末端治理,使得企业污染治理投入增加、生产要素成本提高,抑制化石能源的需求,转而使用环保技术,进而减少碳排放量,降低碳强度(张华、魏晓平,2014)。

而 Sinn(2008)提出的"绿色悖论"理论正好相反。政府所施行的一些诸如对化石燃料消费征税、开发可再生能源等旨在减少二氧化碳排放的措施,从长期来看会使全球化石燃料需求减少,损害资源所有者的财富最大化。然而,当企业预期到这些措施会使未来收益降低时,就会加快资源开采,导致短期内化石燃料价格下降,刺激化石能源需求,从而在短期内增加碳排放强度。

基于此,本章提出假设1:环境规制可以直接影响碳排放强度。

### 5.2.3.2  产业结构升级对碳强度的影响

目前,有不少理论和实证研究能够为分析产业结构调整升级的碳排放效应提供有力支撑。综合产业经济学与碳循环理论,产业是进行同类经济活动组织的总和,产业活动过程与碳排放密切相关,亦即产业可以作为碳循环中的重要环节。产业结构作为联系人类经济活动与生态环境之间的重要纽带之一,会随着经济发展而做出适当性的调整和升级。从生产的角度讲,它是一个"资源配置器";从环境保护的角度讲,它又是资源消耗和污染物产生的质与量的"控制体"。

在当前工业化进程中,产业布局不合理以及第二产业"高投入、高污染、低产出"的发展模式会增加排放污染,恶化生态环境。产业结构可以通过以下几种途径作用于碳排放:首先,在产业结构中,资源型产业集中了大多数的高能耗部门,其所产生的碳排放量在产业间也是占比最大的,产业结构的高级化可使经济发展对能源资源消耗的依赖度降低(顾阿伦、和崇恺、吕志强,2016);其次,产业结构升级能够促使劳动、资本等要素在产业内和产业间进行流转,资源的有效分配和利用有助于提高企业生产效能,加速企业向绿色环保转型,在做优存量、做大增量的同时提升服务质量,宏观上能够提升碳排放绩效,让污染排放也能得到有效抑制;再者,产业结构的演化方向对能源消费的变化趋势起决定作用,同时也是决定碳排放增量变化的一个关键要素,这三者之间具有较强的趋同性,产业结构升级能够有效加快环境库兹涅茨曲线倒U形变化拐点的出现,即加快碳排放减少的速度(张雷等,2010)。基于此,本章提出假设2。

假设2:产业结构升级会影响碳排放量强度。

### 5.2.3.3  产业结构升级在环境规制与碳排放强度关系中的中介效应

Walter and Ugelow(1979)提出的"污染避难所"假说认为,政府通过严格的环境规制政策能够使得高污染企业产生高昂的"环境遵循成本",为了规避这一成本,高污染企业将向环境规制较为宽松的地区转移,而清洁型产业则不会出现这种情况,从而严格的环境规制能够抑制高污染企业聚集扩大,促进当地产业结构升级,碳排放量随之降低。同时,相对应的,一些发展中国家为了追求经济的快速发展,会以牺牲环境质量为代价,实现宽松的环境规制,降低引入门槛,吸引外资流入,使得国外污染密集型企业迁移到国内来发展,从而产生更多的碳排放量,出现"污染天堂"现象。

产业结构调整升级是协调经济可持续发展和环境保护的关键路径。调整产业结构,不仅能够提高技术密集型、知识密集型产业的比重,促进技术进步,扶持新兴产业;亦能够降低高污染、高能耗产业的比重,鼓励环境技术研发和清洁生产设备投资,从源头上控制污染的产生和排放。能源开发利用是导致环境污染的主要原因之一,能源消费结构与不同环境污染物排放的长短期影响有密切的联系。而环境规制是作用于生态环境污染与破坏的治理机制和措施,因此环境规制与能源消费结构之间存在联系。我国近年来能源消费弹性较高的主要原因在于第二、第三产业的内部结构不合理(欧晓万,2007)。为了治理环境、节约能源,如果只实施能源消费总量控制政策,在短期内会不利于产业结构升级,如果考虑调整能源消费结构的变化,那么将会有利于促进产业结构升级(刘冰、孙华臣,2015)。当前我国的产业结构调整主要依赖于产业政策的引导和干预,地方政府受到来自于中央政府的要求,企业则受制于地方政府的压力,这一系列被动传导的结果就是缺乏结构调整的内在激励。而环境规制,恰恰可以通过对企业施加环境约束而提供这样的激励。环境规制将增加企业的内部成本,企业必须对其产品结构、组织结构、管理模式、技术水平等做出相应的调整以消化上涨的成本才能生存下去。因此,环境规制强度的提高对产业和企业群体均是一种强制性的"精洗",产生优胜劣汰的作用(金碚,2009),最终有可能驱动产业结构的调整,而产业结构调整又能进一步影响碳排放。

基于此,本章提出假设3:产业结构升级在环境规制和碳排放关系之间发挥中介效应。理论假设模型见图5-2。

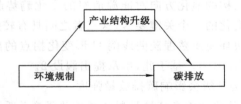

图 5-2　理论假设模型

## 5.2.4　实证结果及回归分析

利用江西省11个地级市的面板数据,对环境规制与碳排放强度的直接关系和产业结构的中介效应进行实证分析,结果如表5-2所示。

表 5-2 产业结构的中介作用检验

| 变量 | Ⅰ | Ⅱ | Ⅲ | Ⅳ | Ⅴ | Ⅵ |
|---|---|---|---|---|---|---|
| | IC | IC | TS | TL | IC | IC |
| ER | 0.242* | 0.213 | −0.187*** | −0.023 1 | 0.121 | 0.219* |
| | (1.92) | (0.15) | (−3.36) | (−0.99) | (1.01) | (1.75) |
| ER² | 0.004 2 | | | | | |
| | (0.02) | | | | | |
| TS | | | −1.364*** | | | |
| | | | | | (−5.10) | |
| TL | | | | | −1.433* | |
| | | | | | (−2.09) | |
| TS×Tech | | | | 0.181** | | |
| | | | | (2.85) | | |
| TL×Tech | | | | | 0.408* | |
| | | | | | (2.25) | |
| Tech | 0.035 4 | 0.039 5*** | 0.003 18 | −0.085 7 | −0.348* | 0.035 5 |
| | (1.46) | (3.76) | (0.72) | (−1.49) | (−2.02) | (1.49) |
| Pop | 1.287 | −0.709 | 0.046 9 | 0.992 | 1.530 | 1.284 |
| | (1.00) | (−1.26) | (0.20) | (0.83) | (1.21) | (1.01) |
| Ener | 12.03*** | 3.072** | 0.032 9 | 14.31*** | 11.61*** | 12.02*** |
| | (4.86) | (2.86) | (0.07) | (6.19) | (4.80) | (4.94) |
| UR | −1.352 | 1.168* | −0.034 7 | −1.372 | −1.531 | −1.352 |
| | (−1.28) | (2.52) | (−0.18) | (−1.32) | (−1.47) | (−1.29) |
| FDI | 0.170*** | −0.062 5** | −0.000 158 | 0.114* | 0.181*** | 0.170*** |
| | (3.52) | (−2.94) | (−0.02) | (2.49) | (3.78) | (3.54) |
| 常数项 | −23.54 | 8.965 | 0.269 | −19.65 | −25.41 | −23.53 |
| | (−1.22) | (1.06) | (0.08) | (−1.10) | (−1.33) | (−1.22) |
| N | 198 | 198 | 198 | 198 | 198 | 198 |

注:*、**、*** 分别表示在 10%、5%、1% 的水平下显著。括号内为 $t$ 统计量。本章以下各表同。

由表 5-2 可见,在模型 Ⅰ 中,直接检验了环境规制与碳排放强度的关系,发现两者存在显著的正相关关系,即验证了环境规制提高,导致了环境污染,增加了碳排放,"绿色悖论"假说得以验证。出现这样结果的原因可能是江西省的碳减排政策并没有落到实处,若环境规制强度增加,排污企业预测未来环境规制强度仍有一定上升空间,进而短期内会加速矿石能源开采。此外,我国目前以市场机制为基础且恰当设计的环境政策较为有限,这也使得环境规制并不能很好地促进碳排放的减少。在控制变量中,能源结构及对外直接投资都与碳排放强度显著正相关。这说明江西省的能源结构和对外直接投资会促进碳排放强度提高。在模型Ⅱ中,加入了环境规制的平方项,用以验证是否存在非线性关系,结果发现环境规制及其平方项均不显著。在模型Ⅲ和Ⅳ中,环境规制对产业结构高级化和合理化指数的回归系数均为负值,但只有前者的回归系数通过了显著性检验,进而验证了环境规制对中介变量产业结构的作用效果:环境规制对促使产业结构高级化和合理化指数将会下降,这说明江西省环境规制不利于推动产业结构高级化和合理化。出现这样的结果,可能是因为江西省资源型产业居多,这些产业对能源资源的依赖度较高,可以通过产业聚集等方式来降低生产成本以应对环境规制,从而不利于产业高级化和合理化发展。模型Ⅴ显示,产业结构高级化和合理化指数对碳排放的回归系数均为负值,但只有前者通过 1% 显著性检验,后者是 10% 显著性,满足存在中介效应第二步条件,说明环境规制通过产业结构影响碳排放强度的间接效应显著,该结果表示产业结构高级化指数越高则碳排放强度将会减少。加入中介变量后,环境规制对碳排放强度的影响并不显著,属于完全中介效应。产业结构高级化和合理化与技术创新交乘项对碳排放有较为显著的促进作用,回归系数通过 10% 显著性检验且为负相关的直接效应和通过技术创新的正向间接效应,该结果表示产业结构高级化和合理化直接降低促进碳减排排放强度,但通过与创新确是不利于碳排放强度的降低。

### 5.2.5 稳健性检验

为进一步检验计量结果的稳健性,以人均碳排放量替代碳排放强度再次进行回归分析,替换变量后的检验回归结果基本与表 5-3 的结论保持一致,从而表明上述实证结果是稳健的。

表 5-3　替换变量的稳健性检验

| 变量 | Ⅰ | Ⅱ | Ⅲ | Ⅳ | Ⅴ | Ⅵ |
| --- | --- | --- | --- | --- | --- | --- |
| | AC | AC | TS | TL | AC | AC |
| ER | 0.400** | −0.383 | −0.187 1*** | −0.023 5 | 0.251* | 0.380** |
| | (−3.18) | (−0.28) | (−3.536) | (−0.919) | (−2.2) | (−3.03) |
| ER² | | 0.113 | | | | |
| | | (−0.58) | | | | |
| TS | | | | | −1.728*** | |
| | | | | | (−6.80) | |

表 5-3(续)

| 变量 | I | II | III | IV | V | VI |
|------|------|------|------|------|------|------|
| | AC | AC | TS | TL | AC | AC |
| TL | | | | | | −1.233 |
| | | | | | | (−1.80) |
| TS×Tech | | | | | 0.230*** | |
| | | | | | (−3.83) | |
| TL×Tech | | | | | | 0.391* |
| | | | | | | (−2.16) |
| Tech | 0.088 1*** | 0.086 4*** | 0.035 0*** | 0.003 5 | −0.069 1 | −0.278 |
| | (−3.92) | (−3.81) | (−3.54) | (−0.84) | (−1.29) | (−1.62) |
| FDI | 0.229*** | 0.229*** | −0.076 4*** | 0.000 76 | 0.151*** | 0.244*** |
| | (−5.57) | (−5.56) | (−4.21) | (−0.1) | (−3.98) | (−5.89) |
| UR | −1.22 | −1.186 | 1.021* | −0.024 9 | −1.332 | −1.338 |
| | (−1.20) | (−1.16) | (−2.28) | (−0.13) | (−1.40) | (−1.32) |
| Ener | 10.84*** | 11.08*** | 3.157** | 0.027 2 | 13.77*** | 10.42*** |
| | (−4.45) | (−4.48) | (−2.94) | (−0.06) | (−6.28) | (−4.3) |
| 常数项 | −7.175** | −6.075 | −1.629 | 0.971* | −7.773*** | −5.587* |
| | (−2.89) | (−1.94) | (−1.49) | (−2.11) | (−3.51) | (−2.15) |
| N | 198 | 198 | 198 | 198 | 198 | 198 |

由表 5-3 可以看出,模型 I 中,环境规制依旧是显著地增加了人均碳排放量,而控制变量中,技术创新、能源结构和对外直接投资对人均碳排量放是显著的促进作用。模型 II 中,加入环境规制平方项进行再次回归,结果仍不显著。模型 V 和 VI 显示,产业结构高级化和合理化指数对碳排放的回归系数为负相关,只有前者通过 1% 显著性检验,满足存在中介效应第二步条件;加入中介变量后,环境规制对人均碳排放的影响并不显著,属于完全中介效应。产业结构高级化及合理化与技术创新交乘项对人均碳排放量有显著的促进作用。这与上文得出的结论基本一致。从而验证了本结论具有稳健性。

## 5.3 FDI 的中介作用

### 5.3.1 环境规制与 FDI

国内关于环境规制对 FDI 流入影响的实证研究始于 2003 年,最开始的研究是关于环境规制对于 FDI 的负向作用。杨涛(2003)通过实证分析发现环境规制对 FDI 流入影响的抑制作用,主要由成本上升问题引起;严格的环境规制会从可变成本、固定成本和准入壁垒等几个方面影响企业的生产函数,从而这种成本的影响会对企业的投资决策发生作用。余珮、彭歌(2019)从中国对外投资的角度出发,实证分析发现美国各州环境规制强度的提升对中国资本的流入存在显著的抑制作用;尤其是在污染密集型行业,环境规制强度对中国直接投资产生非线性影响。整体而言,提高环境规制的强度,会导致企业的生产成本升高、绿色研发投入增加、降低企业跨国竞争的综合实力。傅京燕、李丽莎(2010)认为,外商在对我国进行区位选择时,环境规制是一个非常重要的因素,其在我国各地区间存在着"污染避难所"效应。史青(2013)利用中国 1999—2007 年工业部门数据,将环境管制、外商直接投资、环境污染三者联立方程,发现宽松的环境政策确实是吸引 FDI 的重要原因。霍伟、李杰峰、陈若愚(2019)将 FDI 的创新溢出效应分解为生产型创新溢出效应和生态型创新溢出效应两个方面。在经济发展初期,FDI 的创新效应以生产型创新为主,东道国自然环境会直接和间接通过生产型创新效应加剧污染,这一点符合"污染天堂"假说;而在经济发展转型时期,FDI 的创新效应将逐步以生态型创新溢出效应为主,东道国自然环境会直接和通过生态技术创新溢出间接降低工业环境污染,符合 FDI 的环境"污染光环"假说。

从其他视角出发的研究,如王兵、肖文伟(2019)发现,环境规制下我国各省份的实际 FDI 增速先加快后减缓,2015 年之前第二产业对 FDI 的吸引力最强,2016 年开始第三产业对 FDI 的吸引显著增强。邓慧慧、桑百川(2015)对我国 70 多个城市数据进行计量研究,发现环境规制强的区位一般吸引优质 FDI;基于城市特点分析一般能吸引 FDI 的城市,制度优越以及自身基础建设比较完善,人才集聚能力较强。周长富、杜宇玮、彭安平(2016)根据我国区位进行验证,发现在不考虑其他因素影响时,环境规制阻碍 FDI。王永猛(2019)发现,环境规制对 FDI 的影响呈现出先下降后上升的正 U 形关系,研究环境规制对 FDI 的影响具有双重效用。同样的,环境规制在不同经济发展程度的地区对 FDI 发挥着不同程度的作用,存在着明显的区域异质性。路正南、罗雨森(2020)提出,我国

FDI 和环境规制的交互项对二氧化碳强度的影响在西部地区显著为正，FDI 和环境规制的交互项对二氧化碳强度的影响在东部和东北地区显著为负，在西部地区却显著为正。综上所述，可以大致发现，宽松的环境会吸引 FDI 的涌入，地方政府的弱环境规制政策是 FDI 涌入的重要因素。

### 5.3.2　FDI 与碳排放强度

现有关于 FDI 与碳减排的研究，始于 FDI 与环境污染之间的关系。Grossman and Krueger(1991)在对北美自由贸易区的分析和研究中，首先提出了 FDI 对环境的影响机制：结构效应、规模效应和技术效应。结构效应是指 FDI 的地域分布与行业组成对环境的影响；规模效应是指由于 FDI 导致的经济规模变化所造成的环境影响；技术效应是指跨国公司的直接投资行为会引起东道国企业在技术和生产力上的进步，通过技术进步对环境产生影响。有学者认为 FDI 的涌入扩大了企业生产规模，但与此同时却增大了碳排放，对环境污染起到消极作用。沙文兵、石涛(2006)采用面板数据对 FDI 与环境作用关系进行研究，研究发现，外资与内资都对环境产生消极作用，发现内资对环境的消极作用更加明显。于峰、齐建国(2007)将二氧化硫作为环境污染评价指标，通过联立方程法进行研究发现，外资进入我国后，导致规模效应和结构效应发生负面作用，尽管技术效应呈现出正面作用，但综合来看 FDI 对环境起消极影响。方玲(2014)通过研究发现皖江城市带满足"污染天堂假说"，FDI 会引起环境污染加重。

与此同时，另一种观点认为 FDI 促进了技术创新，从而推动了碳减排的目标达成。王肖(2018)研究发现，外资进入带来了显著的技术溢出，客观上抑制了我国制造业的二氧化碳排放，对节能减排起到了有效的促进作用。吉生保、姜美旭(2020)利用双边随机前沿模型测度了 FDI 对环境的污染效应及溢出效应，发现：FDI 的溢出效应降低了环境污染排放，污染效应加剧了污染排放，在二者的共同作用下，FDI 对环境污染的净效应为正值。

除了研究 FDI 对我国环境污染产生积极作用还是消极作用以外，还有一些研究关注于 FDI 对环境污染影响的动态非线性关系。李周、包晓斌(2002)通过实证分析发现经济与环境之间的关系并不总是满足环境库茨涅兹曲线，只有当污染值小于环境不可逆限值时，经济与环境才存在倒 U 形曲线关系；一旦污染突破该值，生态环境遭到的污染将不可逆转，不再存在倒 U 形关系。周长富、杜宇玮、彭安平(2016)通过研究发现，外资流向与环境规制之间存在关联，环境规制的严格程度影响着外资企业的区位选择，一味降低环境规制并不能绝对吸引外资，反而会对地区环境带来负面影响。刘玉博、汪恒(2016)在传统的 FDI 引起的三大效应基础上提出收入效应，并对这四种效应进行分析研究，认为 FDI

影响环境规制及质量存在门槛值。当 FDI 未超过门槛值,即引进外资较少时,随着引进外资的增多,环境规制水平将会降低;当 FDI 超过门槛值后,即引进外资规模足够大时,随着外资的增长会导致环境规制逐渐提高。李子豪(2016)发现,FDI 对工业碳排放存在较为显著的研发投入、环境规制门槛效应;当行业研发投入或环境规制比较低时,FDI 对工业碳排放的积极影响很不显著,甚至可能增加工业碳排放;而当行业研发投入或环境规制较高时,FDI 则十分显著地减少了碳排放。黄莹莹(2018)发现 FDI 与三类污染物之间呈倒 U 形关系,且三者均已越过极值点,开始随着 FDI 流入的增加而减少。

综上所述,大多数研究发现 FDI 对于环境的影响存在着倒 U 形曲线关系,短期内吸引外资会降低碳排放强度,但是长期发展上,大量的外商投资涌入资源密集型行业,可能导致污染型企业生产规模扩大,碳排放越来越多,加剧环境污染。

### 5.3.3 研究假设

#### 5.3.3.1 环境规制与 FDI

地方政府为保持本地相对优势,而采用竞相降低环境标准来吸引 FDI。根据已有研究,环境规制对 FDI 流入存在着限制效应。其作用机制是通过投资成本来传导的,包括交易成本和生产成本。由于企业在生产时受到了环境规制政策的影响,企业不得不增加支出去提高节能减排技术和环保支出,从而降低了自身的收益。随着自身成本的不断提高,外商为获取利润最大化,将会寻找新的生产地以降低生产成本。FDI 就从当地转移到了环境规制较弱的地区,实现了环境规制政策对于 FDI 的限制。因此可以认为,环境规制标准与 FDI 呈负向关系。基于上述理论,提出研究假设。

假设 1:降低环境规制能够增加 FDI 的涌入。

#### 5.3.3.2 FDI 与碳排放

一些学者认为,FDI 进入会刺激本国经济增长,加快城市化进程,必然会造成环境污染这一负面影响。外资企业转移至发展中国家其最终目的是获取更多的利润,在环境规制严格的发达国家其生产成本也相对较高,转移至环境宽松的发展中国家可以降低其生产成本,提高利润率,但同时也恶化了发展中国家的生态环境。外国资本投资建厂,进行生产运营,有效地利用了东道国的资源与市场优势,带动了行业内资源的有效开发整合;同时通过示范作用引发了东道国本土企业的竞争与模仿,在一定程度释放了行业的生产能力,客观上扩大了行业的产出规模。在企业的生产过程中,劳动力、资本、能源等是重要的投入要素。为满足产出增长的需求,企业不得不消耗更多的能源等污染密集型要素,带来了二氧化碳等污染物的排放,客观上恶化了生态环境。那么就是,FDI 涌入扩大了生产规模,但是却增加了碳排放并恶化了生态环境,从而提出研究假设。

假设 2:FDI 的涌入提高了碳排放强度并恶化了生态环境。

#### 5.3.3.3　FDI 的中介作用

环境规制对于碳排放强度的影响,受到了 FDI 在其中的中介作用。首先,政府环境规制政策的变化,会导致 FDI 不同程度地产生相应变化。其积极效应是,FDI 促进了技术创新,随着企业技术的进步,生产率提高,碳排放强度降低,实现了节能减排,从而减少了碳排放总量。而消极效应则是,FDI 涌入扩大了企业的生产规模,为满足产出增长的需求,企业不得不消耗更多的能源等污染密集型要素,从而增加了碳排放总量,导致环境污染变大。因此,可以提出研究假设。

假设 3:FDI 在环境规制与碳排放强度中发挥中介作用。

### 5.3.4　实证研究

#### 5.3.4.1　基准回归

对江西省 11 个地级市环境规制与碳排放强度的关系中的 FDI 中介作用进行实证分析,结果如表 5-4 所示。

**表 5-4　外商直接投资的中介作用检验**

| 变量 | Ⅰ | Ⅱ | Ⅲ | Ⅳ |
|---|---|---|---|---|
| | IC | IC | FDI | IC |
| ER | 0.218* | 0.863 | 0.934*** | 0.106 |
| | (1.87) | (0.65) | (5.10) | (0.87) |
| ER² | | −0.093 8 | | |
| | | (−0.49) | | |
| FDI | | | | 0.122*** |
| | | | | (2.64) |
| FDI×Tech | | | | −0.001 2* |
| | | | | (−1.75) |
| Tech | 0.081 3*** | 0.083 6*** | 0.132*** | 0.074 3*** |
| | (3.54) | (3.56) | (3.66) | (3.11) |
| Indu | −0.837*** | −0.847*** | −0.731** | −0.753*** |
| | (−5.28) | (−5.29) | (−2.94) | (−4.75) |
| Pop | 2.320** | 2.239** | 12.66*** | 1.055 |
| | (2.15) | (2.05) | (7.49) | (0.87) |

表 5-4(续)

| 变量 | I | II | III | IV |
|---|---|---|---|---|
| | IC | IC | FDI | IC |
| UR | −0.443 | −0.441 | 0.305 | −0.380 |
| | (−0.43) | (−0.43) | (0.19) | (−0.38) |
| Ener | 14.51\*\*\* | 14.34\*\*\* | 1.607 | 15.13\*\*\* |
| | (6.06) | (5.92) | (0.43) | (6.34) |
| 常数项 | −40.16\* | −39.89\* | −188.7\*\*\* | −22.16 |
| | (−2.47) | (−2.45) | (−7.39) | (−1.20) |
| N | 198 | 198 | 198 | 198 |

由表 5-4 可见,在模型 I 中,直接检验了环境规制(ER)与碳排放强度(IC)的关系,发现两者存在显著的正相关,即验证了环境规制提高导致了碳排放强度的提高,"绿色悖论"得以验证,此时假设 1 不成立。控制变量中,技术创新(Tech)、人口总量(Pop)以及能源结构(Ener)都显著增加了碳排放强度,人口越多能源消耗量越大,会导致碳排放强度增加,导致环境的进一步污染破坏。而在能源结构中,煤炭、石油消费量占比越高,经济发展更多地靠高碳能源推动,所以碳排放强度越高。技术创新(Tech)却显著提高了碳排放强度,这说明江西省技术创新增长并没有与碳减排同步,技术节能减排的效果并不显著,并没有起到应有的促进节能减排的作用。城镇化影响不显著,这说明城镇化率的提高对碳排放强度没有较为明显的影响。模型 II 中,加入了环境规制的平方项(ER²),用以验证是否存在非线性关系,结果发现,环境规制及其平方项均不显著,说明只是单纯的线性关系。在模型 III 中,分析环境规制对 FDI 的影响,结果表明,环境规制显著增加了人均 FDI,同时,人口规模显著增加了人均 FDI 的流入。这可能是因为人口越多,市场规模越大,外商为了获得更高的利润,从而不断加大投资力度,由此可以发现假设 2 得以验证。产业结构却抑制了 FDI 的流入,这说明流入的 FDI 更多的可能是进入了资源密集型产业,并没有实质性地促进减排。在模型 IV 中,随后环境规制与人均 FDI 均纳入方程式中,并同时加入 FDI 和技术创新的交乘项,实证结果发现,FDI 均增加了碳排放强度,但是环境规制却变得不显著了,此时可以认为 FDI 在环境规制与碳排放强度之间存在着完全中介的作用,验证了假设 3。同时,FDI×Tech 在 10% 基础上显著为负,这说明 FDI 投入显著提高技术创新时,实际上会显著降低碳排放强度,而江西省的外资进入导致了碳排放强度增加,这说明更多的外资进入了资源密集型企业而非高新技术企业。

综上所述，环境规制提高了碳排放强度，其路径是环境规制增加了 FDI，FDI 又推动了碳排放强度的增加；同时，FDI 在环境规制与碳排放强度之间为中介作用。

### 5.3.4.2 稳健性分析

在稳健性检验中，此处对被解释变量进行了替换，将碳排放强度更换成人均碳排放量，回归结果显示基本与前文结论一致，FDI 的中介效应得以验证。替换变量后的检验结果如表 5-5 所示。

表 5-5 替换变量后的检验

| 变量 | Ⅰ | Ⅱ | Ⅲ | Ⅳ |
| --- | --- | --- | --- | --- |
| | AC | AC | FDI | AC |
| ER | 0.396 *** | 0.701 | 1.056 *** | 0.230 * |
| | (3.45) | (0.54) | (5.08) | (1.96) |
| ER² | | −0.044 4 | | |
| | | (−0.24) | | |
| FDI | | | | 0.161 *** |
| | | | | (4.10) |
| FDI×Tech | | | | −0.001 05 |
| | | | | (−1.55) |
| Tech | 0.166 *** | 0.166 *** | 0.284 *** | 0.131 *** |
| | (8.86) | (8.77) | (8.40) | (5.93) |
| Indu | −1.121 *** | −1.124 *** | −1.161 *** | −0.946 *** |
| | (−7.35) | (−7.32) | (−4.21) | (−6.18) |
| UR | 0.376 | 0.365 | 4.053 ** | −0.121 |
| | (0.39) | (0.38) | (2.32) | (−0.13) |
| Ener | 13.92 *** | 13.84 *** | 0.755 | 14.48 *** |
| | (5.88) | (5.78) | (0.18) | (6.27) |
| 常数项 | −8.640 *** | −9.078 ** | 0.394 | −9.422 *** |
| | (−3.64) | (−3.01) | (0.09) | (−4.06) |
| N | 198 | 198 | 198 | 198 |

由表 5-5 可见，在模型Ⅰ中，环境规制依旧显著地增加了人均碳排放量，而控制变量中，技术创新和能源结构起到显著的促进作用，产业结构升级能对人均碳排放起到一定的抑制作用。而在模型Ⅱ中，环境规制的平方改变了符号，由正

· 103 ·

变成了负,但是不显著,基本上不存在非线性关系。在模型Ⅲ中,环境规制依旧显著增加了人均 FDI 的流入,控制变量中城镇化显著增加了 FDI 的流入。这说明环境规制和集聚效应,能够吸引大量外资的进入,促进工业和贸易发展,但更多的可能是考虑当地的市场因素。在模型Ⅳ中,FDI 和环境规制比较显著增加了人均碳排放量,满足了中介效应的条件。那么同样的,稳健性检验结果与前文基本一致,中介作用成立。

# 5.4 进一步讨论

### 5.4.1 产业结构升级与技术创新

关于产业结构升级与技术创新的研究,大多数学者探究的是技术创新对于产业结构升级的作用,研究结果显示技术创新对于促进产业结构升级具有积极效果,但是存在地区异质性,随后越来越多的学者聚焦于对不同的技术创新路径进行研究。卫平、张玲玉(2016)以及林春艳、孔凡超(2016)等学者将技术创新路径分为自主创新、技术引进和模仿创新三种,以检验不同类型技术创新分别对产业结构合理化和高级化的作用效果。此外也有部分学者研究产业结构和技术创新之间的耦合关系,探究二者之间的动态交互作用。王鹏、赵捷(2011)通过构建面板数据模型,研究产业结构调整和区域创新之间的相互关系和互动机制,发现高技术产业比重和区域创新产出有着相互促进的动态循环机制。徐晔、陶长琪、丁晖(2015)通过构建耦合系统协同关系模型,对珠三角地区 2003—2011 年的产业创新和产业升级的耦合度做出了实证分析,发现区域产业创新与产业升级耦合系统之间存在着要素、组织结构和制度上的耦合关系。刘新智、刘娜(2019)则以长江经济带为例,采用复合系统协同模型,并利用熵值法研究二者之间的耦合协同关系,得出类似结论。除上述研究外,直接研究产业结构升级对技术创新影响的文献较少,比较有代表性的是赵庆(2018)采用动态空间计量模型实证研究发现产业结构优化和技术创新效率之间呈"螺旋上升"关系。李伟庆、聂献忠(2015)在分析产业升级对技术创新和制度创新影响机理的基础上,对二者之间的关系进行了实证检验,发现产业升级对中国整体自主创新存在显著正面的溢出效应;产业升级的创新溢出效应越明显,中国自主创新能力越强,但这种溢出效应在空间上存在异质性。大多数学者将二者与其他问题相结合进行探讨,如引入金融发展、环境规制、经济增长等要素进行研究(刘伟、张辉,2008;易信、刘凤良,2015;谢婷婷、郭艳芳,2016)。

#### 5.4.1.1 研究假说

近年来,产业结构升级对技术创新的影响得到关注。从需求和供给角度来看,不同产业间的创新需求存在差异,产业结构升级能够将创新资源分配到需求更高的产业中,同时也可以通过影响经济发展、收入分配等途径改变要素供给,这都会直接或间接影响技术创新水平(赵庆,2018)。从微观、中观和宏观角度来看,微观上产业升级会促进国内外市场的开拓,企业为抢占市场份额会进行技术创新,形成自己的竞争优势;中观上产业结构转型升级必然伴随着产业间的更替,传统产业向高级化改造和变迁,新兴产业和高新技术产业迅猛发展成为新主力,在引发社会资本增加的同时也会推进研发经费的投入和技术创新成果的产出;宏观上政府为提升产业竞争力和促进产业结构升级,会在相关产业政策的制定、完善和实施过程中鼓励自主创新,同时营造协同创新的政策环境,加大财政支出在研发活动上的投入力度,这必然会对技术创新能力提出更高的要求(李伟庆、聂献忠,2015)。

综合参考前文技术创新对碳排放的作用机理,可以厘清三者的关系和演化机制:为达到减少碳排放污染的目标,产业结构需要向高级化迈进,优化资源配置,带动地区之间的竞争与合作,而在这一过程中,必然伴随着创新资源的流转和倾斜,创新资源的空间流转和重置必然对技术创新效率产生影响。技术创新的驱动效应是将产业结构变迁过程中各项战略资源转化为生产力的重要手段,是产业结构高度化演变的内生力量,通过促使生产率和产品竞争力的提升,为开辟新市场、拓宽更高层次行业的发展奠基,促进地区间形成协同创新长效发展机制,进而从源头上真正实现碳减排。综上分析,提出研究假设。

假设1:产业结构升级能够促进技术创新。

#### 5.4.1.2 实证分析

就江西省11个地级市的产业结构升级对技术创新的影响进行检验,结果如表5-6所示。

**表5-6　产业结构升级对技术创新的影响**

| 变量 | I | II | III |
|---|---|---|---|
| | Tech | Tech | Tech |
| TS | 15.49*** | 10.94*** | 9.736*** |
| | (16.31) | (10.31) | (8.67) |
| Pop | | 22.22*** | 15.92*** |
| | | (9.01) | (4.86) |
| UR | | −1.002 | 0.289 |
| | | (−0.34) | (0.10) |

表 5-6(续)

| 变量 | I | II | III |
| --- | --- | --- | --- |
| | Tech | Tech | Tech |
| Ener | | −2.932 | −1.411 |
| | | (−0.42) | (−0.21) |
| FDI | | | 0.337** |
| | | | (2.86) |
| 常数项 | −30.95*** | −351.1*** | −257.8*** |
| | (−14.72) | (−9.47) | (−5.28) |
| N | 198 | 198 | 198 |

由表 5-6 可见,在模型 I 中,产业结构升级与技术创新在 1% 显著水平上呈正相关,即产业结构升级促进了技术创新,可能的路径是随着产业结构的不断优化,R&D 投入不断增加,从而推动了技术创新。在模型 II 中,加入了控制变量人口、城镇化率以及能源结构,结果显示,产业结构升级与技术创新仍然呈显著地正相关,控制变量中,人口显著地提高了技术创新,城镇化率和能源结构在模型中不显著。模型 III 在模型 II 的基础上加入了人均外商直接投资额(AFDI),结果显示,产业结构升级仍然在 1% 显著水平上促进了技术创新,AFDI 在 5% 显著水平上促进了技术创新。

### 5.4.2　FDI 与技术创新

现有关于 FDI 与技术创新的研究成果比较丰富,但是研究结果也不尽相同。有学者认为 FDI 能够促进技术创新,相反,也有学者认为外商投资进入会提高环境规制强度,反而会阻碍技术创新。在此基础上,也有学者提出,FDI 与技术创新并非单纯的线性关系,而是存在着动态变化的。罗军(2016)认为 FDI 前向关联是否促进我国制造业技术创新,研发人员投入和研发经费投入起到重要作用。唐宜红、余峰、李兵(2019)基于 1998—2009 的工业企业数据库,考察 FDI 对我国企业不同水平创新的影响,实证分析发现 FDI 通过行业间后向关联对企业产生显著的创新溢出效应,促进了技术含量相对较高的发明专利和实用新型专利的提高,而行业内和行业间前向关联的创新溢出效应不显著。田红彬、郝雯雯(2020)发现 FDI 对绿色创新效率的影响不仅与环境规制强度密切相关,也取决于环境规制的类型。

另外,有学者发现,FDI 并不完全能促进技术创新,贾军(2015)基于 1999—2011 年我国 31 个省份的面板数据,运用自举面板格兰杰因果关系检验方法,实证分析了 FDI 与绿色技术知识存量的关系,发现各地方政府的外资引进政策并未增强本地区的绿色技术创新能力,引资质量还需进一步提升。孙早、韩颖(2018)发现 FDI 带来的技术外溢效应并不必然导致本土企业自主创新能力的提高,正向作用的发挥依赖于地区的人力资本水平。

同样有学者提出,外商直接投资与技术创新之间并非直接的线性相关,二者存在着动态波动,梁强(2019)发现,FDI 质量可以显著提升区域技术创新能力,而 FDI 规模则与区域技术创新之间存在倒 U 形阈值转换特征,且适度地提升地区财政分权有利于从直接或者间接渠道促进区域技术创新。曾国安、马宇佳(2020)通过对 2000—2007 年中国工业企业数据库提供的相关数据进行实证分析,发现引进外资对我国企业创新呈现出先负后正的变化过程,即在外资进入的初期会对企业创新产生负向效应,而到后期对企业创新的影响则由负转正,亦即最终会促进企业创新。有学者从空间溢出角度,探究了 FDI 与技术创新之间的关系。王艳丽、王中影(2018)发现外商直接投资对技术创新存在环境规制单一门槛和人力资本存量双重门槛,且二者均存在空间溢出效应。梁圣蓉、罗良文(2019)发现 FDI 研发资本技术溢出对绿色技术创新效率的提升最为显著。蒋仁爱、贾维晗(2019)通过研究不同类型跨国技术溢出对中国专利产出的影响研究,发现 FDI 显著促进了中国创新产出增长。

外商直接投资对技术创新的影响也存在着区域差异和行业差异。徐建中、王曼曼(2018)基于我国 2007—2015 年省级面板数据,实证分析了 FDI 流入与绿色技术创新的复杂非线性关系,发现东部地区绿色技术创新水平最高,中部次之,西部最差。区域市场开放程度越大,越有利于内资企业从外资中获取创新能力,而区域知识产权保护程度差异未对 FDI 创新溢出效应产生显著影响(唐宜红、余峰、李兵,2019)。郑珊珊(2018)同样发现 FDI 的流入促进了全国、东部、中部地区技术创新产出,但西部地区呈现出负向的 FDI 技术创新溢出效应;东部和全国地区 FDI 的技术创新溢出效应呈现出 U 形特征,而中部、西部地区 FDI 的技术创新溢出效应表现为倒 U 形特征。邓峰、宛群超(2017)发现 FDI 对技术创新的影响不存在显著的作用,但存在显著的"门槛效应",且呈现正 U 形动态变化特征。姬晓辉、魏婵(2017)认为 FDI 对技术创新存在显著的门槛效应,当经济发展水平和环境规制强度跨越相应门槛时,其能有效促进技术创新;环境规制会抑制 FDI 技术溢出效应,对技术创新产生间接影响。梁云、郑亚琴(2015)发现技术创新在 FDI 促进东部地区生产率提升过程中起部分中介的作用,即 FDI 对东部地区生产率的促进作用有一部分是通过提升其技术创新水平实现的,并形成了 FDI→技术创新→生产率提升的完整作用路径,但这种作用机制在中西部地区并不显著。在行业差异上,潘申彪、余妙志(2009)对 1999—

2006年我国工业企业行业数据进行实证分析后认为,当行业总体、高、中技术行业未达到门槛值时,外资企业对内资企业技术创新的促进作用并不显著;但在低技术行业中,这种促进作用却是显著的。王永军、邱兆林(2016)发现FDI对内资企业的技术研发能力具有显著的溢出效应,但对内资企业的创新成果转化的溢出效应不显著。FDI对非国有企业、出口导向型企业和资本密集型企业的创新溢出效应更明显(唐宜红、余峰、李兵,2019)。

### 5.4.2.1 研究假说

FDI大多以在我国投资建厂的形式进入,雇用国内劳动力,直接进行研发和产品生产。国内企业得以近距离地学习和模仿先进技术、产品和工艺,并在与外资企业的竞争中不断发展技术学习和开发的能力,从而促进企业创新。外资企业进入我国加剧行业内市场竞争,倒逼国内企业提升创新能力,通过技术变革缩小与外资企业的差距,从而促进技术创新。FDI进入后,分别通过产业关联与上下游企业建立联系,通过购买企业的中间产品和服务形成后向关联,同时通过向下游企业提供中间产品和服务形成前向关联。FDI引起的关联效应产生的规模效应使得企业有机会提高创新能力。因此提出研究假设。

假设2:FDI能够促进技术创新。

### 5.4.2.2 实证分析

对江西省11个地级市的外商直接投资与技术创新的关系进行检验,结果如表5-7所示。

**表5-7 FDI对于技术创新的影响**

| 变量 | Ⅰ | Ⅱ | Ⅲ |
|---|---|---|---|
| | Tech | Tech | Tech |
| FDI | 1.315*** | 0.720*** | 0.327** |
| | (15.28) | (5.56) | (2.77) |
| Pop | | 18.31*** | 15.38*** |
| | | (4.74) | (4.65) |
| UR | | 7.707* | 0.279 |
| | | (2.35) | (0.10) |
| Ener | | 14.39 | −2.624 |
| | | (1.85) | (−0.38) |
| TS | | | 9.802*** |
| | | | (8.72) |

表 5-7(续)

| 变量 | I | II | III |
|------|------|------|------|
|  | Tech | Tech | Tech |
| TL |  |  | 0.007 81 |
|  |  |  | (1.11) |
| 常数项 | −4.969*** | −292.1*** | −248.7*** |
|  | (−9.31) | (−5.06) | (−5.02) |
| N | 198 | 198 | 198 |

由表 5-7 可见,在模型 I 中,FDI 与技术创新在 1%统计水平上显著为正,说明外商直接投资促进了技术创新,其可能的路径是外商投资进入后,R&D 研发资金增多,促进了企业的技术创新。同时,另一个可能就是外资的进入,促进了企业的模仿创新。在模型 II 中,加入了控制变量人口、城镇化率以及能源结构,结果显示,外商直接投资与技术创新仍然统计显著为正,城镇化率在 10%水平上显著为正,城镇化的发展提高了技术创新。在模型 III 中,加入了控制变量产业结构高级化以及产业结构合理化,结果显示,外商直接投资在 5%水平上显著提高了技术创新。在控制变量方面,人口以及产业结构高级化显著增加了技术创新,而产业结构合理化没有比较明显的影响。

## 5.5 结论及建议

### 5.5.1 结论

运用 2000—2017 年江西省 11 个地级市面板相关数据,环境规制提高碳排放强度,"绿色悖论"在江西省成立。"绿色悖论"强调不完美的气候政策增加短期碳排放会增加碳排放。环境规制没有起到应有的限制碳排放、保护环境的作用,反正产生更多的环境污染。

首先对产业结构影响碳排放进行理论分析,并在分析江西省产业结构和碳排放现状的基础上,运用固定效应模型对产业结构影响碳排放强度进行实证分析,得出以下结论:从碳排放强度、产业结构和环境规制三者之间的关系来看,江西省环境规制与碳排放强度呈现正相关关系,即江西省环境规制加强反而会提高碳排放强度。目前的环境规制不能推动产业结构高级化发展,而产业结构升级能够减少碳排放,推动产业结构升级转型能有效促进节能减排目标的实现。

环境规制促进了 FDI,吸引外商直接投资的涌入,但 FDI 的提高会导致更大的环境污染,原因更多可能是 FDI 流入资源密集型企业,导致污染型企业不断扩大生产,增加了能源消耗在资源投入的占比,以此提高碳排放强度,从而导致了环境污染的加剧。FDI 在环境规制与碳排放之间发挥着中介作用,环境规制促进碳排放的作用路径是先提高 FDI,再由 FDI 扩大环境污染。

江西省产业结构升级和 FDI 均能够促进技术创新,前者可能的路径是随着产业结构的不断优化,R&D 投入不断增加,资金进入部分高新技术产业,从而带动了企业的技术创新。后者可能的路径是 FDI 进入后,带来先进的技术和管理经验,促进了企业的模仿创新。同时,人口显著促进了技术创新,这表明江西省的人口红利起到了巨大的优势,人口所产生的市场对产业结构和外资产生了吸引力,从而推动产业结构升级和外资进入,间接推动了技术创新。

### 5.5.2 建议

① 适度加强环境规制强度,合理选择环境规制工具。一方面,由前文可知,现阶段的环境规制强度不能发挥预期的"倒逼减排"效应,存在着"绿色悖论"现象。由于江西省环境规制强度不足,环境规制没有对碳排放强度起到很好的限制作用,应当进一步适度加强环境规制,既有利于碳减排,又有利于环保技术的创新。但也要警惕不切实际、盲目提高环境规制强度的跟风行为,以免环境规制对碳排放的影响轨迹出现"重组"现象,即倒 N 形,再次引发"绿色悖论"效应。另一方面,充分发挥环境规制的碳减排效应还需要选择合理的环境规制工具。环境标准、排放限额等"控制型"环境规制工具具有较强的强制性,对企业缺乏足够的激励;而排污权交易、环境补贴等"激励型"环境规制工具对企业技术创新提供持续的激励,有利于提高企业治污创新能力。同时要注重区域的异质性,经济发展程度不同,产业结构、FDI 的组成性质不同,环境规制对于碳排放的作用机制也不同,应采取差异化的措施。

② 对 FDI 的流入行业进行限制,提高行业进入壁垒。目前外商直接投资大多数是直接进入第二产业,进入资源密集型企业以及高污染行业。通过提高污染行业的外资进入壁垒,迫使污染型企业降低扩大生产的能力,从政策上限制 FDI 对于污染破坏的扩大。优化 FDI 的引资和用资策略,增强 FDI 的环境溢出效应。虽然高强度的环境规制有可能阻碍外资流入,但这并不意味着地方政府可以放松环境规制,因为低强度的环境规制可能会吸引一些高耗能高污染型企业,然而也有可能吓退低耗能和低污染型企业。因此,不能单纯为了引资而放松环境规制和忽略外资质量,应杜绝引进低质量 FDI,避免成为发达国家的"污染天堂"。

③ 内外并重,切实提高环保技术。实证结果表明,环境规制约束下技术创新并未显著减少碳排放强度。因此,对内应该增加研发投入和提高研发强度,因

地制宜采取针对性的激励政策,创造有利于江西省企业环保技术创新的外部环境,着力增强自身创新能力;对外积极引进与自身生产力水平、技术吸收能力相匹配的环保技术,并对其反向学习和二次开发,充分发挥后发优势,实现从技术引进到技术模仿再到自主创新的动态演进。另外,加强政府在引资过程中的导向作用,根据不同地区的要素禀赋条件制定合适的引资目标,统筹协调不同地区的引资政策,防止部分地区在引资过程中存在恶性竞争而导致环境规制水平降低,进而抑制 FDI 的环境溢出效应。

④ 推动产业结构升级,实现高质量发展。在发展过程中,实现经济增长方式的转变与经济发展模式的转轨。推动地区从劳动密集型增长方式向资本密集型、知识密集型增长方式转变,资源运营增长方式向产品运营、资产运营、资本运营、知识运营增长方式转变,经济增长动力由要素驱动向投资驱动、创新驱动转变,有效促进技术创新。加快淘汰高污染高耗能产业的落后产能,积极推进产业结构向节能型、高级化发展,积极推动第三产业和高新技术产业发展,并大力发展环保产业。按照“减量化、再利用、资源化”原则和走新型工业化道路的要求,采取各种有效措施,进一步改进产业结构和能源结构,从而降低碳排放。

⑤ 改善金融环境,缓解金融约束,加大企业研发资金投入。技术创新是促进我国经济增长的强劲动力,加大研发资金投入是增强创新能力的核心。着力于改善金融环境,为企业提供良好的融资环境,解决特别是中小型企业难以解决的贷款问题,那么加大对企业的研发投资有利于提升自身创新能力。充分发挥人口红利,扩大市场规模。人口对于区域技术创新有显著的促进作用,短期内充分意识到人口优势,充分利用窗口期,有效提高技术创新能力。推行削减碳排放的技术,提高能源利用效率。发展低碳能源和可再生能源,促进清洁能源的使用,改善能源结构,促进多元化、清洁型、节约型能源生产与消费结构的形成与演进。

# 6 绿色技术创新的中介效应研究

碳排放是导致全球温度上升的根本原因之一,而且,距离气候系统中不可逆转的临界点阈值可能是 2 摄氏度甚至更低(Steffen et al.,2018),形势相当严峻。作为世界上最大的二氧化碳排放国,中国承诺到 2020 年碳排放相比 2005 年下降 40％到 45％,为了达到有效减排目的,我国对 1987 年 9 月 5 日颁布的《中华人民共和国大气污染防治法》于 2015 年和 2018 年进行了两次修订,体现我国在碳减排工作上的决心,我国已经于 2018 年提前达到了所定目标。2017 年,江西省经济在全国排名第 16 位,处于中间位置,经济发展还需要进一步加速。但经济发展通常会带来能源消耗量的增加,进而带来碳排放的增加。截至 2018 年年底,江西省全省能源消费总量达 9 310.3 万 t 标准煤,较 2012 年增长 28.7％。单位能源消耗工业废气排放量在 2011 年达到顶点,此后开始下降,但是,2017 年江西省的单位能源消耗排放工业废气量却排在全国第 7 位,而且陈志建等(2018)预测江西省碳排放于 2040 年之后才会到达峰值。可以看出,相比其他经济发达省份如江苏省和浙江省,或者是经济欠发达省份如云南省、贵州省等,江西省一方面面临着经济发展提速的需求,另一方面又面临着环境污染的重大压力。新古典增长理论认为技术进步是人均产出持续增长的唯一动力,技术创新是实现环境保护与经济发展"双赢"目标的关键因素(Long et al.,2017)。发展经济学认为技术进步是降低能源耗费、减少环境污染、提高社会福利水平、提升创新溢出效应的重要手段。技术创新中,绿色技术创新是对环境友好的技术创新,更是技术创新的重要内容。因此,进行绿色技术创新,是江西省面临着经济发展与环境污染双重压力时的关键选择。为了达到碳减排目标,国家和地方政府制定了一系列的环境规制政策,但是环境规制政策对于碳减排的影响作用却尚不明确,以往的研究也尚未得出统一结论。有学者发现在环境规制影响碳减排的路径中,环境规制可以通过倒逼技术创新来作用于节能减排(李启庚、冯艳婷、余明阳,2020;赵立祥、赵蓉、张雪薇,2020)。从全球减排实践发展来看,实现减排与经济和谐发展的根本原因在于发展了更新、更有效的低碳技术来提高了能源使用效率(何彬、范硕,2017)。因此,技术创新在碳减排的任务中应该是具有决定性的,有必要深入探究技术创新在江西省环境规制中对节能减排的作用。

已有研究大多从绿色技术创新的总体出发,忽略了技术进步路径的可分性。然而不同的技术路径的作用可能是不一样的。如从技术创新的来源进行划分,可以分为自主创新和技术引进(何彬、范硕,2017;唐未兵,2014),而自主创新又可以划分为原始创新和模仿创新。从创新的导向可以分为有偏技术创新和无偏技术创新(Fellner,1961;Samuelson,1965);从技术创新的阶段可以分为技术创新投入、技术创新过程和技术创新产出三个阶段。从技术创新和环境的关系可以分为绿色技术创新和非绿色技术创新。WIPO 在 1971 年《斯特拉斯堡协定》中建立了国际专利分类(IPC),把技术分为 8 个部类,约 7 万个复分类,并且颁布了绿色专利 IPC 目录。绿色技术分为替代能源生产、运输、废物管理、农业和林业、行政、管理或设计方面及核能发电 7 个部类约 200 个小类别。WIPO 的绿色技术包括从原型到可销售产品的所有发展阶段的生态友好型技术,而专利可以作为技术创新的衡量指标。因此,绿色技术创新也可以从不同 IPC 专利部类的角度进行划分。近年已经有学者从技术创新的细分路径做了一些深入研究,如从自主创新(原始创新、模仿创新)和技术引进角度(何彬、范硕,2017;俞立平,2016)、有偏技术创新和无偏技术创新角度(宋炜、周勇,2016)探讨了各种创新对于碳减排的差异性作用,或者从环境规制对技术研发、技术转化、技术创新的投入和产出的差异性影响,尚没有从不同 IPC 部类角度划分的绿色技术创新角度进行研究。因此,本研究从不同绿色技术角度出发,研究江西省环境规制通过不同绿色技术中介对于碳排放的影响作用路径,以期为江西省政策制定和促进经济发展、空气清洁提供参考。

# 6.1　文献综述与研究假设

## 6.1.1　环境规制与碳排放

以往的研究表明环境规制对于碳减排具有影响,但是作用的效果具有很大的差异性。学者们认为环境规制会从两个路径来影响碳排放,一条路径是影响供给,最终造成碳排放增加。这个推论是基于"绿色悖论"理论。该理论认为环境规制在短期内并没有有效限制碳排放,而且会导致短期内石化能源开采加速进而导致短期内碳排放加速。另外一条路径是影响需求侧,通过征化石能源税及补贴清洁能源来影响化石能源需求,产生"倒逼减排"效应,从而呈现出双重效应。一般学者们认为,短期内环境规制促进了碳排放,但长期来说却会有效减少碳排放(Francesco Testa,Iraldo and Frey,2011;Ambec and Coria,2013)。可能是因为"倒逼减排"效应通常是通过促进技术创新等因素来"倒逼减排"的,而技术创新是需要一定时间才能产生效果的。而且,由于碳减排受众多因素的影响,如消费结构、产业结构、FDI、技术创新等,且环境规制的不同强度(张华、魏晓平,2014;柴泽阳、杨金刚、孙建,2016;张先锋,2014)和不同类型也使环境规制对于碳减排的作用路径变得更为复杂,从而导致以往的研究并没有得出一致的结论,最终的结果主要有以下几种:一是环境规制对于碳排放具有促进作用(Sinn,2008;刘传江,2016);二是环境规制对于碳排放具有抑制作用(傅京燕,2009;何小钢、张耀辉,2012;徐盈之,2015;项英辉、张豪华,2020);三是环境规制与碳排放之间呈倒 U 形作用(张华、魏晓平,2014;王旻,2017);环境规制与碳排放不存在显著的相关关系(何小钢、张耀辉,2011;王惠、王树乔,2015)等几种结论。尽管最后一种观点认为两者之间不存在关系,但是研究者认为可能是其选用的指标原因造成的。因此,从已有研究可以看出,环境规制对于碳排放应该是具有影响作用的。为了探索两者之间的关系,我们绘制了散点图如图 6-1 所示。从图中可以看出,两者之间大致呈正向促进作用。基于以上论述,我们做出以下假设。

假设 1:环境规制对人均碳排放具有显著正向促进作用。

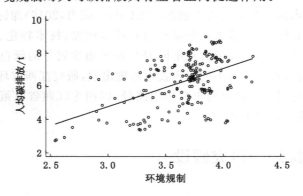

图 6-1　环境规制与人均碳排放的散点图

### 6.1.2　绿色技术创新的中介作用

绿色技术最先由国外学者 Lowe and Evans(1995)提出,是减少环境污染、降低能源及原材料消耗的技术、工艺或产品的总称。有学者认为绿色技术创新包括绿色产品创新和绿色工艺创新。也有学者认为绿色技术创新包括绿色产品创新、清洁工艺创新和末端治理技术创新。其实两种分类并没有本质区别,前者的绿色工艺创新应该包括后者的清洁工艺创新和末端治理技术创新。WIPO 认为绿色技术是保护环境,减少污染,以更可持续的方式使用所有资源,回收更多的废物和产品,并以更可接受的方式处理剩余废物,而不是它们所替代的技术,包括技术、程序、货物和服务、设备以及组织和管理程序"。从这个定义上看,WIPO 的绿色技术的概念涵盖的内容更为宽广,它不仅包括传统意义上的绿色技术,还涵盖了服务、管理和组织程序方面的内容,更为符合当今世界对于可持续发展的要求。因此,本研究采用 WIPO 有关绿色技术的定义,以涵盖更多的绿色技术。绿色技术的分类如表6-1 所示。

**表 6-1　绿色技术分类表**

| 一级分类 | 二级分类 | 三级分类 |
|---|---|---|
| 可替代能源产品 | 生物燃料 | 固体燃料;液体燃料;沼气;从基因工程生物体获取的燃料 |
| | 综合气化联合循环 | |
| | 燃料电池 | 电极;固定部件;利用混合生成部件 |
| | 生物质热解或气化 | |
| | 利用人造废料中的能量 | 农业废物;气化;化学废物;工业废物;医疗废物;垃圾填埋气、市政废物 |
| | 水电能源 | 水电厂;液体机器或发动机;机器或改动机的调节、控制 或安全手段;利用水的运动所产生的能量来推进船舶 |
| | 海洋热能转换 | |
| | 风能 | 发电机与机械联合驱动电机结构相关;风力涡轮机的结构方面;使用风力的车辆推进;使用风力发动机推进船舶 |
| | 太阳能 | 太阳能光电板(PV);利用太阳能;混合太阳能热 PV 系统;使用太阳能驱动的车辆;利用太阳能生产机械动力;屋面覆盖类能源收集装置;利用太阳能制造蒸汽;使用太阳能的制冷或制热泵系统;利用太阳能非公开是否或物体;太阳能集热器;太阳池 |
| | 地热能源 | 地热能源的使用;利用地热能源产生机械动力 |
| | 其他非燃烧产生或使用的热量,例如自然热 | 中央供暖系统中的热泵,其他家长或空间加热系统中的热泵;家用热水供应系统 中的热泵;使用热泵的空气或热水器;热泵 |
| | 废热利用 | 产生机械动力;利用内燃机的余热;利用蒸汽机厂的余热;利用燃气轮机的余热;作为制冷设备的能源来源;用于处理水、废水或污水;造纸生产中的余热回收;利用热载体的热容量来生产蒸汽;废物焚烧所产生的热能的回收;空调中的能量回收;使用来自熔炉、窑炉、烘炉或釜的余热的使用安排;蓄热式换热设备;气化设备 |
| | 利用肌肉能产生机械能的装置 | |

表 6-1(续)

| 一级分类 | 二级分类 | 三级分类 |
|---|---|---|
| 运输 | 一般交通工具 | 混合动力车,例如混合动力电动车(HEVs);无刷电机;电磁离合器;再生制动系统;利用自然力(如太阳能、风力)供电的电力推进装置;车辆钻电源电力推进;使用气态燃料(如氢气)的内燃机;自然力的电力供应(如太阳能、风);电动汽车充电站 |
| | 铁路车辆以外的车辆 | |
| 节能 | 电能储存 | |
| | 电源电路 | 具有节电模式 |
| | 耗电量测量 | |
| | 热能储存 | |
| | 低能耗照明 | 电致发光光源(如 led、oled、pled) |
| | 一般建筑隔热 | 绝缘建筑元 |
| | 回收机械能 | 车辆内的可充电机械式蓄能装置 |
| 废物管理 | 废物处置 | |
| | 处理废弃物 | 消毒杀菌;有害或有毒废物的处理;处理放射性污染物质、净化处理等;垃圾分类;污染土壤的复垦;废纸的机械处理 |
| | 燃烧消耗废物 | |
| | 废物利用 | 橡胶废料在制鞋中的应用;用废金属颗粒制造物品;利用废料生产水泥;用废材料作为砂浆、混凝土的填料;从废物或垃圾中生产肥料;废物的回收与加工 |
| | 污染控制 | 碳捕获和储存;空气质量管理;水污染控制;反应堆泄漏时防止放射性污染的方法 |
| 农业和林业 | 林业技术 | |
| | 替代灌溉技术 | |
| | 农药替代品 | |
| | 土壤改良 | 从废物中提取的有机肥料 |
| 行政、管理或设计方面 | 通勤,如 HOV,远程办公等 | |
| | 碳排放交易,如污染信用 | |
| | 静态结构设计 | |
| 核能发电 | 核工程 | 聚变反应堆;核(裂变)反应堆;核电站 |
| | 采用核源热源的燃气轮机发电厂 | |

资料来源:根据 WIPO 的绿色技术目录及相关资料整理。

为了改善环境、节约资源,实现可持续发展,世界各国都在积极寻求解决办法,但是无论是发达国家还是发展中国家都极力避免削减开支或限制能源的政策,因为他们认为这些政策会损害他们的工业增长或竞争力。"遵循成本"理论认为环境规制会导致企业的生产成本增加,从而损害企业的竞争力,进而损害到国家的整体经济发展。特别是对于发展中国家来说,正处于经济发展的关键时期,在这种情况下,如果削减开支或者限制能源的使用,在没有替代能源的情况下,短期内是对经济发展的限制。在此情况下,技术创新被认为是不仅有利于地球而且有利于商业和发展的最佳解决方案。根据"波特假说",环境规制政策可以触发创新,进而产生"创新补偿",从而弥补环境规制带来的成本增加,甚至可以使企业产生竞争优势(Porter et al.,1995)。波特认为环境法规主要通过几个渠道来促进技术创新:首先,通过正确制定环境法规可以向公司发出有关可能的资源效率低下和潜在技术改进的信号,引导企业进行技术创新;其次,环境法规可以减少为解决环境问题而进行的投资是否有价值的不确定性,鼓励企业进行绿色技术创新;再次,某些专注于信息收集的法规可以通过提高企业知名度从而使企业获得重大收益;最后,在人们对绿色创新对于成本的作用信息不了解的情况下,严格的监管有助于调节过度竞争的环境。此外,在学习可以降低基于创新的解决方案成本之前的短期内,严格的环境政策可以产生更大的创新及创新补偿。波特假说是在大量案例研究的结论基础上提出的,之后学者的研究提供了一些"波特效应"的实证证据(原毅军、陈喆,2019;Jaffe and Palmer,1997;Brunnermer and Cohen,2003;Hamamoto,2006;Yang,Tseg and Chen,2012)。此外,公共环境属于"公共物品",可能会出现"公地悲剧"现象,企业缺乏环境保护的动力,需要政府制定一些规制政策来强制性或激励性地促使企业进行绿色技术创新,从而减少环境污染行为。而环境规制的政策制定,一是基于"庇古理论",通过收取税金提高企业的负外部性的成本,或者给予减少污染行为的企业奖励,提升企业正外部性的收益,如当今实行的"排污费"或"环保补贴"制度。二是基于"科斯定理",通过明确公众的享受"清洁环境"的权力,运用公众力量来限制企业的污染行为。此外,市场上信息不对称现象普遍存在,企业也会主动向外部传递其进行技术创新等正向环境信息,通过减少信息不对称情况满足企业合法性要求等,使自身与那些环境绩效较差的企业相区别,从而提升二级市场上公众投资的信心(Bae et al.,2020;姚丽,2018),进而提升企业竞争力。无论是基于哪个理论,其根本都是环境规制增加了企业的生产成本或者是通过技术创新提升了企业的生产效率、降低了成本而抵消了环境规制带来的成本增加,最终环境规制对于技术创新的作用结果决定于各种力量的相对强弱。因此,从上面论述可以看出,环境规制和技术创新之间有着复杂的因果关系，以往的研究结论主要有环境规制抑制绿色技术创新、环境规制促进绿色技术创新、环境规制与绿色技术创新之间呈 U 形作用关系以及环境规制与绿色技术创新之间不存在确定关系四种结论。此外，可能由于区域、行业（张江雪、李乐颖、陈健，2015）、时间和其他条件的不同，环境规制对于不同技术创新的作用结果不同。

　　绿色技术创新意味着企业在生产过程中采取的创新技术会有更高的能源利用效率，在能源消费总量相同的情况下产生较少的碳排放（李志学、李乐颖、陈健，2019）。已有众多文献表明技术创新会显著改善环境污染（张宇、蒋殿春，2013；原毅军、谢荣辉，2015）。张鸿武、王珂英、殳蕴钰（2016）选取 1998—2013 年我国 36 个工业行业面板数据，采用环境效应分解模型与直接测算法，对技术进步与结构调整对我国工业碳减排中的影响进行实证分析。研究结果表明，技术进步能较大程度地促进工业碳减排。李志学、李乐颖、陈健（2019）运用 2011—2016 年我国 30 个省的面板数据进行研究，发现技术创新能力能够有效促进碳减排。但是在实证研究中，绿色技术创新对于碳减排的作用也存在着差异性。如何彬、范硕（2017）的研究发现了模仿创新相比原始创新和技术引进对于碳减排具有更好的效果，这与传统的观点认为原始创新比模仿创新和技术引进对于经济具有更好的促进作用的观点相悖（俞立平，2016）。郭沛、冯利华从有偏技术进步和无偏技术角度研究了有偏技术进步、要素替代与碳排放三者之间的关系，发现能源增强型技术进步导致的资本偏向是碳排放强度下降的主要原因。孙振清、李欢欢、刘保留（2020）从技术创新的投入和产出两个角度考察技术创新对于碳减排的作用，发现技术创新投入更有助于碳减排，技术创新产出作用较小，而且技术创新对于碳减排的作用还存在区域差异性。

　　在江西省现有的环境政策中，有些政策是直接限制企业排放污染的，如《江西省排污许可管理办法（试行）》，通过实行垂直管理，将区域内占比 70%以上排污单位纳入管理，对企业的排污进行严格监管，保证企业排污设施的正常运作，使企业达标排污。《江西省大气污染防治条例》通过规定涉及大气污染进行严格管理的类别，建立具体的管理条款，以减少大气污染。这些政策可以促使污染企业安装污染处理装置或设备，或者发展绿色生产技术，可能会促进那些替代能源技术、废物处理和污染控制的绿色技术的发展与扩散。有些政策则直接促进管理体制改革、科技创新平台建设和人才培养等，间接促进其他绿色技术的发展与扩散，进而真正地建立低碳社会，如《关于深化生态环境科技体制改革激发科技创新活力的实施意见》。因此，不同的环境规制政策可能对于不同类别的绿色技术创新的促进作用也是不同的。同时，为了探索环境规制与绿色技术创新之间的关系及绿色技术创新对碳排放的关系，绘制散点图如图 6-2、图 6-3 所示，从图中可以看出,环境规制与绿色技术创新、绿色技术创新与碳排放之间都呈正向作用。因此,基于以上论述,本研究做出以下假设。

假设2:环境规制对绿色技术创新具有显著正向影响作用,并且对于不同类别的绿色技术创新的作用具有差异性。

假设3:绿色技术创新在环境规制对碳减排的作用中起中介作用。

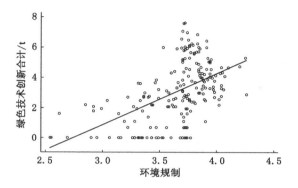

图 6-2　环境规制与绿色技术创新

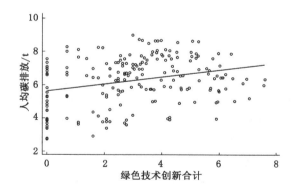

图 6-3　绿色技术创新与人均碳排放

## 6.1.3　研究模型

根据以上论述,假设环境规制既对碳排放产生直接影响,又可能通过绿色技术创新产生间接影响即中介作用,建立理论研究模型如图6-4所示。

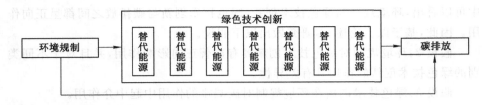

图 6-4    理论模型图

## 6.2    研究设计

### 6.2.1    样本选择和数据来源

本章选取江西省 11 个地级市 2000—2017 年的相关数据形成面板数据。其中,碳排放数据来源于《中国城市统计年鉴》经换算而成。绿色技术数据来源于专利汇数据库(https://www.patenthub.cn/),根据 WIPO 提供的绿色技术 IPC 号手工搜索得到。环境规制数据和其他控制变量来源于《中国城市统计年鉴》、《江西省统计年鉴》和 EPS 数据平台数据库。

### 6.2.2    变量测量

#### 6.2.2.1    被解释变量:人均碳排放(PC)

碳排放的测量可用净碳排放量和能源消耗碳排放量来表示。田秀杰、唐蕊、周春雨(2020)采用净碳排放来测算碳排放。净碳排放是碳源总量减去碳汇总量所得。参考 IPCC 指南,碳排放主要有能源消费、工业过程、废水和固体废弃物、农业活动、自然呼吸这五种来源,并从这五个方面进行碳排放核算。赵立祥、赵蓉、张雪薇(2020)和李斌、吴书胜(2016)选择煤炭、焦炭、原油、煤油、燃料油、汽油、柴油和天然气等能源消耗乘以能源碳排放系数来计算碳排放量。鉴于数据的可获取性,本研究采用赵立祥和李斌等学者的测算方法,运用江西省各市各种能源消耗量乘以相应的能源消耗系数之和得出各地碳排放总量。同时为了排除各地区经济发展不均衡的影响,用各地碳排放总量除以当地实际年末总人口数来作为碳排放的最终衡量指标。

#### 6.2.2.2    解释变量

(1)环境规制的测量(ER)

总结起来,国内外测量环境规制强度的方法主要有以下几类:一是从污染治理投资/支出角度进行衡量,如环境保护财政支出(郭进,2019)、污染物的治理投资额(江小国、何建波、方蕾,2019;朱金鹤、王雅莉,2018),排污费(郑石明,2019)等。二是从环境法规数量和相关管理制度方面衡量(郭进,2019;郑石明,2019)。三是从污染治理的效率角度进行衡量,如污染物排放量(张中元、赵国庆,2012)、废水排放达标率、二氧化硫去除率和固体废物综合利用率等(Hernandez,Picazo and Reig. 2000;Domazlicky and Weber,2004;李玲、陶锋,2012;徐敏燕、左和平,2013)。四是用工具变量来表示,如邝嫦娥、路江林(2019)、李敬子等(2015)采用市辖区建成区绿化覆盖率来作为环境规制的代理变量,是因为市辖区建成区绿化覆盖率与环境治理程度高度相关,受绿色技术创新的影响较小,因而可以有效缓解使用成本类变量所带来的内生性问题。通常来说,市辖区建成区绿化覆盖率越高,代表环境规制强度越强。本研究参考邝嫦娥、路江林(2019)的做法,采用建成区绿化覆盖率来衡量环境规制。

(2)绿色技术创新的衡量(GT)

技术创新的衡量通常运用 R&D 投入资金或人员(邝嫦娥、路江林,2019)、专利数据(郭进,2019;朱金鹤、王雅莉,2018;郭捷、杨立成,2020;林春艳,2019)或者全要素生产率(张娟等,2019;梁圣蓉、罗良文,2019)来衡量。本研究采用专利数据作为技术创新的测量指标。本研究对企业绿色创新的衡量方式具有以下优点:① 与自我报告的问卷调查数据相比,专利数据客观并且公开可得;② 适用于大样本,并且易于复制以用于后续研究;③专利表示重大的激进创新,而不是只有微小改进的创新。

因此,本研究参考林春艳(2019)的方法,采用绿色专利数量来衡量绿色技术创新,根据 WIPO 公布的绿色技术清单中的 IPC 号,在专利汇数据库(https://www.patenthub.cn/)中进行搜索。由于外观设计专利不涉及技术方案,因此只统计发明专利和实用新型专利的数据。用于衡量技术创新时,由于可能会有零专利的情况,统一加以处理,并取对数。

(3)控制变量的测量

① 产业结构(Indu)。产业结构是影响碳减排的重要因素,产业结构调整会引起能源消耗总量及结构发生改变,进而影响碳排放量(刘杰等,2019)。大多数学者用第二产业占 GDP 的比例来衡量产业结构,本研究参考刘杰等(2019)的计算方法,采用地区第二产业产值占国内生产总值的比重作为地区产业结构的表征指标。

② 外商直接投资(FDI)。随着经济全球化的发展以及我国对外开放程度的加深,中国已经成为世界上吸引最多直接投资的区域之一。外商投资一方面可以导致技术溢出促进国内企业技术进步(He,2006;许和连等,2012),进而减少碳排放,另一方面可能会产生"污染天堂"的作用。高耗能、高污染的行业可能转

移到中国，产生严重的"贸易引致型"环境污染。有研究用 FDI 的绝对值来衡量外商投资水平，为了排除区域差异造成的影响，有学者采用 FDI 与 GDP 的比值，有学者用人均 FDI 来表示。本研究将外商投资进入研究模型，采用地区人均 FDI 的对数来衡量外商投资强度（徐盈之、杨英超、郭进，2015）的方法。

③ 人口规模（Pop）。人类活动是影响生态环境的核心力量。通常人口规模越大，生活需求会越多，能源消耗也会越大，从而带来更大的碳排放。因此，本研究选取地区年末总人数并取对数来衡量人口规模（田秀杰、唐蕊、周春梅，2020）。

④ 能源消费结构（Ener）。化石能源在当前我国的主要能源消耗中占有重要比例，长期以来，江西省的化石能源消耗占总能源消耗的 90％以上，而化石能源是二氧化碳排放的主要来源。因此，能源结构是影响碳排放的重要因素。本研究参考齐亚伟（2018）的方法，采用原煤、洗精煤、其他洗煤和焦炭消耗量折算成标准煤消耗量后，计算其占总能源消耗量（折算成标准煤）的比例来衡量能源结构。

⑤ 城镇化水平（UR）。城市化是影响碳排放的重要因素，通常城市化可以通过经济增长效应、人力资本积累效应和技术进步效应三个效应来影响碳排放（李斌、吴书胜，2016）。根据加速数效应，经济增长通常会带来更多的投资，而投资增长会带来能源消耗增多，从而增加碳排放。城市的教育资源较为丰富，对于人力资本积累具有促进作用，进而促进技术创新，改善能源消耗结构、降低能源消耗强度，可以减少碳排放。此外，经济增长会带来居民收入增长。人们的生活水平提升，对于生活质量和出行会有更高的要求，一方面可能由于消费需求增加带来更多的能源消耗，另一方面可能由于个人消费水平的提高增加对绿色产品、绿色出行的需求，从而减少碳排放。因此，城镇化是碳排放的重要影响因素之一。本研究参考李斌、吴书胜（2016）的测量方法，用城镇人口占总人口的比重来表示城镇化水平。

### 6.2.3 总效应的模型选择

#### 6.2.3.1 环境规制对碳排放的"倒逼技术"路径模型选择

由于环境规制对碳排放的直接影响并非简单的线性关系，本研究引入环境规制的平方项以考察潜在的非线性影响。此外，为了验证环境库兹涅兹效应，引入环境规制的平方项。基于以上考虑，构建如下计量模型来衡量环境规制对碳排放影响的直接效应：

$$\ln C_{i,t} = \alpha_0 + \alpha_1 ER_{i,t} + \alpha_2 ER_{i,t}^2 + \alpha_3 IS_{i,t} +$$
$$\alpha_4 FDI_{i,t} + \alpha_5 HS_{i,t} + \alpha_6 ECS_{i,t} + \alpha_7 CL_{i,t} + \varepsilon_1 \quad (6\text{-}1)$$

其中：$C_{i,t}$ 表示 $i$ 城市在第 $t$ 年的 $CO_2$ 排放量；$ER_{i,t}$ 表示 $i$ 城市在第 $t$ 年的环境规制；$\alpha_0 \sim \alpha_7$ 为变量系数；$\varepsilon_1$ 代表随机误差项；其他控制变量包括产业结构（Indu）、外商投资水平（FDI）、人口规模（Pop）、能源消费结构（Ener）和城镇化水平（UR）。

为了考察理论部分提出的环境规制通过技术创新路径对碳排放的间接影响,我们将绿色技术创新作为中介变量以验证"倒逼技术减排"效应是否存在。此验证过程分两步进行。第一步以绿色技术创新（$GT_{i,t}$）为被解释变量,环境规制及其平方项作为主要解释变量,产业结构（Indu）、外商投资水平（FDI）、人口规模（Pop）、能源消费结构（Ener）作为控制变量,$\varepsilon_2$ 为随机误差项,建立如下计量模型：

$$\ln GT_{i,t} = \beta_0 + \beta_1 ER_{i,t} + \beta_2 ER_{i,t}^2 + \beta_3 IS_{i,t} +$$
$$\beta_4 FDI_{i,t} + \beta_5 HS_{i,t} + \beta_6 ECS_{i,t} + \beta_7 CL_{i,t} + \varepsilon_2 \qquad (6\text{-}2)$$

第二步,加入技术创新 $GT_{i,t}$ 作为主要解释变量,验证环境规制的"倒逼技术减排"效应：若实证结果中技术创新对碳排放影响显著,且环境规制会对技术创新产生明显影响,并通过中介效应检验时,我们就认为环境规制通过技术创新这一路径对碳排放产生"倒逼技术减排"效应。

$$\ln C = \gamma_0 + \gamma_1 ER_{i,t} + \gamma_2 ER_{i,t}^2 + \gamma_3 GT_{i,t} + \gamma_3 IS_{i,t} +$$
$$\gamma_4 FDI_{i,t} + \gamma_5 HS_{i,t} + \gamma_6 ECS_{i,t} + \gamma_7 CL_{i,t} + \varepsilon_3 \qquad (6\text{-}3)$$

#### 6.2.3.2 不同绿色技术创新路径的模型选择

为了深入探究不同绿色技术创新对于环境规制与碳排放的作用,把绿色技术创新分为 7 个分部的绿色技术创新,深入探索环境规制、绿色技术创新和碳排放三者之间的关系。其检验模型即把式（6-1）～（6-3）中的 $GT_{i,t}$ 换成 7 个分部的绿色技术即可。

## 6.3 数据分析与结果

### 6.3.1 数据的描述性分析

#### 6.3.1.1 各变量的描述性分析

表 6-2 列出了各变量的衡量及描述性统计指标。从表 6-2 中可以看出,江西省总的绿色技术创新水平并不太高,平均拥有 40.22 件绿色专利,最大值为 2 028,而最小值为 0,50% 的数量在 19.5 件以下。此外,不同类型的专利发展也不均衡,数量较多的集中在核电、行政、管理与设计、农业与林业、节能这些技术上,替代能源和运输的相关专利数量相当少,最大值仅分别为 17 件和 84 件。这和我国的管理制度和技术发展总体历程有关。核电技术发展大多是由国家主导并积极发展的,投入资源较大,因此发展较好。农业与林业一直是我国的传统重点产业,相关产品的安全性多年来受公众的关注,也引起国家的相应重视,无论是民间资本和个人还是国家在此方面都有一定的重视与投资。近年来,随着我国进入新的发展阶

段,逐渐出现了资源紧缺的现象,节能也开始被大家关注。因此各种节能技术也得到了一定的发展。而替代能源和运输方面,迄今为止,替代能源技术发展也还处于初级阶段,我国在此方面也没有取得重大的进展。在经历了快速的发展阶段后,江西省公路运输仍然是所有运输方式中运输量最大的方式。近年来我国的铁路技术大飞越,但是公路运输的主要工具汽车的来源相当一部分是欧美技术车辆而非日本技术车辆,欧美技术车辆对于节能减排的关注度并不高。近些年来,我国颁布了汽车尾气排放标准,限制高排放汽车的生产与销售,鼓励电动车、天然气能源车的发展,在一定程度上促进了运输绿色技术的发展,但是发展水平还远远不够。此外,所有分部的 P50 值均较低,都是小于 5 的个位数,也说明了江西省各分部的绿色技术发展水平非常低。

**表 6-2 变量的描述性统计表**

| 变量名称 | 衡量指标 | 平均数 | 标准差 | 最小值 | P50 | 最大值 |
|---|---|---|---|---|---|---|
| 碳排放量 | 人均碳排放 | 1 175 | 1 416 | 15.24 | 695.107 7 | 7 909 |
| 环境规制 | 建成区绿化覆盖率 | 40.22 | 10.75 | 12.70 | 41.265 | 70.92 |
| 绿色技术创新合计 | 绿色专利数量 | 114.9 | 263.40 | 0 | 19.50 | 2 028 |
| 替代能源 | 该类别的绿色专利数量 | 1.01 | 2.37 | 0 | 0 | 17 |
| 运输 | 该类别的绿色专利数量 | 4.965 | 10.76 | 0 | 1 | 84 |
| 节能 | 该类别的绿色专利数量 | 15.02 | 43.36 | 0 | 3 | 376 |
| 废物管理 | 该类别的绿色专利数量 | 15.90 | 35.00 | 0 | 2 | 257 |
| 农业与林业 | 该类别的绿色专利数量 | 25.48 | 57.77 | 0 | 4 | 431 |
| 行政、管理与设计 | 该类别的绿色专利数量 | 26.22 | 59.59 | 0 | 4 | 442 |
| 核电 | 该类别的绿色专利数量 | 26.32 | 59.88 | 0 | 4 | 446 |
| 外商投资水平 | 人均 FDI | 783.70 | 769.4 | 12.39 | 543.94 | 3 647 |
| 人口规模 | 地区年末人口总数 | $4.00 \times 10^6$ | $2.26 \times 10^6$ | $1.04 \times 10^6$ | $4.55 \times 10^6$ | $8.64 \times 10^6$ |
| 能源消费结构 | 化石能源消耗占总能源消耗比例 | 0.982 | 0.022 3 | 0.879 | 0.992 8 | 0.998 |
| 产业结构 | 地区第二产业产值/国内生产总值 | 50.020 9 | 9.613 7 | 24.020 0 | 50.750 0 | 67.480 0 |

表 6-2(续)

| 变量名称 | 衡量指标 | 平均数 | 标准差 | 最小值 | P50 | 最大值 |
|---|---|---|---|---|---|---|
| 城镇化 | 城镇年末人口总数/<br>地区年末人口总数 | 0.27 | 0.195 | 0.053 4 | 0.189 8 | 0.75 |

#### 6.3.1.2　江西省碳排放总量及其时间演化

江西省各地区的碳排放总量随时间演化的折线图,如图 6-5 所示(上饶市数据缺失)。从图 6-5 中可以看出,江西省的各地区的碳排放总量随着时间的推移,在总体上呈现出上涨的趋势,排在前三位的城市为九江、新余和萍乡。但是除了九江,其他地区的上涨幅度并不太大。此外,在 2009—2010 年间,江西省所有地级市的碳排放都经历了一个显著上涨到显著下降的过程,其中九江、新余、萍乡与宜春 4 个市的波动更大。这和 2007 年亚洲金融危机的时间相符合。此外,除了宜春和抚州,其他城市在 2016 年后都显示出碳排放总量的下降趋势。

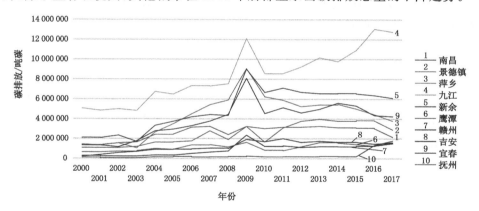

图 6-5　江西省各市碳排放时间分布图

#### 6.3.1.3　江西省绿色技术创新及其时空演化

#### (1)绿色技术创新的时间演化

图 6-6 为江西省地级市 2000—2017 年的绿色技术专利数量时间分布图。从图 6-6 可以看出,南昌、九江、新余和上饶的绿色专利数量都呈现了先增长再下降的趋势。技术专利数量的高点都在 2016 年。江西省萍乡、赣州、吉安、九江和鹰潭 5 个地级市的绿色专利分布趋势类似,其中前 3 个城市的绿色技术专利数量从 2014 年开始显著增多,逐年递增,2017 年达到顶点,鹰潭从 2015 年开始绿色技术专利数量显著增多,九江从 2016 年开始显著增多。景德镇、宜春和抚

州的绿色技术专利数量分布类似,呈现先上升再下降然后再上升的趋势。在 7 个分部的绿色技术专利中,发展较好的绿色技术为替代能源、节能、废物管理、农业与林业和核电,而运输以及行政、管理与设计类的绿色技术专利数量较少,发展较为滞后。这和我国经济发展的实际情况紧密联系。当我国进入新的发展阶段后,首先面临的紧迫问题是资源紧迫和环境污染,对替代能源、节能和核电方面的技术需求大量增加,因而促进了相关技术的发展。而农业与林业,前者关系到食品安全,更是我国的支柱产业,一直是老百姓最为关注的方面,后者是我国确保改善沙漠化、减少雾霾的重要手段,因此相关技术发展也较快。我国运输业的迅速发展是近十年的事情。私家车的普及除了带来交通拥挤外,还带来了汽车尾气造成的空气污染。近些年,国家大力推行清洁能源汽车,如天然气车和电车的发展,一定程度上促进了相关技术的发展,但是发展速度尚未达到高速。而行政、管理与设计方面的绿色技术,主要是涉及制度建设、流程和绿色设计方面,都是近些年才引起大家关注的,因此相关技术发展并不成熟。除了政府建立相关制度外,企业里面的行政、管理与设计方面的绿色技术显得不如硬技术那样受到人们的重视,从而导致发展滞后。

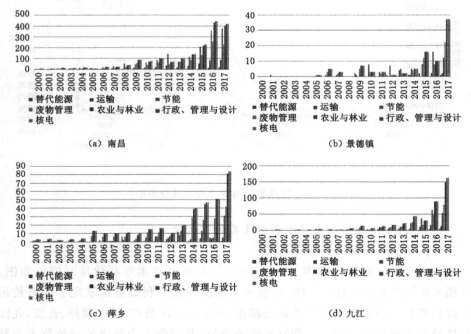

图 6-6　江西省地级市 2000—2017 年的绿色技术专利数量时间分布图(单位:个)

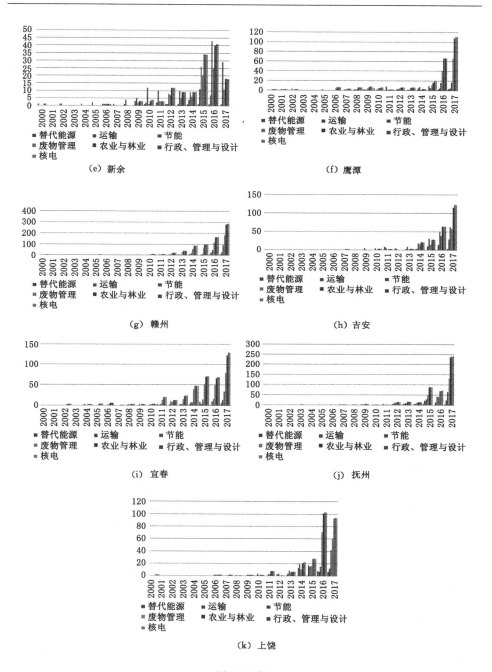

图 6-6(续)

（2）绿色技术创新的时空演化分析

已有研究表明,地区碳排放、技术创新和环境规制都具有较强的空间相关性,因此可以利用空间计量模型进行空间分析。空间自相关通常用来测度与判断具有某种经济属性的空间分布与其临近区域是否存在相关性及相关程度,它能形象直观地表达某种经济现象的空间关联性与差异性,从地理空间上找出区域经济属性的分布特征和规律,是否有聚集特性或相互依赖性存在。通常运用 Moran's I 指数来验证变量之间是否存在空间相关性。Moran's I 指数的计算公式如下:

$$I = \frac{n\sum_{i=1}^{n}\sum_{j=1}^{n}w_{ij}(x_i - \bar{x})(x_j - \bar{x})}{\sum_{i=1}^{n}\sum_{j=1}^{n}w_{ij}(x_i - \bar{x})^2} = \frac{\sum_{i=1}^{n}\sum_{j\neq 1}^{n}w_{ij}(x_i - \bar{x})(x_j - \bar{x})}{S^2\sum_{i=1}^{n}\sum_{j=1}^{n}w_{ij}} \quad (6-4)$$

其中,$n$ 为样本量,即空间位置的个数。$x_i$ 和 $x_j$ 是空间位置 $i$ 和 $j$ 的观察值,空间权重 $w_{ij}$ 表示空间位置 $i$ 和 $j$ 的邻近关系,全局 Moran's I 指数的取值范围为 $[0.1,1]$,大于 0 意味着正相关,取值越大,区域经济属性因相似而聚集的程度越高;小于 0 表示负相关,取值越小,区域经济属性因相异而聚集的程度越高;等于 0 意味着不存在空间自相关性。

对于 Moran's I 指数,可以用标准化统计量 $Z$ 来检验 $n$ 个区域是否存在显著的空间自相关关系。$Z$ 的计算公式为:

$$Z = \frac{1 - E(I)}{\sqrt{Var(I)}} = \frac{\sum_{j\neq 1}^{n}w_{ij}(d)(x_j - \bar{x}_i)}{S_i\sqrt{w_i(n-1-w_i)/(n-2)}} \quad j \neq i \quad (6-5)$$

$E(I)$ 和 Var($I$) 是其理论期望和理论方差。数学期望 $E(I) = -1/(n-1)$。显著性水平通常取 0.05,临界值为 1.96。$Z > 1.96$ 时,属性高值与属性高值聚集,低值与低值聚集,呈现空间聚集特征;$Z < -1.96$ 时,属性高值与属性低值聚集,低值与高值聚集,呈现空间异常特征;$|Z| < 1.96$ 时,变量的区域空间自相关性不显著,呈随机分布。

运用软件 Arcgis10.7 计算 Moran's I 和 $Z$ 值如表 6-3 所示。从表 6-3 中可以看出,江西省各地区的绿色技术创新在 2000—2017 年期间的 Moran's I 指数均不大,趋近于 0,绝对值不大。2003—2005 年、2009 年、2012 年和 2017 年的 Moran's I 指数为负,说明在这些年份中,取值越大,江西省各地市的区域经济属性因相同而聚集的程度越高。其他年份的 Moran's I 为负值,说明在这些年份中,取值越小,江西省各地市的区域经济属性因相异而聚集的程度越高。$Z$ 值绝对值都小于 1.96,整体空间自相关都不显著,说明江西省各地区在空间上,绿色技术创新空间自相关性不显著,呈随机分布。

表 6-3 绿色技术创新的 Moran's I 指数与 Z 值表

| 年份 | Moran's I | $E(I)$ | 标准差 | $Z$ | $P$ |
|---|---|---|---|---|---|
| 2000 年 | −0.530 8 | −0.100 0 | 0.058 6 | −1.780 1 | 0.075 1 |
| 2001 年 | −0.217 7 | −0.100 0 | 0.058 1 | −0.488 1 | 0.625 5 |
| 2002 年 | −0.213 1 | −0.100 0 | 0.052 5 | −0.493 8 | 0.621 5 |
| 2003 年 | 0.103 9 | −0.100 0 | 0.049 7 | 0.914 7 | 0.360 3 |
| 2004 年 | 0.104 5 | −0.100 0 | 0.051 9 | 0.897 0 | 0.369 7 |
| 2005 年 | 0.011 4 | −0.100 0 | 0.059 6 | 0.456 2 | 0.648 3 |
| 2006 年 | −0.048 9 | −0.100 0 | 0.050 3 | 0.228 3 | 0.819 4 |
| 2007 年 | −0.105 7 | −0.100 0 | 0.046 7 | −0.026 4 | 0.978 9 |
| 2008 年 | −0.017 0 | −0.100 0 | 0.050 9 | 0.367 6 | 0.713 2 |
| 2009 年 | 0.088 4 | −0.100 0 | 0.035 7 | 0.997 7 | 0.318 4 |
| 2010 年 | −0.254 1 | −0.100 0 | 0.035 7 | −0.820 5 | 0.411 9 |
| 2011 年 | −0.022 0 | −0.100 0 | 0.041 8 | 0.381 6 | 0.702 8 |
| 2012 年 | 0.102 4 | −0.100 0 | 0.051 0 | 0.896 3 | 0.370 1 |
| 2013 年 | −0.040 6 | −0.100 0 | 0.051 0 | 0.263 0 | 0.792 5 |
| 2014 年 | −0.108 7 | −0.100 0 | 0.064 8 | −0.034 3 | 0.972 6 |
| 2015 年 | −0.074 0 | −0.100 0 | 0.049 2 | 0.117 0 | 0.906 8 |
| 2016 年 | −0.120 7 | −0.101 1 | 0.041 9 | −0.101 1 | 0.919 5 |
| 2017 年 | 0.047 3 | −0.100 0 | 0.052 0 | 0.646 2 | 0.518 2 |

由于整体空间不相关,有必要从局部探求空间相关性,因此引入局部空间自相关性分析。为了能识别局部空间自相关,每个空间位置的局部空间自相关统计量的值都要计算出来。空间位置为 $i$ 的局部 Moran's I 的计算公式为:

$$I_i = \frac{(x_i - \bar{x})}{S^2} \sum_j w_{ij} (x_j - \bar{x}) \qquad (6\text{-}6)$$

局部 Moran's I 指数检验的标准化统计量为:

$$Z = \frac{I_i - E(I_i)}{\sqrt{\mathrm{Var}(I_i)}} \qquad (6\text{-}7)$$

$E(I_i)$ 和 $\mathrm{Var}(I_i)$ 是其理论期望和理论方差。

局部 Moran's I 的值大于 0 并且通过检验时,表明该空间单元与邻近单元的属性值相似("高—高"或"低—低");局部 Moran's I 的值小于 0,表明该空间单元与邻近单元属性值相异("高—低""低—高")。其取值越大,说明这个区域单元对相邻单元的辐射效应越大。

运用 Arcgis10.7 软件进行局部空间自相关分析。除了 2005 年、2009 年、2010

年、2016 年和 2017 年这 5 年外,其他年份江西省都有部分地区局部自相关显著。与周边城市出现集聚的城市主要有赣州、萍乡、九江以及上饶。早期,赣州和萍乡的绿色技术创新做得较好,对周边地区产生带动作用。如 2000 年赣州与周边城市呈现 HL 聚集,2001 年萍乡加入赣州的团队,绿色技术创新快速发展,和周边地区呈现为 HL 聚集。九江早期属于绿色技术创新发展较为落后的区域,如 2002 年,九江和周边地区的绿色技术创新呈现 LH 集聚,说明九江的绿色技术创新发展较为落后,被周边地区所带动。但是它很快迎头赶上,2004 年就与周边城市出现了 HH 集聚,这说明它的发展较为迅速,中间于 2006 年和 2015 年出现了 LH 集聚,然后又是 HH 集聚,这说明九江地区与周边地区的绿色技术创新形成了良好的互动氛围,互相带动、共同进步,充分体现了技术创新的溢出效应。上饶的绿色技术创新近年来显著发展缓慢,在 2014 年和 2015 年都与周边地区呈现 LL 集聚,这说明该地区与周边地区的绿色技术创新发展均较为落后,结合同期的另外的集聚点,九江与上饶也相邻,而且九江是 HH 集聚,这说明与上饶呈现 LL 集聚的城市主要应该是景德镇和鹰潭两个城市,这也说明这两个城市的绿色技术创新发展也不是很好。

## 6.3.2 回归结果分析

### 6.3.2.1 环境规制与人均碳排放水平的回归分析

对于面板数据,通常采用固定效应模型和随机效应模型进行检验,为了确定到底应该运用哪个模型,我们进行了 Hausman 检验。检验结果发现在 5% 水平上拒绝原假设,因此,我们使用固定效应模型。表 6-4 列出了主效应回归分析的结果,其中模型 1 和模型 2 是对假设 1 进行的验证,模型 3 和模型 4 是用碳排放总量取对数来代替人均碳排放量。进行的回归分析。模型 1 的验证结果发现环境规制在显著性 0.1 水平上对人均碳排放呈现显著正向影响,回归系数为 0.509,这说明江西省的环境规制对于人均碳排放的影响还处于"绿色悖论"阶段,并未对人均碳减排起到抑制作用,但系数较小,说明环境规制对于人均碳排放增加的提高幅度并不是很大。此外,外商投资水平在显著性 1% 的水平上显著正向提高江西省的人均碳排放量,这说明外商投资给江西省带来更多的空气污染,呈现了"污染天堂"的现象。能源消费结构与人均碳排放呈正向作用,表明能源消耗中化石能源的比例越大,人均碳排放相应会越高。其他控制变量对于碳排放的影响虽然不显著,但是人口规模和产业结构对于碳排放都是正向影响,这与预期相符。通常来说,人口规模越大,能源消耗会越多,碳排放量会增多。产业结构是用第二产业产值占国内生产总值的比例来衡量的,数值越大,表明第二产业产值越大。第二产业为工业,工业污染一般占整体污染的大部分,因此,随着工业规模的加大,通常碳排放总量是会增加的。除非广泛采用减少碳排放的技术创新,并且减少效应大于工业规模的增加效应。城镇化水平对于碳排放是负向影响,说明在江西省,城镇化发展带来的人力资本积累效应和技术进步效应超过了经济增长效应,从而降低了江西省的人均碳排放水平。

表 6-4    环境规制与人均碳排放水平的回归分析结果

| 指标 | 模型 1 | 模型 2 | 模型 3 | 模型 4 |
|---|---|---|---|---|
| | PC | PC | ln C | ln C |
| 常数项 | −43.280 0 | −42.820 0 | −50.230 0 | −49.770 0 |
| | (40.140 0) | (37.320 0) | (40.090 0) | (37.230 0) |
| ER | 0.509 0** | −1.189 0 | 0.509 0** | −1.210 0 |
| | (0.208 0) | (1.488 0) | (0.208) | (1.486 0) |
| ER² | | 0.245 0 | | 0.248 0 |
| | | (0.228 0) | | (0.228 0) |
| ln FDI | 0.247 0*** | 0.240 0** | 0.247 0*** | 0.239 0** |
| | (0.077 1) | (0.078 3) | (0.076 9) | (0.078 1) |
| ln Pop | 2.421 0 | 2.551 0 | 3.423 0 | 3.555 0 |
| | (2.663 0) | (2.547 0) | (2.660 0) | (2.542 0) |
| Ener | 10.190 0* | 10.720 0** | 10.200 0* | 10.740** |
| | (4.782 0) | (4.521 0) | (4.771 0) | (4.510 0) |
| Indu | 0.000 3 | 0.001 2 | 0.000 3 | 0.001 1 |
| | (0.004 7) | (0.004 8) | (0.004 7) | (0.004 7) |
| UR | −0.594 0 | −0.591 0 | −0.584 0 | −0.581 0 |
| | (1.694 0) | (1.715 0) | (1.699 0) | (1.721 0) |
| N | 198 | 198 | 198 | 198 |
| $R^2$ | 0.622 0 | 0.625 0 | 0.651 0 | 0.654 0 |

注:*、**、*** 分别表示在 10%,5%,1% 水平下显著,括号内数值为 t 统计量。本章以下各表同。

为了验证"环境库兹涅兹曲线",模型 2 加入了环境规制的平方项,但回归结果显示,环境规制及其平方项与人均碳排放并不显著,说明江西省的环境规制与人均碳排放之间并不存在显著的曲线关系。因此,在之后的中介效应分析中不加入环境规制的平方项。

更换变量后,模型 3 和 4 与模型 1 和 2 呈现类似的结果,就是外商投资水平的显著性下降。

因此,假设1得到验证,江西省的环境规制政策对于江西省的碳排放具有显著正向影响。

### 6.3.2.2 绿色技术创新的中介效应回归分析

#### (1)环境规制与绿色技术创新的回归分析

表6-5是对假设2的验证。从模型5可以看出,当因变量换成绿色专利代表的绿色技术创新时,环境规制在1‰的水平上显著正向影响绿色技术创新。这也从江西省各城市的绿色技术创新时间演化图中可以得到证明,在江西省的各种环境规制政策下,江西省各地区的绿色技术有了一定的发展,特别是2015年以后,但是之前的相当长时期,各种绿色技术专利数量均是较低的数字。模型6~模型12检验了环境规制对于7个不同部类绿色技术创新的作用差异性。从表6-5中可以看出,除替代能源绿色技术创新外,环境规制对其他6个分部的绿色技术创新都具有显著正向促进效应,均具有1‰的统计显著性水平。但环境规制对于替代能源绿色技术创新的影响为不显著的负向效应。这说明江西省现有的环境规制政策并不能显著促进替代能源技术的发展,反而呈现出一定的抑制作用。在显著促进的6个分部绿色技术中,促进作用从大到小排列,依次为节能技术、运输绿色技术、核电技术、"行政、管理和设计绿色技术"、农业与林业绿色技术和废物管理绿色技术。外商投资水平对总体绿色技术创新和废物管理、农业与林业、"行政、管理与设计"及核电4个分部的绿色技术创新具有显著促进作用,但是系数均不大。这说明外商投资在客观上促进了部分绿色技术的发展,无论是增加投资还是引入新技术,都很好地发挥了技术溢出作用。假设2得到验证,江西省环境规制对于绿色技术创新具有显著正向影响。

**表6-5 环境规制与绿色技术创新的回归分析**

| 指标 | 模型5 绿色技术创新 | 模型6 替代能源 | 模型7 运输 | 模型8 节能 | 模型9 废物管理 | 模型10 农业与林业 | 模型11 行政、管理与设计 | 模型12 核电 |
|---|---|---|---|---|---|---|---|---|
| 常数项 | −283.600 0** | −112.9*** | −163.6*** | −265.6*** | −234.9** | −247.1** | −247.3** | −248.0** |
| | (121) | (15.33) | (38.43) | (70.90) | (81.92) | (90.95) | (91.39) | (91.50) |
| ER | 1.475 0*** | −0.088 4 | 0.796*** | 0.866*** | 0.638*** | 0.792*** | 0.807*** | 0.808*** |
| | −0.394 | (0.158) | (0.193) | (0.248) | (0.200) | (0.235) | (0.232) | (0.233) |
| FDI | 0.510 0** | 0.052 9 | 0.090 5 | 0.271* | 0.309* | 0.378** | 0.375** | 0.375** |
| | −0.196 0 | (0.068 9) | (0.106) | (0.147) | (0.154) | (0.162) | (0.164) | (0.164) |

表 6-5（续）

| 指标 | 模型 5 绿色技术创新 | 模型 6 替代能源 | 模型 7 运输 | 模型 8 节能 | 模型 9 废物管理 | 模型 10 农业与林业 | 模型 11 行政、管理与设计 | 模型 12 核电 |
|---|---|---|---|---|---|---|---|---|
| ln Pop | 17.710 0* −8.037 0 | 7.488*** (0.996) | 10.26*** (2.553) | 16.86*** (4.781) | 14.39** (5.395) | 15.01** (6.004) | 15.04** (6.035) | 15.08** (6.043) |
| Ener | 11.560 0* −6.372 0 | −0.370 (2.509) | 5.890 (4.360) | 8.468 (6.633) | 14.87** (5.122) | 17.47*** (5.234) | 17.30*** (5.444) | 17.42** (5.509) |
| Indu | −0.025 1 −0.025 5 | −0.016 1* (0.008 6) | −0.009 82 (0.012 5) | −0.022 5* (0.011 6) | −0.022 2 (0.020 8) | −0.026 9 (0.023 3) | −0.029 1 (0.023 3) | −0.029 2 (0.023 5) |
| UR | 8.978 0 −7.027 0 | 7.743** (3.172) | 7.331** (2.723) | 8.309* (3.945) | 10.63 (6.287) | 10.49 (6.486) | 10.68 (6.562) | 10.63 (6.549) |
| $N$ | 198 | 198 | 198 | 198 | 198 | 198 | 198 | 198 |
| $R^2$ | 0.671 0 | 0.481 | 0.566 | 0.717 | 0.629 | 0.640 | 0.637 | 0.637 |

人口规模对于绿色技术创新总体及 7 个分部的绿色技术创新作用显著，这一定程度上证明了人力资本积累效应的存在。能源消费结构正向影响总体绿色技术创新及废物管理、农业与林业、"行政、管理与设计"和核电 4 个分部的绿色技术，说明以化石能源为主的江西省，忽视了替代能源技术、运输绿色技术和节能技术的重要性，特别是汽车产业还是江西省的一个重要的支柱型产业情况下。如果不改变现状，会对整个江西省的产业升级带来负面影响。城镇化水平显著负向影响替代能源和节能绿色技术发展。这说明江西省在城镇化迅速发展时期，忽略了替代能源与节能技术的发展。

从以上论述可以看出，假设 2 得到验证，江西省环境规制正向显著影响绿色技术创新，且对于不同分部的绿色技术影响具有差异性。环境规制对于替代能源技术为负作用，对于节能技术、核电、"行政、管理与设计"绿色技术的正向促进作用最大。与描述性统计中的数据对比，正好与绿色技术的发展水平相一致。这说明了江西省环境规制政策在促进节能技术、核电、"行政、管理与设计"等绿色技术的发展方面比较有效，而对于替代能源技术发展具有抑制作用，相关政策不合理，应该重点予以改变。此外，从计算结果还可以得出一个结论，江西省未来应该大力发展替代能源、运输类及废物管理类的绿色技术。因为替代能源类的专利数量最少，而且当前环境规制政策对于该类别的技术起到抑制作用。运输类的绿色技术总数排在倒数第二位，而现有环境规制政策对于其发展的正向促进效果较好（第四位），有较大的发展潜能。废物管理类的绿色专利数量排在倒数第三位，而环境规制对它的正向促进作用排在 6 个显著的分部技术中的最后一个,这说明江西省环境规制政策在促进废物管理技术发展方面的效果不尽人意,政策待改善的空间较大。

(2) 环境规制、绿色技术创新与人均碳排放的回归分析

表 6-6 列出了绿色技术创新的中介效应分析结果。模型 13 和模型 14 检验了式(6-3)的结果,模型 13 以人均碳排放作为因变量,在式(6-1)的基础上加入绿色技术创新变量,检验环境规制、绿色技术创新对于碳排放的显著性。模型 14 以碳排放总量的对数值作为因变量进行检验。从模型 13 可以看出,绿色技术创新的中介效应显著(在 5% 水平上显著),加入绿色技术创新后,环境规制对于碳排放的作用同样显著,这说明绿色技术创新在环境规制与碳排放之间起到了部分中介效应。环境规制通过绿色技术创新的部分中介作用正向影响碳排放,并且由于绿色技术创新的作用,减少了对于碳排放的促进效果(从 0.509 到 0.383),在一定程度上验证了"波特效应"的存在。模型 14 更换了碳排放的变量后,结果完全一致,稳健性通过验证。

**表 6-6　环境规制、绿色技术创新与人均碳排放主效应与中介效应结果**

| 指标 | 模型 13 | 模型 14 |
|---|---|---|
| | PC | ln C |
| 常数项 | −19.130 0 | −26.06 |
| | (−34.900 0) | (34.85) |
| ER | 0.383 0* | 0.384* |
| | (−0.179 0) | (0.179) |
| GT | 0.085 2** | 0.085 2** |
| | (−0.032 4) | (0.032 4) |
| FDI | 0.204** | 0.204** |
| | (−0.069 3) | (0.069 1) |
| ln Pop | 0.9130 | 1.913 |
| | (−2.308 0) | (2.306) |
| Ener | 9.203* | 9.214* |
| | (−4.292 0) | (4.280) |
| Indu | 0.002 5 | 0.002 4 |
| | (−0.005 4) | (0.005 4) |
| UR | −1.359 0 | −1.349 |
| | (−1.196 0) | (1.200 0) |
| $N$ | 198 | 198 |
| $R^2$ | 0.646 0 | 0.673 |

为了验证各个分部绿色技术的中介作用,把式(6-3)中的绿色技术创新分别换为 7 个分部的绿色技术数据,检验结果如表 6-7 所示。模型 15～21 检验了 7 个分部的绿色技术的中介效应。从表 6-6 可以看到,在模型 1 的基础上分别加入 7 个分部的绿色技术创新,绿色技术创新的系数并不显著,说明各分部的绿色技术创新的中介作用都不显著。但是系数都为正数,这与绿色技术创新的总体效应一致。结合前面对于绿色技术创新的详细数据分析,可以发现造成此现象的根本原因是江西省各个分部的绿色技术创新水平都处在低层次上,其"创新补偿"作用或由于数量较少而对于总体碳减排影响较小,或由于创新层次较低,缺乏开创性的、革命性的重大突破,尚不能充分发挥其在生产效率提升、生产成本降低、能源节约及污染处理等方面的能力,从而对碳减排的作用甚微。但是可以看到,加入各个分部的替代变量后,环境规制对于人均碳排放的系数发生了改变,其中替代能源的环境规制对于人均碳排放的影响系数增大了(由 0.509 0 变为 0.510 0),而其他绿色技术的环境规制系数减小了(由 0.509 0 分别变为 0.455 0、0.452 0、0.472 0、0.463 0、0.460 0 和 0.460 0)。这说明除了替代能源外,其他绿色技术在一定程度上能够减少环境规制对于人均碳排放的促进作用,也一定程度上证实了"创新补偿"作用的存在。但是由于绿色技术创新的发展水平不够充分,技术创新的"波特效应"没有超过"成本效应",因此在整体上并未显著呈现减排效应。

表 6-7    各分部绿色技术创新的中介作用检验

| 指标 | 模型 15 | 模型 16 | 模型 17 | 模型 18 | 模型 19 | 模型 20 | 模型 21 |
|---|---|---|---|---|---|---|---|
| | 替代能源 | 运输 | 节能 | 废物管理 | 农业与林业 | 行政、管理与设计 | 核电 |
| 常数项 | −42.070 0 | −32.200 0 | −25.950 0 | −29.790 0 | −28.860 0 | −28.420 0 | −28.270 0 |
| | (43.600 0) | (41.890 0) | (40.560 0) | (41.700 0) | (41.430 0) | (41.130 0) | (41.110 0) |
| ER | 0.510 0** | 0.455 0** | 0.452 0* | 0.472 0** | 0.463 0** | 0.460 0** | 0.460 0** |
| | (0.211 0) | (0.200 0) | (0.210 0) | (0.196 0) | (0.194 0) | (0.194 0) | (0.194 0) |
| 替代能源 | 0.010 7 | | | | | | |
| | (0.054 3) | | | | | | |
| 运输 | | 0.067 8 | | | | | |
| | | (0.059 1) | | | | | |

表 6-7(续)

| | 模型 15 | 模型 16 | 模型 17 | 模型 18 | 模型 19 | 模型 20 | 模型 21 |
|---|---|---|---|---|---|---|---|
| | 替代能源 | 运输 | 节能 | 废物管理 | 农业与林业 | 行政、管理与设计 | 核电 |
| 节能 | | | 0.065 3 | | | | |
| | | | (0.051 7) | | | | |
| 废物管理 | | | | 0.057 4 | | | |
| | | | | (0.047 4) | | | |
| 农业与林业 | | | | | 0.058 4 | | |
| | | | | | (0.044 7) | | |
| 行政管理或设计 | | | | | | 0.060 1 | |
| | | | | | | (0.043 5) | |
| 核电 | | | | | | | 0.060 5 |
| | | | | | | | (0.043 5) |
| FDI | 0.247 *** | 0.241 *** | 0.230 ** | 0.230 ** | 0.225 ** | 0.225 ** | 0.225 ** |
| | (0.077 1) | (0.074 0) | (0.074 0) | (0.074 4) | (0.073 7) | (0.073 4) | (0.073 4) |
| ln POP | 2.341 | 1.726 | 1.321 | 1.595 | 1.545 | 1.518 | 1.509 |
| | (2.891) | (2.798) | (2.693) | (2.757) | (2.735) | (2.717) | (2.715) |
| Ener | 10.19 * | 9.789 * | 9.635 * | 9.334 * | 9.168 * | 9.148 * | 9.134 * |
| | (4.786) | (4.510) | (4.350) | (4.478) | (4.472) | (4.452) | (4.445) |
| Indu | 0.000 505 | 0.000 998 | 0.001 80 | 0.001 61 | 0.001 90 | 0.002 08 | 0.002 10 |
| | (0.005 04) | (0.005 05) | (0.004 67) | (0.005 14) | (0.005 24) | (0.005 26) | (0.005 26) |
| UR | −0.677 | −1.091 | −1.136 | −1.205 | −1.206 | −1.236 | −1.237 |
| | (1.634) | (1.452) | (1.491) | (1.404) | (1.389) | (1.372) | (1.369) |
| $N$ | 198 | 198 | 198 | 198 | 198 | 198 | 198 |
| $R^2$ | 0.622 | 0.627 | 0.628 | 0.628 | 0.630 | 0.630 | 0.630 |

为了验证模型的稳健性,同样用各地碳排放总量的对数替换人均碳排放量,进行回归检验,结果如表 6-8 所示。从表 6-8 中模型 22～模型 28 可以看到,所有结果均与之前结论一致,说明模型稳健。

**表 6-8  各分部绿色技术创新的中介效应的稳健性检验**

| 指标 | 模型 22<br>替代能源 | 模型 23<br>运输 | 模型 24<br>节能 | 模型 25<br>废物管理 | 模型 26<br>农业与林业 | 模型 27<br>行政、管理与设计 | 模型 28<br>核电 |
|---|---|---|---|---|---|---|---|
| 常数项 | −49.020 0<br>(43.550 0) | −39.270 0<br>(41.880 0) | −32.880 0<br>(40.500 0) | −36.740 0<br>(41.650 0) | −35.790 0<br>(41.370 0) | −35.360 0<br>(41.080 0) | −35.210 0<br>(41.060 0) |
| ER | 0.510 0**<br>(0.211 0) | 0.456 0**<br>(0.201 0) | 0.453 0*<br>(0.210 0) | 0.473**<br>(0.196 0) | 0.463**<br>(0.194 0) | 0.461**<br>(0.194 0) | 0.461**<br>(0.194 0) |
| 替代能源 | 0.010 8<br>(0.054 1) | | | | | | |
| 运输 | | 0.067 0<br>(0.059 4) | | | | | |
| 节能 | | | 0.065 3<br>(0.051 8) | | | | |
| 废物管理 | | | | 0.057 4<br>(0.047 4) | | | |
| 农业与林业 | | | | | 0.058 5<br>(0.044 7) | | |
| 行政管理或设计 | | | | | | 0.060 1<br>(0.043 5) | |
| 核电 | | | | | | | 0.060 6<br>(0.043 5) |
| FDI | 0.247 0***<br>(0.076 9) | 0.241 0***<br>(0.073 9) | 0.230 0**<br>(0.073 9) | 0.230 0**<br>(0.074 2) | 0.225 0**<br>(0.073 5) | 0.225 0**<br>(0.073 3) | 0.225 0**<br>(0.073 2) |
| ln POP | 3.343 0<br>(2.888 0) | 2.736 0<br>(2.798 0) | 2.322 0<br>(2.689 0) | 2.597 0<br>(2.754 0) | 2.546 0<br>(2.731 0) | 2.519 0<br>(2.714 0) | 2.510 0<br>(2.712 0) |
| Ener | 10.200 0*<br>(4.775 0) | 9.805 0*<br>(4.501 0) | 9.646 0*<br>(4.338 0) | 9.345 0*<br>(4.468 0) | 9.178 0*<br>(4.461 0) | 9.159 0*<br>(4.441 0) | 9.145 0*<br>(4.433 0) |
| Indu | 0.000 4<br>(0.005 0) | 0.000 9<br>(0.005 0) | 0.001 8<br>(0.004 6) | 0.001 6<br>(0.005 1) | 0.001 8<br>(0.005 2) | 0.002 0<br>(0.005 2) | 0.002 0<br>(0.005 2) |
| UR | −0.668 0<br>(1.639 0) | −1.076 0<br>(1.457 0) | −1.127 0<br>(1.495 0) | −1.195 0<br>(1.408 0) | −1.197 0<br>(1.393 0) | −1.226 0<br>(1.376 0) | −1.228 0<br>(1.374 0) |
| $N$ | 198 | 198 | 198 | 198 | 198 | 198 | 198 |
| $R^2$ | 0.651 0 | 0.656 0 | 0.657 0 | 0.657 0 | 0.659 0 | 0.659 0 | 0.659 0 |

# 6.4 结论与政策建议

## 6.4.1 研究结论

通过实证分析环境规制对人均碳排放的影响效应,以及绿色技术创新的中介效应,可以得到以下结论:

① 江西省各地方的碳排放在 2000—2017 年期间整体上经历了一个上涨的过程,但是具体过程有所差异。所有地区都于 2008—2010 年经历了一个从快速上升到下降的过程,其时间分布与我国的经济发展阶段相吻合。除了宜春和抚州外,其他城市在 2016 年后都显示出碳排放总量下降的趋势。江西省环境规制显著正向影响人均碳排放,江西省的环境规制尚处在"绿色悖论"阶段,并没有对碳排放起到抑制作用。

② 江西省的绿色技术创新在 2000—2017 年期间整体发展层次较低,各地近年来才呈现较快速度的发展。各地级市的绿色技术创新随时间演化有所差异,大体可以分为三大形态:总体增长、先增长再下降、先增长再下降再增长。除了少数几个地级市,如九江、赣州和萍乡对周边城市能起到正向带动作用外,其他地级市的带动作用并不强,这说明区域间的绿色技术合作与溢出效应不够,并没充分发挥集聚作用。而且,上饶市绿色技术创新整体发展落后。江西省的绿色技术创新在空间上整体不具备自相关性,但局部存在着自相关。绿色技术创新在部分区域存在着显著的溢出效应,对周边地区产生带动或者影响作用。

③ 除替代能源技术外,江西省的环境规制显著正向影响江西省的整体绿色技术创新以及其他 6 个分部的绿色技术水平。环境规制对于各分部的绿色技术创新的作用具有差异性。环境规制对于替代能源技术的影响不显著且为负值。这说明在替代能源技术发展方面,江西省的政策不够有效,甚至抑制了替代能源技术的发展。同时,尽管环境规制对江西省的整体及 6 个分部的绿色技术具有显著正向影响,但是影响的系数较小,说明环境规制的效果一般。江西省的整体绿色技术创新在环境规制与碳排放之间的中介作用显著,但是各分部的绿色技术创新的中介作用并不显著。环境规制通过促进绿色技术创新减少了对碳排放的促进作用,尽管整体上来说还是正向影响作用,但是数值有所减少,这验证了绿色技术创新的"创新补偿"作用的存在。尽管各分部的绿色技术创新的中介作用不显著,但是除了替代能源外,其他 6 个分部的绿色技术都减小了环境规制对于碳排放的正向作用系数,这和总的绿色技术创新的中介效应一致。

④ 外商投资水平正向影响江西省的碳排放,说明江西省的外商投资更多地

起到了"污染天堂"的作用,外商投资的质量不高。能源消费结构正向影响江西省的碳排放。江西省的能源消费结构数值较大,说明对化石能源依赖度较高,造成了碳排放量难以下降。

### 6.4.2 政策建议

综合以上分析,我们做出如下政策建议。

① 加大环境规制力度。江西省环境规制强度尚处于"绿色悖论"阶段,还没有到达政策的拐点。这可能是因为江西省自然环境较为优越,全省绿化情况在全国仅排在福建省之后,与政府没有重视有关。同时,江西省处于内陆地区,经济发展长期落后。近年来江西省经济快速发展,2019年主要经济指标增速继续位居全国前列。污染问题逐渐抬头,引起了政府的关注,并进行了相关规制,但是政策力度可能尚显不够。

② 加大绿色技术创新的扶持力度,全面发展绿色技术,提高绿色技术创新水平,并结合地方情况确定重要的扶持方向。从研究结论中可以看出,替代能源技术、运输类绿色技术和废物管理类技术是可以参考的优先发展绿色技术。此外,研究表明江西省的环境规制政策对于核电、"行政、管理与设计"等绿色技术的促进作用较大,应该继续改善政策效果,保持优势绿色技术蓬勃发展,提升绿色技术创新的层次,引导更多的突破性创新的产生,减少低层次的创新,有效提升技术创新的"创新补偿作用",以最终实现碳减排。

③ 注重对外商直接投资的筛选,防止污染行业进入,减少引进低技术含量的投资,以利于碳减排目标的达成。既保持住江西省的"青山绿水",又实现经济的快速可持续发展。

④ 改善能源消费结构,发展替代能源减少人均碳排放。积极发展替代能源和节能、运输等方面的绿色技术,一方面减少对能源的需求,另一方面能够真正改善整体的能源消费结构,从根本上解决污染问题。特别是替代能源,一直是江西省的短板,需要给予重点关注。

# 7  不同尺度微观效应机制分析

## 7.1  理论基础和文献综述

### 7.1.1  微观角度环境规制对碳排放的影响

前述对江西省环境规制的碳排放效应的实证研究是以 11 个地级市的 2000—2017 年的面板数据进行省域中观层面研究的,结果表明江西省的环境规制对碳排放总量具有显著的抑制作用,但对碳排放密度是促进效应;同时,绿色技术创新在环境规制和碳排放之间具有明显的中介影响,而且存在明显的环境库兹涅茨曲线和 U 形动态作用效应。上述结论十分符合现阶段国内外学者关于环境规制与碳排放的研究结论,在环境规制对碳排放的作用效应方面,主要存在的"绿色悖论"与"倒逼减排"两种观点。持"绿色悖论"观点的学者认为,环境规制强度的提高不能促进碳减排(Schou,2002;Sinn,2008;Van Der and Withagen,2012;Smulders,Yacov and Amos,2012)。而持"倒逼减排"观点的学者则认为,我国现阶段的环境规制能有效遏制碳排放(谭娟、宗刚、刘文芝,2013;徐圆,2014;张华、魏晓平,2014)。二者的论证方法主要集中在使用 LMDI 法进行实证分析,引入时间趋势变量以捕捉国家持续的宏观政策效应,进而验证政府节能减排政策是否会对碳排放量和碳排放强度产生影响(何小钢、张耀辉,2012);或将环境规制设置成虚拟变量,进而研究政府的宏观政策是否会改变碳排放量的预期目的(许广月,2010)。也有使用 STIRPAT 模型,将节能减排政策设置为虚拟变量,进而论证得出政府政策的"节能减排"效应的成果(邵帅、杨莉莉、曹建华,2010)。但追根溯源,在"绿色悖论"与"倒逼减排"两种观点中,无论哪一种,都是在假设企业的反应行为的基础上进行研究的,前者假设企业会"消极应对",后者假设企业会"积极应对",实施的主体都是企业,最密切相关的是"企业行为"。但省、地级市的"面级层面"的研究,必然会掩盖"点级层面"的具体行为以及而只是反映了一段时期的"点集合"的整合行为以及平均的行为趋势。如果要真正发掘出来政府"环境规制"下直接作用客体——企业的反馈行为,必须以企业为研究样本,才能真正揭示江西省环境规制的碳排放效应的作用路径和发生机制。

在环境规制的碳减排微观影响效应和作用机制研究方面,取得了一定的研究成果,但相对还是不够丰富,这主要可能是因为企业之间的差异较大。在环境规制的碳减排微观企业作用效应及其机理方面,部分学者认为,环境规制能有效驱动产业结构调整(原毅军、谢荣辉,2014;肖兴志、李少林,2013);还有部分学者认为,环境规制对技术创新产生显著影响,但这种影响可能是促进作用(李阳等,2014),也可能是抑制作用(江珂,2009),或者是呈 U 形作用(沈能、刘凤朝,2012)。还有学者研究了环境规制对 FDI 的影响,一种观点认为,我国宽松的环境规制政策对 FDI 有显著的吸引作用,形成了类似"污染天堂"的效应(陈诗一,2010)。现阶段对于"污染天堂假说"的检验主要有以下三种方法:第一种方法是通过建立贸易流向或 FDI 区位选择模型来检验环境保护强度变量在贸易流向或 FDI 区位选择中的作用或贡献(Cole and Elliott,2003b;Copeland and Taylor,2004;Dean,Lovely and Wang,2009;陆旸,2009;耿强、孙成浩、傅坦,2010);第二种方法是进行个案研究,即对某些公司的区位投资决策或某些特殊产业的区位转移行为进行个案分析(赵细康,2003);第三种方法是构建污染产业转移指数,其典型的方法是采用净出口消费指数来衡量一国污染产品的净出口相对于其国内消费的变动,某污染产品的净出口相对于其国内消费的比重逐年增加就表明该污染产业向本国转移了(Mongellietal,2006;李小平、卢现祥,2010)。另一种观点认为,我国环境规制对工业企业吸引外资的作用并不确定,存在着较大的行业异质性(史青,2013)。Grossman and Krueger(1991)提出国际贸易与跨国投资对环境的影响可以划分为规模效应、结构效应和技术效应的理论,不同的效应会产生不同的结果。Cole and Elliott(2003a)将规模效应和技术效应合称为规模技术效应,研究发现贸易自由化减少了 $SO_2$ 和其他生化污染气体的排放,但增加了碳排放和氮氧化物的排放量。Copeland and Taylor(2004)进一步指出,为了分析贸易对环境的影响,不仅要考虑贸易的内生性,还要关注收入等内生效应的研究。经过学者们的研究论证,基本认为,在企业层面,推动环境规制碳减排效应的主要途径有两个,即创新和贸易与投资(李国平,2013;林伯强、蒋竺均,2009;张友国,2010)。

(1)创新

古典经济学理论认为,环境规制不但使企业承担高额的成本,还会限制企业资本从有发展前景的创新项目流向减少污染的项目,从而降低了企业的技术创新能力也增加了企业的碳排放。但是"波特假说"提出,企业可以通过技术创新途径弥补环境规制给产业造成的成本与效率的负担,而大多数之后的研究也都以这个理论为基础不断进行验证和探索,以期通过设置合理的环境规制政策,激发企业技术创新,产生创新补偿效应,并提高生产效率,企业可获得"创新优势"与"先动优势",这个理论在美国制造业(Brunnermer and Cohen,2003)、中国全产业(黄德春、刘志彪,2006;赵红,2008)、中国工业产业(刘世锦,2010)部分企业进行实地调研的数据上,都得到了实证方面的验证,但由于研究数据或时空的差异性,研究结果差异也比较大。Hamamoto(2006)用污染治理与控制支出和R&D投入作为研究变量,研究了日本企业的环境规制与技术创新之间的关系,发现污染治理对企业 R&D 投入有激励作用。Ambec(2006)以污染型企业为样本,研究表明环境规制的确能够促进企业的创新行为,进而发现环境规制与企业环境技术创新呈正相关关系。江珂(2009)通过对中国 1995—2007 年省际面板数据的实证分析表明,"波特假说"在东部地区得到了很好的支持,在中西部、东北地区不明显。

(2)贸易与投资

Pethig(1976)对污染产业转移现象进行初步解析,研究认为环境规制级差造成的企业生产成本差异使得跨国公司向低环境标准的国家不断转移"肮脏"产业。在此基础上,Water and Ugelow(1979)提出了著名的"污染避难所"假说,而之后的研究也大多建立在此基础上。Copland et al. (1994)通过建立南北贸易模型,认为收入相对较高的国家会采用更严格的环境规制政策,并专业化生产相对清洁的产品,所以收入越高的国家往往越容易实现碳减排。Chichilnisky(1994)在此模型基础上,研究指出南方与北方国家环境规制强度和政策制度的差异形成了贸易动机,在此基础上影响了碳减排。Cole and El-liott(2003b)使用 ACT 模型对中国碳排放和水污染排放进行检查,认为环境规制逐渐严格,贸易引起碳排放增加的比重正在不断下降。Managi et al. (2009)将贸易作为中介变量,分析认为环境规制严格程度差异所引起的国际贸易对 OECD 成员方碳减排是有益的,而对于非 OECD 成员方则具有负面影响,并分析得出国际贸易对环境质量的长期影响较大。Dean(2002)使用 CGE模型对环境规制强度差异引起贸易的长期效应和短期效应进行分别分析,认为长期来看,贸易扩张带来人均收入提高,并因此促进碳减排。因此,企业间的贸易和投资对碳排放会产生影响。

### 7.1.2 微观效应体现

对详细到企业层面的研究进一步分析发现,环境规制主要还是通过中间过程发生作用的,即 FDI 和产业创新。这一结论与宏观层面研究基本相似,但还是存在许多微观自身的特殊性。

其中,企业选址问题是最常见的讨论话题。Xing and Kolstad(1996)进一步指出,污染产业转移模型有三个隐含的理论前提。第一,企业的生产成本函数必须是环境规制的增函数。第二,环境规制构成了适宜产业梯度,推动肮脏产业外迁到低环境标准的地区。第三,生产活动中的某些中间环节在地域上受限,厂商必须重新选址进行生产。随着数据可得性的增加,越来越多的学者从微观数据层面对企业选址进行了具体研究,主要集中于"环境规制对企业选址的影响"和"企业选址对碳排放量的影响"两个相对独立的问题,并结合以上两个常用理论进行分析和深入探讨。

针对前者(环境规制对企业选址的影响)的讨论近年来逐渐增多,如 Nakosteen et al.(1999)研究认为,企业迁移的影响因素可分为推力、拉力和阻力三种。缺少发展空间通常是最重要的推力因素,其次是通达性,再就是劳动力市场。对大多数寻找新区位的企业来说,最重要的阻力因素是希望获得现有的雇工,尤其是那些高度专业化的雇工。王业强(2007)认为,企业迁移是一个复杂的过程,不同因素在不同阶段所起的作用并不相同。除了传统的区位因素外,企业内部因素如制度、政策等都可以用来解释企业区位的决定。Bartik(1988)通过对美国各州 500 强企业新建厂房选址的考察发现,环境规制指标对企业选址不存在显著的负向联系;Levinson(1996)对美国 1982—1987 年间各州新建工业企业选址问题研究也得到类似的结果。但是,Jeppesen et al.(2002)认为早期的研究在数据收集和估计方法上存在问题,从而导致了结果估计的巨大偏误。首先,由于数据可得性限制,许多早期文献采用截面数据,而地区污染水平、企业选址和环境治理支出常常是正向相关的,采用截面数据回归难以控制由于逆向因果、遗漏变量等因素带来的内生性问题。其次,大部分早期研究选取的行业范围较为广泛,没有将研究重点集中于重污染行业。事实上,由于不同行业生产原料、生产技术和流程工艺差异巨大,环境管制对企业生产约束也具有明显的行业差异,这会给回归结果带来偏误。最后,由于样本数据的年份较早,环境规制导致的成本压力可能并不大,在当时环境规制仍未成为企业选址主要的制约因素。随着数据可得性的提高和计量方法的改进,后续研究给出了环境规制对企业选址存在负向影响的一系列证据。基于 1963—1989 年间美国工业普查数据,Gray(1997)分别以最小二乘法、Logit 模型和泊松模型检验环境规制对企业选址的影响,结果发现环境规制越严格的州新建企业数量越少,但他并没有发现重污染行业受到更多的影响。在更小的地理范围内,Becker et al.(2000)分析了郡级环境规制对美国 4 个重污染行业的企业选址影响,结果发现对于未达标地区,空气质量的管制导致新厂房的数量减少了 26% ～ 45%。同样基于美国郡级数据,Morgan and Condliffe

（2009）采用泊松模型考察了企业选址问题，结果发现环境未达标地区的新建企业数量减少了约10%。这些证据表明污染企业向环境管制较为宽松的地区转移。以中国为样本的研究，早期主要集中于中国是否成了FDI的"污染避难所"，各研究给出的结论也不尽相同。一些国内学者的研究否定了中国成为外资"污染避难所"的结论。如，邓玉萍、许和连（2013）认为FDI在中国主要集中在环境污染较低地区，且有助于环境污染治理。此外，张志辉（2006）和赵玉焕（2006）的研究都认为环境规制和污染产业转移之间并不存在必然联系。朱平芳、张征宇、姜国麟（2011）则从中国地方政府的分权视角进一步考察了FDI和中国城市环境规制水平的相互影响问题。随着中国工业化进程的深入和区域间的产业转移，一些学者开始考察中国污染产业在国内不同地区间转移的问题。何龙斌（2013）采用污染产业产量的面板数据，分析了污染产业的转移路径，发现西部地区成了污染产业的净转入区。魏玮、毕超（2011）则基于省级新建企业面板数据，考察了环境规制对企业选址的影响，结果表明区际产业转移中确实存在"污染避难所效应"；侯伟丽、万浪、刘硕（2013）和沈静、向澄、柳意云（2012）也分别给出了省际和省内的产业转移存在"污染避难所"效应的证据。王芳芳、郝前进（2011）发现，环境规制仅对外资企业选址起作用。周浩、郑越（2015）从产业转移视角出发，运用泊松分布模型考察了环境规制对中国新建制造业企业选址的影响，结果发现，全国范围内环境规制对企业选址具有约束作用。

此外，相关研究往往特别关注环境规制、企业选址与FDI之间的相互关系，如吴磊、李广浩、李小帆（2010）构建了一个包含环境管制及其他进入壁垒的模型，分析环境规制对FDI、企业选址的作用，结果发现，加强环境规制会吸引企业进入投资。周长富、杜宇玮、彭安平（2016）基于成本视角的研究发现，环境治理成本的提升有助于东部地区的FDI流入，但对中部地区的影响是负向的，对西部地区的影响则不明显。

企业所有权也成了重要的考量因素，Wang（2015）根据企业所有权分类，发现环境规制对国有企业选址有积极影响，而对民营企业选址有消极影响。对于环境规制越严格越吸引国有企业这一现象，有两方面的解释：一方面，国有企业是政府处理市场失灵问题的工具，所以利润不是国有企业的唯一目标（Hafsi，Kiggundu and Jorgensen，1987）；另一方面，国有企业在财务、税收、就业、监管和投资审批方面可能享有特殊地位。周浩、郑越（2015）发现环境规制对全国范围内以及东部区域的新建企业迁入有显著抑制作用，但是在中西部地区没有显著表现。

针对后者（企业选址对碳排放量的影响）的讨论，更多学者则是将区域间（国家间)贸易作为中间变量进行研究:Grossman and Elhanana(1991)提出,企业选址的转移可能同时也意味着拓宽了陈旧的、有害技术的转移渠道,从而对环境产生一定的负面影响。Wheeler(2001)进一步拓展提出基于企业转移的"逐底竞争"假说,认为如果引资国竞相降低环境保护强度或者环境标准则会引发"工地悲剧",甚至,久而久之本国的环境标准体系与环境治理也将会在这个"向下看齐"的过程中逐渐崩溃。不论是"污染天堂假说""逐底竞争""工地悲剧",企业因为环境规制进行区域转移,会带来碳排放增加这个结论几乎是毫无疑问的,虽然有少数学者,如 Wheeler(2001)提出只有很少的跨国公司在进行海外转移时将东道国的环境治理成本的降低作为企业的主要目标。Gentryetal(1996)指出,尽管降低成本是对外投资的重要考量,但是,跨国投资倾向于寻求稳定、一致而不是宽松的环境标准。大部分美国企业投资对外转移最关注的是东道国的购买力,只有很小比例的直接投资呈现出环境方面的动机。但是更多学者从国家与国家间企业转移的案例做出了环境污染的证明(Pearce and Turner,1990;Daily,1996),因此,更多的学者将关注点转向了碳排放增加的统计研究。只是大部分研究还是集中在国际层面,为了方便计算,也大部分选择的是产业数据或国家宏观数据。Ahmad and Wyckoff(2003)基于 1995 年的数据分析了 24 个国家的 $CO_2$ 排放情况,发现平均约 14% 是因为国际间产业转移引起的隐含碳排放。Sanchez-Choliz and Duarte(2004)利用投入产出模型分析了西班牙因为国际产业转移增加的碳排放情况,研究表明,这种碳排放对西班牙的影响并不大,仅仅使整体碳排放增加了 1.31%,但各个产业之间有着明显的差异性。为区别不同行业的差异,如 Lenzen(2001)和 Machad(2001)分别评估了澳大利亚和巴西最终消费中的这类碳排放的占比,结果表明,澳大利亚受到了明显的影响,而巴西是深受其害的碳净进口国。McKibbin et al. (2005)的研究表明,OECD 成员方通过此种方式大约减少了碳排放的 14%。

### 7.1.3 工业园区

生态园区、工业园区作为"两型"(环境友好型和资源节约型)社会发展和循环经济运行的重要方式,是一种全新的经济发展战略,是实现经济、资源、环境和社会可持续发展的有效模式,一直受到政府的广泛关注。但相关理论研究相对较弱,现阶段对其研究还主要集中于节能减排程度的测算;工业园区类型的界定、特色与成功要素;产业共生三个方面。

(1)节能减排程度的测算

生态工业园作为产业生态学和循环经济的最佳载体,已经逐步成为许多国家工业园区改造的方向。随着生态工业园的不断发展与建设,对其评价方法的研究逐渐成为学术界关注的热点问题之一,国内外专家学者已在此领域开展了大量的工作。在国外,Audra and Potts(1998),Avid and Pauline(2005)等人分别从园区定位、资源循环利用程度、公众参与程度等不同的角度提出并设计了生态工业园的评价指标体系。在国内,学者们分别采用不同方法,有所侧重地设计了生态工业园的具体评价指标体系,并对评价方法进行了讨论(元炯亮,2003;周国梅、彭昊、曹凤中,2003;黄鹂,2004)。尤其是近年来,国内关于生态工业园评价方法的研究明显增多,研究内容也主要侧重于行业性和地域性。郝艳红、王灵梅(2006)运用层次分析法,确定指标体系中各指标的权重,建立火电厂生态工业园模糊综合评价模型,设计出火电厂生态工业园综合评价的程序和方法。李仁安、朱晖(2006)结合武汉生态工业园在生态化发展过程中的现状和问题,制定出符合当地工业园实情的评价指标体系。张帆、麻林巍、蓝钧(2007)针对北京工业开发区的发展现状和特点,初步提出了一套生态工业园评价指标体系框架及计算评价方法。

(2)工业园区类型的界定、特色与成功要素

生态园区的分类和界定与其特征息息相关。关于生态工业园区的关键特征,有许多学者进行了深入细致的研究,主要有四种代表性观点。Lowe(1997)认为,生态工业园区的关键特征是融入自然系统,能量使用效率最大化注重原料流的广泛设计和废弃物管理等。David et al.(2000)提出成功的关键特征,包括存在原材料、水和能量流公司之间密切联系,工厂管理者之间存在紧密信息联系,对原有基础设施很少改变,有一个或更多核心承租商。对生态工业园区特征进行了描述,即简单副产品交换或交换网络再循环,企业集群环境技术公司集群,绿色产品制造公司集群,围绕简单环境主题设计工业园、工商业和住宅的混合发展。生态工业园区和传统制造业工业园之间主要的区别是将环境和社会议程融入经济结构。然而,与传统工业园一样,生态工业园区主要是由经济利益驱动的,环境可持续发展只有通过经济可持续发展才能实现(Gibbs and Deutz,2005)。许多学者十分重视生态工业园区成功要素分析。Suren(2001)提出工业生态系统四个战略性要素,即资源使用最大化、原材料封闭运行和排放物最小化、非物质化减少和消减不可再生资源使用。他以美国可持续发展委员会对生态工业园区定义为基础,提出了项目的评价准则,即资源有效分享、提高经济效益和环境质量效益、合理地加强商业社区和地方社区的人力资源管理。Korhrnon and Tuominen(2001)提出工业生态系统四个原则:一是循环性,强调物质循环、能量梯度利用;二是多样性,包括角色、依存关系、合作的多样性,以及工业输入物、输出物的多样性;三是地方性,充分利用地方资源和废物,尊重地方自然限制性因素,鼓励在地方企业之间开展合作;四是逐渐变化,促进废料、能

量、再生资源使用,促进系统多样性逐渐发展,在工业系统中体现自然时间周期。Heeres,Vermenlen and Walle(2004)对美国和荷兰生态工业园区进行对比研究,认为发展成功需要一定数量利益相关者的积极参与。成功要素有三个方面:一是过程因素,涉及环境、经济等方面;二是物质因素,包括废弃物和副产品交换基础设施、能量排放和回收利用设施、水基础设施、电话通信设施、效用分享设施;三是利益相关者因素,包括公司的积极参加、公司雇员协会的出现、地方居民积极参与、地方政府的积极合作、能量和废料的交换(Lowe and Evans,1995)。Lowe and Evans(1995)指出,所有工业活动都是在地方生态系统和生物圈中进行的,生态系统的动力和规则为工业系统提供了设计思路和管理源泉,提高能源和原料的利用效率会产生竞争优势和经济效益,经济价值最终取决于地球和地方生态系统的长期活力。工业园区的内部循环模式如图7-1所示。

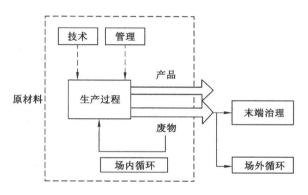

图 7-1　工业园区内部循环模式

(3)产业共生

产业共生的思想源于生态学中的生物共生,通过同一企业不同部门之间、不同企业之间和不同产业之间的合作,提高企业的生存能力和获利能力,达到对资源的节约和环境保护,实现社会和谐发展(孙博,2012;王寿兵、吴峰,2006)。一些学者从不同角度探讨了园区产业共生效率的评价问题。甘永辉(2008)首次提出生态工业园工业共生效率这一概念,并界定其含义为:共生效率=共生效益÷成本。同时从经济发展、资源利用、环境保护三个方面建立了生态工业园工业共生效率水平的指标体系。吴文东(2007)提出工业共生体的共生效率应该涵盖企业加入工业共生体之后所获得共生产出及其所导致的共生投入两个方面,界定其含义为:共生效率=共生产出/共生投入。他选取了共生产出指标和共生投入指标,建立起共生效率指标体系,并用 DEA 的方法进行评价。高君、程会强

(2009)提出共生效益的两种表现形式:经济效益和生态效益。席旭东(2009)认为矿区工业共生效益应包含生态(环境)效率和集聚(经济)效益,"以更好的环境冲击创造更多的价值"是矿区生态工业共生生态效率的核心思想,用经济指标与环境指标之间的比值(或矿区生态工业共生生态效率经济价值的增值/环境影响增值)来量化矿区生态工业共生生态效率,并参照城市集聚效应的测算,用 CES 形式的函数对经济集聚效应做了相应测算。李小鹏(2011)从经济发展、成本节约、资源消耗和污染排放四个方面建立了生态工业园产业共生网络的生态效率评价指标体系,运用数据包络分析和灰色关联度分析评价方法构建评价模型对生态工业园产业共生网络的生态效率进行评价。在产业共生理念下,生态工业园的产业链模式如图 7-2 所示。

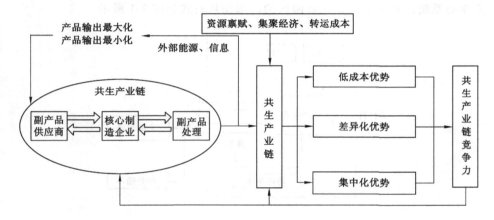

图 7-2  生态工业园产业链模式

本部分文献综述回顾了在微观企业角度,国内外关于碳排放、环境规制、技术创新、FDI 和企业选址的理论分析与实证检验的相关文献。国际研究已在理论和方法上取得了长足的进展、实证研究中也积累了许多成果,我国学术界在这一领域也取得了丰厚成果。然而,就目前的文献来看,围绕污染产业转移与环境规制的理论观点存在分歧,部分文献认为环境规制弱的地区将沦为"污染避难所";而"波特假说"、Grossman and Krueger(1991)提出的污染转移的综合影响机制则强调了污染产业转移与东道国环境业绩改善之间存在正关联性。因此,有关文献缺乏一个统一、全面的分析体系,也缺乏对特定地区的基于企业角度的具体分析。

## 7.2 研究假设与模型构建

### 7.2.1 研究假设

通过对宏观视角的微观化,进一步完善企业层面的实证研究和中间路径分析。但是因为企业作为单独的离散研究视角,不存在产业结构的影响路径,所以去除这一条作用路径,并提出以下研究假设。

① 传统经济学观点认为环境规制不可避免会增加厂商成本并侵蚀其国际竞争力。波特等则认为这种基于新古典静态竞争模式的简单二分法并不恰当,利润最大化只在静态模型中方能实现,而在现实中竞争力模型应该是动态的,因为技术是不断变化的,创新和改进空间是无限的,加上信息不完全和厂商管理的无效率,最优决策实际上很难做出,只要厂商加强管理并改进技术,就会获得更大收益,因而,环境规制的重点并不在过程而要看最后形成的结果。在动态条件下,环境质量提高与厂商生产率和竞争力增强的最终双赢发展是可能的。这些观点通常被称为"环境波特假说"。具体而言,高能耗、高排放实际上是某种形式经济浪费和资源无效运用的信号,正确设计的基于经济激励导向的严格环境规制从较长时期来看可以激发创新、促进节能减排技术或新能源技术的研发、改进生产无效性和提高投入生产率,最终部分或全部抵消短期执行环境政策的成本,甚至为厂商带来净收益,这是实现波特假说的创新补偿途径。进一步,在国际社会环境意识日益提高的情况下,厂商通过率先采取环境规制所要求的环境友好技术可以优先于其竞争者在国际市场中获得更多青睐和竞争力,这是实现波特假说的国际市场先动优势途径,也是创新补偿途径能够有效实施的前提。两种途径在动态模型中的联动使得环境规制能够给厂商带来绝对竞争优势。波特假说的提出者和支持者以大量案例来佐证该理论的正确,如研究发现具有国际竞争力的厂商并不是因为使用了最便宜的生产投入或拥有较大的规模,而是企业本身具有不断创新和技术进步的能力。新古典经济学理论认为,环境保护会提高社会整体福利,但必然会以厂商的生产成本增加为代价,降低企业的技术创新能力。大量文献表明,从静态角度出发,在企业技术水平、生产过程及消费需求不变的假定下,环境管制必然不利于企业的技术创新。环境保护造成经济上过高的成本,严重妨碍了厂商生产率水平的提高和国际市场竞争力。与此不同,学者们从动态的角度出发,提出了捍卫环保的主张;他们指出环境规制提高企业生产成本的同时,也会对企业的技术创新产生一定的激励作用,从而提出著名的"波特假说"。因此,提出本章研究假设1。

假设1：环境规制会通过影响企业技术创新进而作用于碳排放，影响效应既不是正向促进作用，也不是负向阻碍作用而是非线性曲线。

② 环境规制通过 FDI 引入对碳排放的影响取决于环境规制作用下微观企业的行为决策，环境规制可以影响污染型生产的要素投入。环境规制对企业的生存和发展有着巨大的影响，企业在空间布局方面往往会做出快速的应对。环境规制约束下企业引入外商直接投资的选择有两种：现有偏向清洁型企业积极引入 FDI 和政府支持非污染型 FDI 的迁入，建立新企业。一般而言，在对污染密集企业的规制程度存在差异、各地区环境规制松紧不同、所在地环境成本对企业发展形成严重制约的情况下，跨国外资企业可能会考虑做出向环境成本较低地区迁移的选择。对于 FDI 承接地而言，在特定地理区域内，在可以实现资源循环利用、环境成本降低、信息传递和服务便捷、专业化劳动力与技术利用等情况下，会考虑一些具有内在关联的企业进行有目的的招商引资，以便形成一定程度的规模进入迁移和优势产业集聚；同时，也会有目的地清理本地的 FDI 项目，以及在引入时进行更加有标准的选择，通过"存量调整、增量控制"，不断优化FDI 的引入质量，进而共同降低碳排放。

假设2：环境规制可能使得江西省的 FDI 引入发生变化，但对应污染程度不同的企业，存在效应异质性，从而降低碳排放。

### 7.2.2 模型构建

#### 7.2.2.1 产业园区内碳排放计算

由于产业园区一般有明确的地理边界范围，有明确的园区内企业，可以进行清晰地定义，因此，可将园区视作一个单独的区域分析其碳排放（吕斌，2014）。对于园区而言，除了可能存在的自然资源外，其二氧化碳排放主要包括直接排放和间接排放。直接排放是指园区边界范围内产生的实际排放，具体来说，主要来源于化石能源消耗的排放，对于某些园区而言，可能还包括含碳非能源资源的消耗所产生的工艺过程排放。间接排放主要是指净调入电力和热力所产生的二氧化碳排放，尽管此部分排放不直接排放在园区的边界范围内，但是由于园区内的生产或生活所引起，因此，同样应核算在园区二氧化碳排放总量内，具体核算框架如图 7-3 所示。从终端来看，二氧化碳的排放主要来自园区能源消费的重点领域。由于产业园区产业集聚的特征和功能定位，工业必然是园区二氧化碳排放的最核心部门。

#### 7.2.2.2 控制变量选择

（1）控制变量选择

对碳排放影响因素的研究方法很多，其中由 Kaya、Hayashi and Lu（1989）

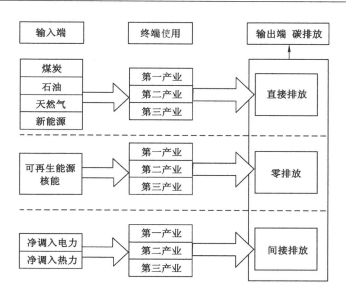

图 7-3　园区二氧化碳排放与处理模式

在政府间气候变化专门委员会(IPCC)的一次研讨会上提出的 KAYA 恒等式,由于其描述简单并易于理解,且分解较为完整,被广泛应用于世界各国温室气体排放影响因素的研究。KAYA 公式的原始表达形式如下:

$$GHG = POP \times \frac{GDP}{POP} \times \frac{TOE}{GDP} \times \frac{GHG}{TOE}$$

其中,GHG、POP、GDP、TOE 分别为二氧化碳排放总量、人口规模、国内生产总值和一次能源消费总量。$\frac{GDP}{POP}$、$\frac{TOE}{GDP}$、$\frac{GHG}{TOE}$ 分别为人均 GDP、单位 GDP 能耗、单位能源碳排放强度(即能源碳排放因子),表示影响碳排放的主要因素有人口、人均 GDP、单位 GDP 能耗、单位能源碳排放强度。因为涉及产业园区,分析角度微观,难以进行产业结构的分析。但是显而易见,产业的配置情况是决定园区能源强度和碳排放水平的主导因素之一。对于以高耗能产业,例如钢铁、水泥、有色、石油化工、火电等产业为主的园区,其对能源的需求具有锁定效应,在产业结构难以调整的情况下,此类园区的碳排放水平较以低耗能产业为主的园区明显偏高。所以将等式进行进一步分解:

$$GHG = \sum_{i=1}^{n} POP_i \times \frac{GDP_i}{POP_i} \times \frac{TOE_i}{GDP_i} \times \frac{GHG_i}{TOE_i}$$

其中 $i$ 代表园区内的不同产业编号。所以将人口、人均 GDP、单位 GDP 能耗、单位能源碳排放强度、园区产业构成作为控制变量。

（2）其他控制变量选择

通过分析文献，将常用的环境规制控制变量选出进行备选。选择使用 OLS-VIF-LASSO 的方法对备选变量进行筛选。首先，将所有数据都代入 OLS 的计算中。

$$y_i = \beta_0 + \beta_1 x_{i1} + \cdots + \beta_j x_{ij} + \varepsilon_i$$

其中，$x_{ij}$ 表示第 $j$ 个备选变量在第 $i$ 时间的数据，$\beta_0$ 为常数项，$\beta_j$ 为第 $j$ 个备选变量的系数，$\varepsilon_i$ 代表误差项。因备选变量为不同学者常用变量，涉及经济、社会、能源和政府干预及科技进步，关系复杂，不可避免地会存在共线性。因此，为减少数据的共线性，再使用 VIF 对数据进行筛选。

$$VIF_j = \frac{1}{1 - R_j^2}$$

利用 VIF 进行选择的原则是，如果 VIF＝1，则不存在相关性，如果 VIF＞1，则可能存在相关性，通常以 $VIF_{max}$＝10 为选择标准。对经过 VIF 筛选保留的变量计算对应的拟合优度，但拟合优度并不是衡量回归方程拟合效果的最好指标参数。因为从回归平方和的定义可知，当多一个自变量加入模型时，不管其影响是否显著，回归平方和均会增大，拟合优度也会同步增大，所以使用调整后的拟合优度进行筛选。

$$R_{adj}^2 = 1 - \frac{SS_E/(n-k-1)}{SS_T/(n-1)} = 1 - \frac{(n-1)}{(n-k-1)}(1 - R^2)$$

将其中 $R_{adj}^2 < 0.5\%$ 的变量保留下来。

进而将 VIF 大于 10 的数据进行 LASSO 检验，LASSO 的筛选格式如下：

$$\sum_{i=1}^{n}(y_i - \beta_0 - \sum_{j=1}^{k}\beta_j)^2 + \lambda\sum_{j=1}^{k}|\beta_j| = SS_E + \lambda\sum_{j=1}^{k}|\beta_j|$$

其中，$SS_E$ 是最小标准残差之和，$\lambda\sum_{j=1}^{k}|\beta_j|$ 是对回归系数绝对值之和的范数约束。经过 LASSO 检验，得到变量入选，再次使用调整后的拟合优度进行检验，将其中 $R_{adj}^2 < 0.5\%$ 的变量保留下来。

#### 7.2.2.3 中介变量描述

（1）外商直接投资

在研究 FDI 和环境关系方面，国内外学者主要选取 FDI 的绝对指标来衡量，如 Jie(2006)与郭红燕、韩立岩(2008)等选取各省或行业的 FDI 存量数据。相对于 FDI 的流量数据，FDI 存量数据能够更为全面地考察 FDI 的影响，有时间上的连贯性，且更容易获取，所以本章选择 FDI 存量数据代表外商直接投资。

（2）创新

现阶段常用的衡量创新的指标有 R&D 投入指标和专利数指标。R&D 投入方面,现有研究主要采用单位工业增加值的科技活动内部支出或者行业人均科技活动内部支出来表示(张海洋,2005;邱斌、杨帅、辛培江,2008)。由于行业的工业增加值数据缺失,故本研究采用行业人均科技内部活动支出来表示;专利数方面往往选取发明专利、实用新型专利和外观专利的加和。因为 R&D 数据的企业层面公布较少,所以选取专利数作为衡量的指标。

#### 7.2.2.4 自变量选择

对各地级市的环境规制水平,现在直接数据中并没有合适的指标,本研究希望可以构建一个分年、分市、分行业的变量表述。Jie(2006)以及郭红燕、韩立岩(2008)等采用技术指标代替监管指标的方法加以解决;但由于本研究中将技术创新作为一个独立的变量进行考量,所以必须构建独立的监管指标。且本研究选取的是一段时期内江西省环境规制的碳排放影响效应,如果仅仅从静态角度度量环境规制变量显然是不合理的。因此,由于目前对于工业废气等监管主要侧重于 $SO_2$、氮氧化合物等有毒气体的治理,我国并未正式出台针对 $CO_2$ 排放的环境法律法规和相关数据,但由于 $CO_2$ 与 $SO_2$、$NO_2$、$NO$、烟尘和粉尘等污染排放物的高度相关性,"三废"的实际处理率与 $CO_2$ 排放的治理水平正相关,所以,本研究借鉴代迪尔(2013)在其博士论文中的计算方法,构建地区环境规制指数(sup)来度量某地区控制温室气体排放的严苛程度。某地区的环境规制强度越高,高排放企业的单位产出对应的空气污染物排放将越低,并且会导致部分高排放企业外迁,进一步降低区域单位产出的碳排放强度,因而该指数的变化既能够克服以往环境规制变量的内生性,又能更好地反映地区在减排政策方面的实际执行力度。用各行业的单位产出对应的主要排放物($SO_2$、$NO_2$、$NO$、$NH_3$-$N$、烟尘和粉尘)为基础,构建指数的计算公式如下:

$$\text{sup}_j = \sum_i \alpha_i \left[ 1 - \frac{p_{ij}/v - \min\limits_j (p_{ij}/v)}{\max\limits_j (p_{ij}/v) - \min\limits_j (p_{ij}/v)} \right]$$

其中,$p_{ij}$ 表示 $j$ 行业主要空气污染物 $i$ 的排放量,$v$ 表示行业产出额,$\alpha_i$ 是通过核算的各种空气污染排放物比重。$\text{sup}_j$ 的值越大,代表该行业环境规制的执行力度越大。

#### 7.2.2.5 实证分析模型

将企业(产业园区)的碳排放量作为因变量,地区环境规制强度作为主解释变量:

$$y = \sum_{i=1}^{n} \sum_{j=1}^{m} (\alpha_{ij} \, \text{sup}_{ij} + \beta X + C + \varepsilon_{ij})$$

其中,$y$ 为江西省碳排放总量,$i$ 为不同地区,$j$ 为不同产业,$X$ 代表控制变量,可以得出企业层面不同地区不同行业对于碳排放总量的贡献率，$C$ 为常数项。

考察环境绩效指标对碳排放影响的作用机理需要采用中介效应模型。中介效应模型的构建包括三个基本步骤（温忠麟、叶宝娟，2014）：将因变量对基本自变量进行回归；将中介变量（环境绩效指标）对基本自变量进行回归；将因变量同时对自变量和中介变量进行回归分析，则可以转化为：

以 FDI 为中介效应：

$$\begin{cases} y = \sum_{i=1}^{n}\sum_{j=1}^{m}(\alpha_{ij}\ \text{sup}_{ij} + \beta X + C + \varepsilon_{ij}) \\ y = \sum_{i=1}^{n}\sum_{j=1}^{m}(\alpha_{ij}\ \text{FDI}_{ij} + \beta X + C + \varepsilon_{ij}) \\ \text{FDI} = \sum_{i=1}^{n}\sum_{j=1}^{m}(\alpha_{ij}\ \text{sup}_{ij} + \beta X + C + \varepsilon_{ij}) \end{cases}$$

以创新为中介效应：

$$\begin{cases} y = \sum_{i=1}^{n}\sum_{j=1}^{m}(\alpha_{ij}\ \text{sup}_{ij} + \beta X + C + \varepsilon_{ij}) \\ y = \sum_{i=1}^{n}\sum_{j=1}^{m}(\alpha_{ij}\ \text{patent}_{ij} + \beta X + C + \varepsilon_{ij}) \\ \text{patent} = \sum_{i=1}^{n}\sum_{j=1}^{m}(\alpha_{ij}\ \text{sup}_{ij} + \beta X + C + \varepsilon_{ij}) \end{cases}$$

以为企业选址中介效应（在做工业园区时不做此步骤）：

$$\begin{cases} y = \sum_{i=1}^{n}\sum_{j=1}^{m}(\alpha_{ij}\ \text{sup}_{ij} + \beta X + C + \varepsilon_{ij}) \\ y = \sum_{i=1}^{n}\sum_{j=1}^{m}(\alpha_{ij}\ \ln \lambda_{ij} + \beta X + C + \varepsilon_{ij}) \\ \ln \lambda = \sum_{i=1}^{n}\sum_{j=1}^{m}(\alpha_{ij}\ \text{sup}_{ij} + \beta X + C + \varepsilon_{ij}) \end{cases}$$

## 7.3 原始数据统计描述

本研究的企业污染排放数据来自中国工业企业环境统计数据库。这一数据库由生态环境部主管，是《环境统计年鉴》的具体数据来源。对筛选出的重点污染物（原则上为当年实行总量控制的污染物）排放量占地区排放总量 85% 以上的工业企业作为重点调查单位，县级环保部门要求其自主填表上报，并进行不定期检查以确保数据质量,因而这一数据库也被视作当前最全面、可靠的微观环境数据来源。近年来,已有不少文献利用该数据库研究了我国的企业环境污染问题和企业能源效率问题。

本章企业层面的经济指标来自中国国家统计局建立的中国工业企业数据库。因此,需对中国工业企业环境统计数据库和中国工业企业数据库(2000—2006 年)进行配对,分别以企业的法人代码和企业名称为匹配变量将二者进行逐年匹配。本研究参照中国工业企业数据库的标准方法,对其存在的统计误差和异常观测值进行数据清洗(聂辉华、江艇、杨汝岱,2012)。由于中国工业企业环境统计数据库的数据质量问题,本研究进一步对文中的污染排放指标进行剔除异常值处理。具体来说,若企业排放数据在相邻两年相差十倍及以上,或企业某年排放数据相比其在样本期内平均排放水平差距达到十倍及以上,则识别该企业为存在异常值企业,在相应的回归中予以删除。

### 7.3.1 环境规制

由于数据的可得性,在此使用 $SO_2$ 和 PM2.5 作为原始数据,代入环境规制测度的指数计算公式,计算得出的综合指标作为环境规制的衡量指标,发现江西省 11 个地级市的环境规制强度,如图 7-4 所示。

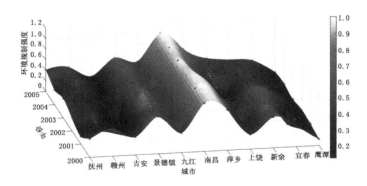

图 7-4　江西省各城市环境规制

由图 7-4 可见,随着时间的变化,环境规制强度呈现较为平稳的少量上升。其中鹰潭环境规制最弱,而南昌的环境规制最强。

### 7.3.2 碳排放强度

本研究基于工业企业污染数据库中的能源使用数据,用 IPCC 公布的能源消费碳排放系数,计算碳排放总量,结果如图 7-5 所示。

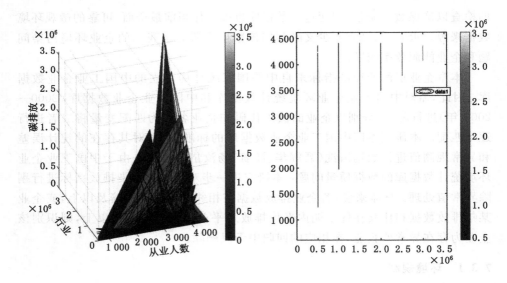

图 7-5　不同行业从业人数与碳排放总量

由图 7-5 可见,行业编号与碳排放之间有着极大的相关关系,所以本研究将行业分为高污染行业和非高污染行业分别进行计算。其中,在江西省的 11 个地级市中,企业人数在 100～200 人之间的最多,占总数的 12%。人数超过 10 000 的企业整体较少,其中,历年人数最多的企业均为新余钢铁有限责任公司,在 2004 年达到顶峰 38 386 人。

在行业中企业数相对比较集中,历年总量最多的企业为非金属矿物制品业,在 2006 年达到顶峰,为 105 家。而废弃资源和废旧材料回收加工业所包含的企业最少,年均不足 10 家企业。

## 7.4　实证研究

由于数据的可得性,在此只以 2000—2005 年江西省 11 个地级市的规模以上工业企业面板数据为样本,进行研究环境规制(ER)对碳排放(C)的影响及其作用机理。对于产业园区为样本的检验,成熟后再进行验证。控制变量最终的选择是:企业工业增加值(AV)、存在年限(Age)、年末从业人数合计(Empl)。为消除变量之间的内生性,对以上所有变量,即环境规制(ER)、碳排放总量(C)、企业工业增加值(AV)、存在年限(Age)、年末从业人数合计(Empl)都进行对数化处理。

### 7.4.1 环境规制对碳排放的影响

从江西省企业的层面,实证研究环境规制对碳排放的影响,采用 GMM 方法,计算结果如表 7-1 所示。在模型(1)、(2)中报告环境规制对高污染行业企业碳排放的影响;模型(3)、(4)中报告环境规制对非高污染行业企业碳排放的影响;模型(5)、(6)中报告了以全部行业企业为样本,环境规制对碳排放的影响。

表 7-1　环境规制对企业碳排放的影响

| 指标 | 模型(1) | 模型(2) | 模型(3) | 模型(4) | 模型(5) | 模型(6) |
|---|---|---|---|---|---|---|
| ln ER | −0.966 0 | −1.337 6*** | 1.861 7** | 1.641 7** | 1.540 5** | 1.558 2** |
| | (1.032 0) | (0.499 7) | (0.753 0) | (0.705 4) | (0.705 5) | (0.631 7) |
| ln AV | | 1.028 4*** | | 0.179 1*** | | 0.334 0*** |
| | | (0.124 2) | (0.050 3) | (0.054 8) | | |
| ln Age | | −0.132 2*** | | −0.387 8*** | | −0.386 3*** |
| | | (0.098 4) | | (0.043 1) | | (0.042 0) |
| ln Empl | | 0.028 4 | 0.603 1*** | | 0.572 1*** | |
| | | (0.198 7) | | (0.059 5) | | (0.062 6) |
| N | 446 | 293 | 1 821 | 1 399 | 2 267 | 1 692 |
| R² | 0.144 1 | 0.535 3 | 0.063 3 | 0.260 4 | 0.058 7 | 0.286 3 |
| 年份 x 地区控制 | 是 | 是 | 是 | 是 | 是 | 是 |

注:*、**、***分别表示在 10%,5%,1%水平下显著,括号内为统计量。本章以下各表同。

由表 7-1 可见,以企业碳排放总量的对数值为因变量,使用环境规制的对数作为主自变量,工业企业增加值、企业存在年限、企业年末从业人数合计的对数作为控制变量。回归结果表明,只有高污染产业企业的碳排放与环境规制为负相关关系[如模型(1)、(2),当存在控制变量时,规制变量系数为−1.337 6,在1%水平下显著;当不存在控制变量时,在 10%的条件下不显著],由模型(3)、(4)可知,环境规制对于非高污染行业企业产生了正向影响,且均在 5%的条件下显著(当不存在控制变量时,规制变量系数为 1.861 6;当存在控制系数时,规制变量系数为 1.641 7);由模型(5)、(6)可知,对于全部行业而言,环境规制对碳排放总量均为正向影响,且在 5%的条件下显著(当不存在控制变量时,规制变量系数为 1.540 4;当存在控制系数时,规制变量系数为 1.558 1)。也就是说,只有对于高污染行业,环境规制会降低企业碳排放,产生了"波特假说"效应;而对于全部行业和非高污染行业而言,环境规制反而会增加企业碳排放,这一点对于非高污染企业更加明显,是标准的"遵循成本"效应。

那么是环境规制更容易作用于高污染行业企业,或是环境规制往往不直接作用于非高污染企业的碳排放呢?

### 7.4.2 FDI 的中介效应检验

(1) 环境规制对企业 FDI 的影响

通过以上的研究可以推测,环境规制并不一定直接作用于企业碳排放总量,可能通过某种其他的路径产生影响,尤其是对于非污染企业和全部企业而言。根据 7.4.1 中的研究结论,首先论证,是否环境规制通过 FDI 对碳排放产生影响,将 FDI 占企业整体的金额比作为因变量,保持自变量(环境规制)和控制变量不变,计算结果如表 7-2 所示。

在模型(1)(2)中报告环境规制对高污染行业企业 FDI 的影响情况;模型(3)(4)中报告环境规制对非高污染行业企业 FDI 的影响;模型(5)(6)中报告环境规制对全部行业 FDI 的影响。

表 7-2　环境规制对企业 FDI 的影响

| 指标 | 模型(1) | 模型(2) | 模型(3) | 模型(4) | 模型(5) | 模型(6) |
|---|---|---|---|---|---|---|
| ln ER | −0.003 1 | 0.008 1 | 0.005 7 ** | −0.023 1 | 0.005 9 *** | −0.020 0 |
| | (0.004 9) | (0.007 9) | (0.002 3) | (0.051 4) | (0.002 3) | (0.047 7) |
| ln AV | | 0.005 2 ** | | 0.003 9 *** | | 0.004 1 *** |
| | | (0.002 4) | | (0.001 4) | | (0.001 2) |
| ln Age | | −0.000 7 | | −0.006 0 *** | | −0.005 0 *** |
| | | (0.001 2) | | (0.001 3) | | (0.001 1) |
| ln Empl | | −0.007 8 ** | | −0.001 8 | | −0.002 6 * |
| | | (0.003 6) | | (0.001 7) | | (0.001 5) |
| N | 452 | 291 | 2 348 | 1 801 | 2 800 | 2 092 |
| $R^2$ | 0.073 2 | 0.173 7 | 0.033 8 | 0.066 9 | 0.026 5 | 0.054 4 |
| 年份 x 地区控制 | 是 | 是 | 是 | 是 | 是 | 是 |

由表 7-2 可见,以企业 FDI 占比为因变量,使用环境规制的对数作为主自变量,工业企业增加值、企业存在年限、企业年末从业人数合计的对数作为控制变量。由模型(1)、(2)可以看出,对于高污染产业企业,环境规制对 FDI 的影响在加入控制变量后发生了改变(当不存在控制变量时,规制变量系数为−0.003 1;当存在控制系数时,规制变量系数为 0.008 1),且均在 10% 的条件下不显著。由模型(3)、

(4)可以看出,对于非高污染产业,环境规制对 FDI 的影响在加入控制变量后发生了改变(当不存在控制变量时,规制变量系数为 0.005 7,在 5% 的条件下显著;当存在控制系数时,规制变量系数为 -0.023 1,在 10% 的条件下不显著)。由模型(5)、(6)可以看出,对于全部产业,环境规制对 FDI 的影响在加入控制变量后发生了改变(当不存在控制变量时,规制变量系数为 0.005 9,在 1% 的条件下显著;当存在控制系数时,规制变量系数为 -0.020 0,在 10% 的条件下不显著)。也就是说,环境规制对于非高污染企业的 FDI 影响更大,对于高污染企业的 FDI 影响更小。

(2)企业 FDI 对企业碳排放的影响

在研究环境规制对企业 FDI 的影响后,进一步根据 7.4.1 中的研究结论研究二者对企业碳排放总量的影响,计算结果如表 7-3 所示。

**表 7-3　企业 FDI 对企业碳排放的影响**

| 指标 | 模型(1) | 模型(2) | 模型(3) | 模型(4) | 模型(5) | 模型(6) |
|---|---|---|---|---|---|---|
| FDI | -2.179 9 | -1.930 9 | 0.077 5 | -1.142 0 | -0.646 2 | -1.703 8* |
| | (2.238 4) | (2.055 5) | (0.856 9) | (0.991 3) | (0.843 3) | (0.967 8) |
| ln AV | | 1.076 7*** | | 0.174 8*** | | 0.338 6*** |
| | | (0.128 4) | | (0.050 8) | | (0.055 4) |
| ln Age | | -0.187 8* | | -0.398 8*** | | -0.403 7*** |
| | | (0.101 9) | | (0.043 0) | | (0.042 1) |
| ln Empl | | -0.073 9 | | 0.611 1*** | | 0.563 4*** |
| | | (0.200 1) | | (0.059 6) | | (0.062 0) |
| $N$ | 426 | 278 | 1 802 | 1 389 | 2 228 | 1 667 |
| $R^2$ | 0.157 7 | 0.544 1 | 0.000 6 | 0.259 0 | 0.000 4 | 0.287 4 |
| 年份 $x$ 地区控制 | 是 | 是 | 是 | 是 | 是 | 是 |

在模型(1)、(2)中报告高污染行业企业 FDI 对碳排放的影响情况;模型(3)、(4)中报告非高污染行业企业 FDI 对碳排放的影响,模型(5)、(6)中报告全部行业企业 FDI 对碳排放的影响。

由表 7-3 可见,以企业 FDI 占比为自变量,工业企业增加值、企业存在年限、企业年末从业人数合计的对数作为控制变量。由模型(1)、(2)可以看出,对于高污染产业,企业 FDI 对企业碳排放总量的作用为不显著的负向影响(当不存在控制变量时,企业 FDI 系数为 -2.179 9;当存在控制系数时,企业 FDI 系数为 -1.930 9,且均在 10% 的条件下不显著)。由模型(3)、(4)可以看出,对于非高污染产业,企业 FDI 对企业碳排放总量的影响在加入控制变量后发生了由正转负的改变(当不存在控制变量时,企业 FDI 系数为 0.077 5;当存在控制系数时,规制变量系数为 −1.142 0,且均在 10% 的条件下不显著)。由模型(5)、(6)可以看出,对于全部产业,企业 FDI 对企业碳排放总量存在负向影响(当不存在控制变量时,规制变量系数为 −0.646 2,在 10% 的条件下不显著;当存在控制系数时,规制变量系数为 −1.703 8,在 10% 的条件下显著)。也就是说,总体而言,FDI 对高污染企业和全体企业样本的碳排放总量有着抑制作用,而对于非高污染企业的碳排放总量则有着不确定的作用。

### 7.4.3 企业创新的中介效应检验

(1) 环境规制对企业创新的影响

同理,首先论证,企业创新是否为环境规制对企业污染排放产生影响的中介效应,将企业累计专利数的对数作为因变量,保持自变量(ER)和控制变量不变,计算结果如表 7-4 所示。

表 7-4 环境规制对企业创新的影响

| 指标 | 模型(1) | 模型(2) | 模型(3) | 模型(4) | 模型(5) | 模型(6) |
|---|---|---|---|---|---|---|
| ln ER | −0.004 2 | −0.001 9 | 0.010 6* | −0.764 5*** | 0.009 9*** | −0.414 7* |
| | (0.009 5) | (0.010 4) | (0.007 3) | (0.390 3) | (0.006 4) | (0.299 7) |
| ln AV | | 0.011 8 | | 0.040 0*** | | 0.035 5*** |
| | | (0.009 3) | | (0.008 4) | | (0.007 1) |
| ln Age | | −0.003 7 | | 0.005 1 | | 0.005 4 |
| | | (0.006 5) | | (0.004 4) | | (0.004 1) |
| ln Empl | | −0.015 5 | | −0.010 6 | | −0.013 2* |
| | | (0.016 1) | | (0.008 0) | | (0.007 6) |
| N | 472 | 306 | 2 372 | 1 815 | 2 844 | 2 121 |
| $R^2$ | 0.068 3 | 0.097 4 | 0.032 5 | 0.081 6 | 0.001 9 | 0.069 8 |
| 年份 $x$ 地区控制 | 是 | 是 | 是 | 是 | 是 | 是 |

在模型(1)、(2)中报告环境规制对高污染行业企业创新的影响;模型(3)、(4)中报告环境规制对非高污染行业企业创新的影响,模型(5)、(6)中报告环境规制对全部行业企业创新的影响。

由表 7-4 可见,以企业全部专利累计数的对数值为因变量,使用环境规制的对数作为主自变量,工业企业增加值、企业存在年限、企业年末从业人数合计的对数作为控制变量。由模型(1)、(2)可以看出,对于高污染产业,环境规制对企业创新为不显著的负向影响(当不存在控制变量时,规制变量系数为-0.004 2;当存在控制系数时,规制变量系数为-0.001 9),且均在10%的条件下不显著。由模型(3)、(4)可以看出,对于非高污染产业,环境规制对企业创新的影响在加入控制变量后发生了由正转负的改变(当不存在控制变量时,规制变量系数为0.010 6,在10%的条件下显著;当存在控制系数时,规制变量系数为-0.764 5,在1%的条件下显著)。由模型(5)、(6)可以看出,对于污染产业,环境规制对企业创新的影响在加入控制变量后发生了由正转负的改变(当不存在控制变量时,规制变量系数为0.009 9,在1%的条件下显著;当存在控制系数时,规制变量系数为-0.414 7,在10%的条件下显著)。也就是说,环境规制对于高污染企业的创新有着抑制作用,而对于其他企业,则有着不能确定的抑制或促进作用,即处于环境库兹涅兹曲线的不同阶段时期。

（2）企业创新对企业碳排放的影响

在研究完环境规制对于企业的创新(Tech,利用专利数据衡量)的影响后,进一步研究二者对于碳排放总量的直接影响,计算结果如表7-5所示。

表 7-5 企业创新对企业碳排放的影响

| 指标 | 模型(1) | 模型(2) | 模型(3) | 模型(4) | 模型(5) | 模型(6) |
|---|---|---|---|---|---|---|
| ln Tech | -0.916 0** | -1.523 3*** | 0.140 7 | -0.286 1** | -0.017 3 | -0.502 0*** |
| | (0.453 0) | (0.340 6) | (0.140 5) | (0.148 5) | (0.131 7) | (0.149 3) |
| ln AV | | 1.026 7*** | | 0.188 5*** | | 0.353 3*** |
| | | (0.129 6) | | (0.050 5) | | (0.055 9) |
| ln Age | | -0.152 4 | | -0.388 5*** | | -0.385 0*** |
| | | (0.100 5) | | (0.043 0) | | (0.042 0) |
| ln Empl | | 0.028 3 | | 0.604 2*** | | 0.565 6*** |
| | | (0.205 0) | | (0.059 3) | | (0.062 5) |
| $N$ | 446 | 293 | 1 821 | 1 399 | 2 267 | 1 692 |
| $R^2$ | 0.148 7 | 0.536 2 | 0.062 0 | 0.260 7 | 0.058 1 | 0.605 7 |
| 年份 $x$ 地区控制 | 是 | 是 | 是 | 是 | 是 | 是 |

在模型(1)、(2)中报告高污染行业企业创新对碳排放总量的直接影响情况;模型(3)、(4)中报告非高污染行业企业创新对碳排放总量的直接影响,模型(5)、(6)中报告全部行业创新对碳排放总量的直接影响。

由表7-5可见,以企业全部专利累计数表达企业创新的对数值为自变量,使用企业碳排放的对数作为因变量,工业企业增加值、企业存在年限、企业年末从业人员合计的对数作为控制变量。由模型(1)、(2)可以看出,对于高污染产业,企业创新对企业碳排放总量为显著的负向影响(当不存在控制变量时,规制变量系数为-0.9160,在5%的条件下显著;当存在控制系数时,规制变量系数为-1.5233,在1%的条件下显著)。由模型(3)、(4)可以看出,对于非高污染产业,企业创新对企业碳排放总量的影响在加入控制变量后发生了由正转负的改变(当不存在控制变量时,规制变量系数为0.1407,在10%的条件下不显著;当存在控制系数时,规制变量系数为-0.2861,在5%的条件下显著)。由模型(5)、(6)可以看出,对于全部产业,企业创新对企业碳排放总量存在负向影响(当不存在控制变量时,规制变量系数为-0.0173,在10%的条件下不显著;当存在控制系数时,规制变量系数为-0.5020,在1%的条件下显著)。也就是说,企业创新对所有企业样本基本均为负向影响,创新的挤出效应十分明显。

# 7.5 稳健性检验

## 7.5.1 不同回归样本的稳健性

为避免不同回归样本对结果的影响,进一步检验了不同样本的回归结果。回归采用的样本由以上的2000—2005年的样本期间延长至2000—2007年的平衡面板数据。与上节采用相同的计算方法和计算流程,利用2000—2007年为样本,计算结果与主回归结果高度一致,说明上一节的计算结果具有稳健性,结论可信度比较好。

## 7.5.2 安慰剂检验

为进一步排除其他未知因素对实验样本选择的影响,确保本研究所得研究结论是稳健的,企业碳排放的变化确实是由环境规制引起的,需要进行安慰剂检验。安慰剂检验通过在所有样本中随机挑选若干次虚拟实验组进行同基准回归一致的计算,为原始研究结论提供稳健性保证。具体而言,在此对样本数据进行了500次抽样,每次抽样随机选出虚拟实验组,被解释变量的核密度分布图显示,绝大多数抽样估计系数 $t$ 值的绝对值都在2以内,且 $p$ 值都在0.1以上,说明因变量在这些500次的随机抽样中均没有显著效果。因此,本研究所得结论可以通过安慰剂检验,环境规制对江西省11地级市企业的碳排放的影响与其他未知因素的因果关系不大。

### 7.5.3   替换变量检验

#### 7.5.3.1   直接效应检验

环境规制、FDI、技术创新对于碳排放总量产生影响可能并不完全作用于碳排放总量,也可能是影响了碳排放强度。当企业的碳排放强度下降时,企业可能会增加生产量,从而发生碳排放效率提高而碳排放总量也提高或降低的情况。所以接下来用碳排放强度,即碳排放总量与销售额比值,替代碳排放总量进行进一步计算,检验结论的稳健性。首先对直接效应进行检验,结果如表7-6所示。

在模型(1)、(2)中报告环境规制对高污染行业企业碳排放强度的影响情况;模型(3)、(4)中报告环境规制对非高污染行业企业碳排放强度的影响;模型(5)、(6)中报告环境规制对整体行业企业碳排放强度的影响。

**表 7-6   环境规制对企业碳排放强度的影响**

| 指标 | 模型(1) | 模型(2) | 模型(3) | 模型(4) | 模型(5) | 模型(6) |
|---|---|---|---|---|---|---|
| ln ER | −1.166 0** | −1.171 9** | 2.786 7*** | 2.002 1*** | 2.306 9*** | 2.222 4*** |
|  | (0.554 4) | (0.528 6) | (0.864 2) | (0.657 8) | (0.710 5) | (0.607 0) |
| ln AV |  | 0.201 4* |  | −0.614 4*** |  | −0.470 3*** |
|  |  | (0.118 4) |  | (0.053 9) |  | (0.055 4) |
| ln Age |  | −0.106 9 |  | −0.355 1*** |  | −0.353 4*** |
|  |  | (0.096 4) |  | (0.044 7) |  | (0.042 6) |
| ln Empl |  | −0.181 4 |  | 0.426 6*** |  | 0.390 4*** |
|  |  | (0.196 3) |  | (0.063 1) |  | (0.063 6) |
| N | 303 | 293 | 1 495 | 1 399 | 1 798 | 1 692 |
| $R^2$ | 0.145 2 | 0.163 0 | 0.097 2 | 0.228 9 | 0.081 6 | 0.166 8 |
| 年份 $x$ 地区控制 | 是 | 是 | 是 | 是 | 是 | 是 |

由表7-6可见,与直接碳排放总量计算相比,对于非高污染行业和整体行业环境规制并不能降低企业碳排放强度,反而可能会显著提高碳排放强度。由模型(3)、(4)环境规制对非高污染产业企业的碳排放强度有显著的促进作用(当不存在控制变量时,规制变量系数为2.786 7,在1%的条件下显著;当存在控制系数时,规制变量系数为2.002 1,在1%的条件下显著),且系数绝对值大于高污染行业。由模型(5)、(6)可知,对于全部行业,环境规制对企业碳排放强度也有显著的促进效应(当不存在控制变量时,规制变量系数为2.306 9,在1%的条件下显著;当存在控制变量时,规制变量系数为2.222 4,在1%的条件下显著)。

同时,三个控制变量(工业企业增加值、企业存在年限、企业年末从业人员合计)表现高度一致,前两项(工业企业增加值、企业存在年限)显著抑制了企业碳排放强度,后一项(企业年末从业人员合计)显著提高了企业碳排放强度。

### 7.5.3.2 企业 FDI 对企业碳排放强度的影响

接下来报告企业 FDI 对于企业碳排放强度的影响,结果如表 7-7 所示。在模型(1)、(2)中报告高污染行业企业 FDI 对于企业碳排放强度的影响情况;模型(3)、(4)中报告非高污染行业企业 FDI 对于企业碳排放强度的影响;模型(5)、(6)中报告全部行业企业 FDI 对于企业碳排放强度的影响。

**表 7-7 企业 FDI 对企业碳排放强度的影响**

| 指标 | 模型(1) | 模型(2) | 模型(3) | 模型(4) | 模型(5) | 模型(6) |
|---|---|---|---|---|---|---|
| ln FDI | −3.191 9 | −2.152 3 | −1.575 8 | −1.376 8 | −2.228 7 ** | −1.954 0 ** |
| | (2.253 8) | (1.961 4) | (0.989 1) | (0.987 9) | (0.937 0) | (0.967 4) |
| ln AV | | 0.208 6 * | | −0.618 1 *** | | −0.466 0 *** |
| | | (0.118 2) | | (0.054 3) | | (0.055 5) |
| ln Age | | −0.174 6 * | | −0.368 3 *** | | −0.371 5 *** |
| | | (0.097 1) | | (0.044 6) | | (0.042 8) |
| ln Empl | | −0.209 9 | | 0.435 1 *** | | 0.385 0 *** |
| | | (0.190 1) | | (0.063 1) | | (0.063 3) |
| $N$ | 288 | 278 | 1 485 | 1 389 | 1 773 | 1 667 |
| $R^2$ | 0.176 9 | 0.196 0 | 0.094 7 | 0.228 9 | 0.083 7 | 0.171 0 |
| 年份 $x$ 地区控制 | 是 | 是 | 是 | 是 | 是 | 是 |

由表 7-7 可见,相比于直接对碳排放总量的影响,FDI 对碳排放强度的影响在高污染行业上也表现为负向效应且不明显。这一点可以理解为江西省有 FDI 的企业相对较少,在 472 家污染企业中,457 家企业没有港澳台投资,454 家企业没有国外投资,江西省的高污染行业更多处于国内民间投资和国家政府投资的状态,所以 FDI 并没有很明确的影响。但是 FDI 对于整体行业和非污染行业都表现出了明显的负向效应,说明 FDI 本身会明显增加企业的碳排放效率。

### 7.5.3.3 企业创新对企业碳排放强度的影响

表 7-8 进一步报告了企业创新对碳排放强度的影响。在模型(1)、(2)中报告高污染行业企业创新对碳排放强度的影响情况;模型(3)、(4)中报告非高污染行业企业创新对碳排放强度的影响;模型(5)、(6)中报告了全部行业企业创新对碳排放强度的影响。

表 7-8　企业创新对企业碳排放强度的影响

| 指标 | 模型（1） | 模型（2） | 模型（3） | 模型（4） | 模型（5） | 模型（6） |
|---|---|---|---|---|---|---|
| ln Tech | −1.304 2*** | −1.489 8*** | −0.635 1*** | −1.376 8 | −0.736 6*** | −0.468 3*** |
| | (0.402 8) | (0.414 8) | (0.189 7) | (0.987 9) | (0.175 4) | (0.154 4) |
| ln AV | | 0.172 7 | | −0.618 1*** | | −0.452 0*** |
| | | (0.114 6) | | (0.054 3) | | (0.055 8) |
| ln Age | | −0.146 9 | | −0.368 3*** | | −0.352 8*** |
| | | (0.095 2) | | (0.044 6) | | (0.042 6) |
| ln Empl | | −0.139 0 | | 0.435 1*** | | 0.384 6*** |
| | | (0.186 8) | | (0.063 1) | | (0.063 4) |
| N | 303 | 293 | 1 495 | 1 389 | 1 798 | 1 692 |
| $R^2$ | 0.165 4 | 0.184 7 | 0.102 9 | 0.228 9 | 0.090 8 | 0.170 5 |
| 年份 $x$ 地区控制 | 是 | 是 | 是 | 是 | 是 | 是 |

　　由表 7-8 可见，企业的创新会显著降低碳排放强度，但是却并不能显著地降低碳排放总量。这说明，企业的创新往往会在随后投入到产业中，生产和经济的导向性更加明显，这一点从显著的产值增加也可以看出。

#### 7.5.3.4　国有资产异质性分析

　　企业受环境规制的影响，一方面可能由企业的外部条件决定，另一方面也一定受到企业本身组织结构类型的影响。因为根据金字塔股权结构理论，控股股东通过一系列多层级的中间实体（公司）来间接控制股权公司，在中国乃至世界范围内都非常普遍（Fan，Wong and Zhang，2013）。金字塔层级使得公司与政府相互隔离，远离各级政府的控制，为政府干预带来障碍，是实现政府分权的一种可靠方式，以至于 Fan，Wong and Zhang（2013）认为国有金字塔产生的原因即是为避免政府的政治干预，国有金字塔层级的延长导致较高的政府控制与信息传递成本，增加了政府与国有企业间的信息不对称程度，影响着政府对国有企业干预的便利程度，政府对国有上市公司的干预成本也就相对较高（张瑞君、李小荣，2012），而政府对直接控制公司的干预成本则相对较低，因而国有金字塔层级先天具有降低政府干预的特点，能够降低政府干预的动机（章卫东等，2013）。金字塔组织结构也是政府做出不干预的一种承诺，复杂的金字塔组织结构使得政府获取公司日常运营相关的及时充分信息的成本更高（张瑞君、李小荣，2012）。因此，处于金字塔底层公司的信息必须经过中间代理链层级才能传到顶层控制者手中，而由于中间代理链层级的无效性以及它们与顶层控制者的利益冲突势必会阻碍信息未必能够按照顶层控制者的需求来及时传递。因为，江西省企业的 FDI 投入整体较少，而国有资产的投入较多，影响可能更大，因此，将国有资产占比（NC）作为进一步可能影响的异质性检验分析，结论如表 7-9 所示。

表 7-9 异质性分析

| 指标 | （1） | （2）NC＜0.2 | （3）NC≥0.5 |
| --- | --- | --- | --- |
| ln ER | 1.623 1*** | −1.802 2** | 3.174 6*** |
| | （0.698 1） | （0.715 7） | （0.897 1） |
| ln NC | −0.017 9 | −0.045 8 | 0.049 1 |
| | （0.028 0） | （0.059 4） | （0.035 1） |
| ln ER×NC | 0.014 0 | 1.958 0*** | −1.800 3*** |
| | （0.232 4） | （0.516 3） | （0.501 6） |
| ln AV | 0.337 3*** | 0.472 4*** | 0.214 0*** |
| | （0.055 4） | （0.094 3） | （0.059 4） |
| ln Age | −0.369 5*** | −0.517 8*** | −0.313 0*** |
| | （0.045 1） | （0.098 3） | （0.047 5） |
| ln Empl | 0.590 5*** | 0.487 3*** | 0.691 0*** |
| | （0.066 7） | （0.120 5） | （0.072 0） |
| N | 1 691 | 572 | 1 119 |
| $R^2$ | 0.286 7 | 0.361 6 | 0.295 9 |
| 年份 $x$ 地区控制 | 是 | 是 | 是 |

在表 7-9 中，模型（1）为全部样本的检验，环境规制对于碳排放总量为正向显著影响，系数为 1.623 1，在 1%的条件下显著。而国有资产投资为不显著的负向影响，交互项为不显著的正向影响。模型（2）为国有资产比例小于 20%的企业样本研究，环境规制对碳排放总量为显著的负向影响，系数为−1.802 2，在 5%的条件下显著；而国有资产为不显著的负向影响，其系数为−0.045 8，在 10%的条件下不显著；环境规制与国有资产比重的交互项为正向影响，系数为 1.957 9，在 1%的条件下显著。模型（3）为国有资产比例大于等于 50%的企业样本研究，环境规制对于碳排放总量为显著的正向影响，其系数为 3.174 6，在 1%的条件下显著，而环境规制与国有资产的交互项为−1.800 3，在 1%的条件下显著。

说明环境规制与企业国有资产投入性质有着显著的相关性，环境规制对于国有资本较少的企业（少于 20%）会有显著的抑制效果，但是对于以国有资本为主的企业（大于等于 50%），环境规制并不能有效地抑制碳排放。

# 7.6 结论与政策建议

建设生态文明、打赢污染防治攻坚战，要求地方政府具有环境政策创新的主动性和环境政策执行的积极性。本研究使用工业企业微观数据库,研究了江西省地方政府在环境政策方面的创新探索,可以为其他地方乃至中央政府的政策制定提供有益的借鉴。然而,效果良好的地方环境政策创新在扩散过程中也可能产生差异化的政策效果。基于企业角度,在现阶段,江西省的环境政策对碳排放的研究结论和政策建议如下。

① 环境规制对于高污染产业企业的影响远大于非高污染产业企业,并主要通过影响高污染企业达到降低污染的目的,需要进一步完善政府规制对于不同企业的公平待遇。对内而言,这种差异可能会引起企业发展的不均衡;对外而言,可能会限制部分行业的企业流入。虽然这类环境规制政策可能会得到一定的短期效益,但是并不能从根本上促进经济与碳减排的和谐共赢发展。

② 环境规制对于高污染企业的影响大多是直接影响,因为江西本地的高污染企业少有外商投资,且此类企业往往进行外观创新,却少有实际的发明类创新。加快高污染企业实际性、有效性的绿色创新有着重要的意义。对企业创新进行明确分类,不同分类给予不同优惠政策,可以更好地促进环境规制影响企业创新产出,最终达到碳减排目标。

③ 环境规制对非高污染企业的影响既通过 FDI 也通过创新影响碳排放,但是对于此类企业而言,FDI 的增加会提高企业的碳排放效率,降低企业的碳排放总量。创新虽然降低了企业的碳排放强度,但是会同时促进企业增加生产,最终并不能完全达到目标效果,反而会增加企业的碳排放总量。所以长远来看,政策在实施过程中不仅应该关注政策的短期效应,还应该关注可能会对企业产生的长期影响。因此,一味地强调非污染企业的创新是并不完全的,应该在鼓励创新的基础上,进一步规制碳排放总量。同时,综合以上两点不难发现,FDI 进入非污染企业产生的环境效果会远好于进入污染企业的情况。

④ 在企业股权性质方面,将企业分为"全部样本""国有资产占比超过 50%"和"国有资产占比小于 20%"三类可以发现,环境规制对于整体碳排放起到了正向促进的作用。也就是说,环境规制并不能够很好地完成碳减排,同时这个效应在国有资产占比超过 50% 的企业中更加明显,是全部企业集合的 3 倍,但是对国有资产占比不足 20% 的企业却起到了严格的规制效果。说明江西省政府对于此类国有资产较少的企业的规制效果反而更好,因为环境规制数据相同,所以并不能认为是江西省政府额外对国有企业进行偏袒。所以在未来的政策实施过程中,应该对国有企业和非国有企业进行差异化较大的规制方案,更加严格地控制国有企业碳排放。

# 8 江西省抚州市生态文明建设案例研究

为什么要发展生态文明建设？改革开放 40 多年来，我国经济水平迅速提高，经济实力逐步增强，成为世界第二大经济体。但由于片面追求经济增长，采用粗放式经济增长方式，使环境和资源问题严重恶化。作为红色革命根据地的江西省，对比周围省份其经济发展水平只能说差强人意，为实现经济的赶超，如何绿色环保地发展经济给江西省带来巨大的挑战。因此，加快推进江西省生态文明制度体系建设，制定合理的江西省区域节能减排计划，进而实现江西省区域性低碳经济发展，具有重要意义。

## 8.1 生态文明建设相关理论

什么是生态文明建设？关于生态文明建设的概念与内涵的研究，许多学者从文明发展阶段、社会文明属性、发展理念、发展路径等角度对生态文明进行了界定，从不同角度可以总结出生态文明建设是一种兼顾社会发展与生态保护的符合时代需求的一种文明建设。

### 8.1.1 理论基础

如何建设生态文明？要达到生态文明建设的目标——资源节约型、环境友好型社会，生态文明建设就要着力推进绿色发展、循环发展、低碳发展，对传统产业进行生态化改造，推动经济绿色转型。于妍（2014）研究发现建设生态文明需要坚持绿色发展的道路，因为绿色发展既能保持合理的经济发展速度，又充分考虑到经济增长与生态环境的协调性、可持续性，能够推动整个社会最终走上生态文明之路。王娣、金涌、朱兵（2009）对循环经济展开了研究，认为实施循环经济可以为生态文明的建设提供经济和物质基础。伍世安（2014）认为低碳经济是生态文明建设的重要载体，是更为短期和现实的努力方向，低碳经济的建设成果对生态文明建设具有重要的借鉴价值。

### 8.1.2 实践要求

在具体的生态文明建设的实践过程中,要把生态文明建设放在突出地位,融入经济建设、政治建设、文化建设、社会建设的各方面和全过程。时代要求把生态文明理念与道德准则贯穿于经济、社会、人文、民生和资源、环境等各个领域,发挥导向、驱动作用,使所有的发展都体现生态文明的要求——新的文明时代特点。党的十九大报告中关于生态文明建设的要求指出:一要推进绿色发展;二要着力解决突出环境问题;三要加大生态系统保护力度;四要改革生态环境监管体制。

2014年11月,《江西省生态文明先行示范区建设实施方案》被正式批准,作为我国首批全境列入生态文明先行示范区建设的省份之一,实施方案的获批,标志着江西省建设生态文明先行示范区上升为国家战略。实施方案提出了示范定位、阶段目标、六大任务,以及重点工程和行动计划等。结合国家要求和江西省的地方特点,提出六大任务:优化国土空间开发格局、调整优化产业结构、推行绿色循环低碳生产方式、加大生态建设和环境保护力度、加强生态文化建设、创新体制机制。

### 8.1.3 研究视角

生态文明建设对我国的可持续发展具有重要的意义,这也是时代发展的必然要求。由于我国幅员辽阔,各区域的发展现状和生态环境情况极具区域特征,要想生态文明建设得更好,需要从各方面共同构建,更需要根据当地实际情况,策划出符合当地需求的生态文明建设方案。目前关于生态文明建设的研究,基于理论分析的逻辑演绎多,来自实际调查的归纳总结少。

近年来,在政府的强力推动下,各级各类区域(城市)的生态文明建设取得了一些成效。其中,江西省关于生态文明建设已颁布了一系列的文件、开展了一系列的活动,在生态文明建设的过程中积累了丰富的经验和成果,正在积极构建生态文明建设的"江西样板"。

为了丰富生态文明建设实践研究的理论,本研究选取江西省创建生态文明重点城市作为研究对象,利用案例分析的方法,分析该地区的生态文明创建模式及过程。本研究聚焦于两个问题:该市如何进行生态文明建设;该市生态文明建设的特点是什么。本章的研究一方面有利于生态文明建设的实践经验推广,另一方面可以更好地为建设美丽江西提供科学建议。

## 8.2 研究设计

### 8.2.1 研究模型的设计

现阶段,我国生态文明建设以政府推动为主。生态文明建设需要政府、企业、个人多元主体参与,在区域、产业和社会多个层面展开,根据生态文明建设的参与主体和动力来源,可以将生态文明建设的实现机制归纳为三类——政府推动机制、市场驱动机制和个人自觉机制。目前,我国生态文明建设主要依靠政府推动机制。在生态文明建设政府推动机制的作用下,政府通过"自上而下"的行政力量协调环境与经济的发展。

我国生态文明建设需最先解决的问题是环境、资源与经济发展相适应的问题。从生态文明建设的理论意义上来说,生态发展的首要目标是通过使经济活动基于人类的基本需要和生态协调发展的方式来保持自然生态发展的可持续性。生态可持续性,要求坚持环境容量对人类经济总体规模的限制性;坚持区域经济活动与地方生态系统协调一致的必要性;坚持经济决策对生态环境考虑的优先性。坚持这"三性"是经济绿化的生态发展的主题。从生态文明建设相关研究来说,以及从国家政策方针层面来看,在建设生态文明的途径中,现阶段生态文明建设的研究以环境保护与经济发展的研究为主,其中包括生态文明建设与绿色经济、循环经济、低碳经济的关系等。

结合以上理论依据和生态文明建设的相关研究,本研究从政府决策、生态环境建设、生态经济建设三个要素相互影响的角度,构建现阶段的生态文明建设机理图如图 8-1 所示。其中,政府决策主要包括政府出台政策、建议、办法以及组织的若干活动等;生态环境建设主要涵盖生态资源、环境保护等;生态经济建设主要包括绿色经济、循环经济、低碳经济等。

### 8.2.2 研究方法的选择

本研究采用探索性案例研究方法,具体原因如下:① 本研究主要内容是区域如何进行生态文明建设以及建设的特点是什么,属于回答"怎么样"类型的问题,适合采用案例研究方法;② 目前关于生态文明建设的研究,基于理论分析的逻辑演绎多,来自实际案例的归纳总结少,本研究采取案例研究的方法可以为生态文明建设方面提供很好的现实依据。

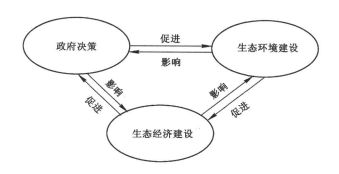

图 8-1　生态文明建设机理图

### 8.2.3　目标案例的选择

本研究选择江西省抚州市作为案例研究对象,主要原因如下:一是理论视角符合。抚州市是江西省生态环境最好的设区市之一,是国家生态文明试验区先行示范市。二是研究数据充足。抚州市在生态文明先行示范市建设中,积极开展"先行先试",着力打造江西生态文明建设的"抚州样板",先后颁布、实施了一系列相关政策。三是借鉴优势明显。抚州市近些年在生态文明建设、环境保护、创建卫生城市等领域取得较好的成果,这对生态文明建设的研究有较大的借鉴意义。

### 8.2.4　数据来源

本研究主要选取抚州市生态文明建设 2014—2019 年时间段的相关数据。在数据收集方面,本研究采取实地调查、公开资料整理等多种途径收集相关数据。具体来源有中国统计年鉴、政府工作报告、新闻报道、政府公文、实地调查等。通过研究目标和数据特征评估,对收集的政府发文政策数据进行分类,主要分为生态环境、生态经济、生态保障三大类,如表 8-1 所示。

本研究采取循环往复的数据分析策略。首先,进行理论回顾。通过梳理环境规制、生态文明建设文献,界定研究问题,构建理论模型。其次,形成完整的案例描述,呈现清晰且实事求是的数据链。最后,反复检查现有理论、数据和模型之间的一致性,直至达到理论饱和。

表 8-1 生态文明建设政府公文政策统计

| 政策大类 | 政策分类 | 2014 年 | 2015 年 | 2016 年 | 2017 年 | 2018 年 | 2019 年 | 总计 |
|---|---|---|---|---|---|---|---|---|
| 生态环境 | 森林生态 | 26 | 30 | 48 | 16 | 19 | 28 | 167 |
| | 水生态 | 5 | 12 | 30 | 23 | 22 | 17 | 109 |
| | 环保生态 | 7 | 9 | 13 | 11 | 17 | 13 | 70 |
| | 节能生态 | 2 | 1 | 3 | 1 | 7 | 2 | 16 |
| | 小计 | 40 | 52 | 94 | 51 | 65 | 60 | 362 |
| 生态经济 | 综合发展生态 | 3 | 7 | 46 | 15 | 19 | 14 | 104 |
| | 文旅、养老生态 | 1 | | 13 | 14 | 8 | 19 | 55 |
| | 农村、农业生态 | 3 | 2 | 5 | 21 | 4 | 6 | 41 |
| | 产业优化、创新 | | | 6 | 7 | 1 | 6 | 20 |
| | 小计 | 7 | 9 | 70 | 57 | 32 | 45 | 220 |
| 生态保障 | 生态保障 | 3 | 5 | 15 | 11 | 18 | 31 | 83 |
| | 总计 | 50 | 66 | 179 | 119 | 115 | 136 | 665 |

## 8.3 案例描述

### 8.3.1 抚州市概述

抚州市位于江西省东部地区,现有人口 406 万人,下辖 9 县 2 区和抚州国家级高新技术开发区、东临新区两个重点开发区,总面积 1.88 万 km²。抚州市是一个各项优势集聚叠加的地方,当前的发展正面临非常难得的历史机遇期,可以概括为"五大优势"。一是区位优势。抚州市地处长三角、珠三角和闽东南三角区战略腹地,是南昌远郊、海西近邻。二是生态优势。抚州市是江西省生态环境最好的设区市之一,是国家生态文明试验区先行示范市。三是文化优势。抚州市素有"才子之乡、文化之邦"的美誉,历史上涌现了一大批名儒巨公,如王安石、汤显祖、曾巩、晏殊、晏几道、陆九渊等。四是政策优势。抚州市同属鄱阳湖生态经济区、海西经济区、原中央苏区振兴发展战略区、长江中游城市群、江西省生态文明先行示范区、江西内陆开放型经济试验区 6 个国家级区域发展战略平台。五是产业基础优势。抚州市现有 1 个国家级高新区和 11 个省级开发区,另外还有东临新区、昌抚合作示范区、赣闽合作示范区等发展平台。《江西省抚州市生态文明先行示范市建设实施方案》在 2016 年下发,方案基准年为 2014 年。

2014—2019 年这 6 年间,抚州市在政府的推动机制下,经济发展、环境保护、生态文明建设等方面都取得显著的效果。从抚州市森林覆盖率、水质、空气质量等参数可以看出,在维持经济良性增长的同时,抚州市在生态环境方面一直保持健康稳定的状态。

### 8.3.2 抚州市生态文明建设三阶段

现阶段我国生态文明建设主要依靠政府推动机制,通过跟踪、分析抚州市2014—2019 年的生态文明建设的历程,发现抚州市在整个创建生态文明的过程中存在明显的阶段特征,一方面是因为国家、省级层面的生态文明建设的重视程度,另一方面和抚州市政府的发展战略息息相关。抚州市在 2016 年正式下发了《江西省抚州市生态文明先行示范市建设实施方案》,方案范围为抚州市全境,是指导抚州市各县(区)发展的行动纲领和编制相关专项规划、布局重大项目的重要依据,方案基准年为 2014 年,目标年为 2017 年,展望年到 2020 年建成生态文明先行先试示范市。

通过归纳分析抚州市的生态文明建设的历程,本研究将整个历程划分为三个阶段。第一阶段为生态文明建设初探布局阶段,第二阶段为生态文明建设大力发展阶段,第三阶段为生态文明建设全面升级阶段。

(1)第一阶段:生态文明建设初探布局(2014—2015 年)

这一阶段,抚州市尚未颁布生态文明先行示范市建设实施方案。这一阶段的城市发展以经济增长和发展转型为中心。其中,2014 年,关停 36 家非法电镀、小造纸等污染企业,开展农村环境卫生综合治理、水库水质污染和禽畜养殖污染专项整治行动。2015 年,颁布稳增长促升级 50 条、加快抚州国家高新区发展升级 22 条、促进房地产市场平稳健康发展 12 条等政策措施。生态文明建设方面,主要以环境规制方式为主,主要开展了一系列的环境保护和生态治理的活动。从公开整理的关于生态文明建设的政府发文及相关资料可以看出,这一阶段生态文明建设概念尚处于初探布局阶段,发展主要强调的是产业转型,生态治理以常规环境规制方式为主,相关政策推动主要运用在森林资源、环境保护方面,为下一阶段的生态文明建设打下了良好的生态环境基础。具体的生态文明建设相关政策、成果统计,如表 8-2 所示。

表 8-2　抚州市 2014—2015 年生态文明建设相关政策、成果统计

| 年份 | | 2014 年 | 2015 年 |
|---|---|---|---|
| 发展<br>重心 | 发展主题 | 全面深化改革 | 稳增长促升级 |
| | 政策/项目 | — | 稳增长促升级 50 条、加快抚州国家高新区发展升级 22 条、促进房地产市场平稳健康发展 12 条等政策措施 |
| 生态<br>文明<br>建设 | 相关政策、活动、计划 | 生态环境:40 条<br>生态经济:7 条<br>生态保障:3 条 | 生态环境:52 条<br>生态经济:9 条<br>生态保障:5 条 |
| | 相关行动 | 1. 关停 36 家非法电镀、携工、小造纸等企业;<br>2. 开展农村环境卫生综合治理、水库水质污染和禽畜养殖污染专项整治行动 | 1. 划定生态保护红线;<br>2. 强化污染治理;<br>3. 启动 PM2.5 监测;<br>4. 强化净水行动;<br>5. 建立"河长制";<br>6. 强化城乡生活垃圾专项治理;<br>7. 推进"清洁工程建设";<br>8. 在全省率先实施全市域封山育林 |
| | 相关成果 | 成功创建"国家园林城市"、"国家森林城市"和"省级卫生城市" | 1. 新创建 2 个国家级生态文化村、1 个省级生态乡镇和 5 个省级生态村;<br>2. 空气质量保持全省前列;<br>3. 洪门水库列入全国生态湖泊治理项目 |

（2）第二阶段:生态文明建设大力发展（2016—2017 年）

这一阶段,抚州市正式颁布了生态文明先行示范市建设实施方案。这一阶段的城市发展以稳增长优环境为中心,在强调经济增长的同时,更加注重对环境、生态资源的保护,积极贯彻绿色发展理念,生态环境进一步优化。其中,在 2016 年和 2017 年分别颁布了上百余条的降成本优环境政策。在生态文明建设方面,绿色工程全面推进,绿色优势不断巩固,绿色制度更加完善,生态文明制度体系构建加快。从公开整理的关于生态文明建设的政府发文及相关资料可以看出,这一阶段生态文明主题由第一阶段的强调经济增长和发展转型逐渐转化为优化环境与经济稳定增相结合,生态文明建设体系初步成型,在第一阶段环境规制的基础建设上更加注重对环境的治理,经济发展逐渐融入生态文明建设;政府颁布了一系列的项目、计划,并开展了一列的生态建设工程,且取得了一定的成效。相关政策推动不仅运用在森林、水、环保生态等方面,同时也大面积地运用在经济生态方面,与此同时,颁布的一系列的支持政策保障了生态文明建设的有效进行。具体的生态文明建设相关政策、成果统计如表 8-3 所示。

**表 8-3  抚州市 2016—2017 年生态文明建设相关政策、成果统计**

| 年份 | | 2016 年 | 2017 年 |
|---|---|---|---|
| 发展重心 | 发展主题 | 稳增长优环境 | 稳增长优环境 |
| | 政策/项目 | 落实省降成本优环境 80 条、新 20 条,市降成本优环境促转型 38 条。实施 280 个国家、省、市重点项目,完成投资 274 亿元 | 落实省降成本优环境 130 条和市配套出台的 38 条等政策措施。实施 214 个市重大重点项目,完成投资 255 亿元。41 个项目列入省大中型项目,50 个项目列入省市县三级联动项目 |
| 生态文明建设 | 相关政策、活动、计划 | 生态环境:94 条<br>生态经济:70 条<br>生态保障:15 条 | 生态环境:51 条<br>生态经济:57 条<br>生态保障:11 条 |
| | 相关行动 | 一、绿色工程全面推进<br>1. 完成《抚河流域生态保护及综合治理总体规划》编制,总投资 370 亿元的抚河流域生态保护及综合治理工程一期即将启动实施;<br>2. 完成抚河干流沿岸 36 个生态村镇示范点规划设计及前期准备工作,金溪洛城、崇仁官山等一批示范点初显成效。<br>二、绿色优势不断巩固<br>1. 深入开展"净空、净水、净土"行动;<br>2. 重点治理东乡北港河和乐安乌江鳌溪河;<br>3. 扎实推进农业面源污染整治,化肥用量实现零增长;<br>4. 全市域封山育林工作深入推进 | 一、环境污染治理力度加大<br>1. "净空、净水、净土"专项行动深入开展;<br>2. 围绕治理"四尘三烟三气"环境污染,集中开展四个专项整治行动,集中开展中央环保督察问题整改,市中心城区和各县(区)一批污染治理项目加速推进;<br>3. 市中心城区垃圾焚烧发电厂主体工程即将封顶,崇仁、南丰区域性垃圾焚烧发电厂选址确定;<br>4. 打造"河长制"升级版;<br>5. 推进农村生活污水治理,实施了东乡北港河与乐安鳌溪河流域综合治理工程,水质状况明显改善;<br>6. 累计投入 4 305 万元,在禁养区关闭或搬迁畜禽养殖场 70 家;<br>7. 推广了东乡区生活垃圾一体化市场改革模式,已有 10 个县(区)实行了城乡环卫一体化;<br>8. 投入 4 000 万元,深入实施全市域封山育林 |

表 8-3(续)

| 年份 | | 2016 年 | 2017 年 |
|---|---|---|---|
| 生态文明建设 | 相关行动 | 三、绿色制度更加完善<br>1. 在全省率先成立生态文明先行示范区建设研究中心;<br>2. 开展编制自然资源资产负债表试点、领导干部自然资源资产离任审计试点、探索绿色 GDP 核算体系等十项生态制度创新工作,为生态文明先行示范市建设提供制度保障。<br>3. "河长制""山长制""路长制"启动实施 | 二、重大生态工程全面推进<br>1. 抚河流域生态保护与综合治理一期、廖坊灌区二期、凤岗河生态化治理等示范工程全面推进;<br>2. 临川温泉生态文明样板区建设初见端倪;<br>三、生态文明制度体系加快构建<br>1. 严守生态保护红线,在全省率先实施国土空间规划分类考核,出台水资源生态补偿实施办法;<br>2. 积极开展乡镇生态综合执法试点和生态司法体制改革,率先上线运行"生态云"平台,率先开展碳普惠制试点;<br>3. 编制了自然资源资产负债表,实施领导干部自然资源资产离任审计试点 |
| | 相关成果 | 1. 5 个县纳入国家重点生态功能区。获批省级海绵城市试点。<br>2. PM10、PM2.5 均值和环境空气优良天数占比均居全省前列。全市 22 个水质监测断面水质达标率100%,集中式饮用水水源地水质达标率 100%。<br>3. 资溪县创建国家生态县通过环保部验收 | 1. 环境空气优良天数居全省前列;<br>2. 全市森林覆盖率达 66.14%;<br>3. 资溪县入选首批全国生态文明建设示范<br>4. 广昌抚河源湿地公园、廖坊湿地公园、凤岗河湿地公园纳入国家级湿地公园创建单位名单;<br>5. 黎川岩泉国家森林公园列入第三批国家森林氧吧榜单;<br>6. 获批国家生态产品价值实现机制和全国首批流域水环境综合治理与可持续发展试点 |

(3) 第三阶段:生态文明建设全面升级(2018—2019 年)

这一阶段,为了达成生态文明先行示范市建设实施方案的目标,颁布了《抚州市生态环境和资源保护工作职责规定》《抚州市生态文明建设促进办法》等重大保障性政策。这一阶段的城市发展以生态文明建设统领发展为中心,生态文明建设取得了阶段性的成果,53 项指标中已有 51 项提前完成。在生态文明建设方面,全力打好污染防治攻坚战,大力实施生态环境工程,探索创新生态文明建设机制;生态文明建设的范围更广,生态文明建设的体制更加完善,生态文明建设的保障机制更加强劲。从公开整理的关于生态文明建设的政府发文及相关资料可以看出,这一阶段城市发展已经把生态文明建设放在了首位,生态文明建设体系制度更加完善,城市发展与生态文明建设融为一体,经济、社会、人文、民生和资源、环境的发展随着生态文明建设的进行大放异彩,尤其是文旅、教育、养老项目方面的发展取得一系列的成就,充分发挥了抚州市历史文化悠久的优势。生态文明建设相关政策、成果统计如表 8-4 所示。

**表 8-4　抚州市 2018—2019 年生态文明建设相关政策、成果统计**

| 年份 | | 2018 年 | 2019 年 |
|---|---|---|---|
| 发展重心 | 发展主题 | 产业发展 | 生态文明建设统领发展 |
| | 政策/项目 | 安排实施 316 个市重点项目,完成投资 486.1 亿元;108 个省大中型项目完成投资 381.3 亿元;90 个省市县三级联动重大项目完成投资 112.3 亿元 | 154 个省大中型项目、249 个省市县三级联动重大项目、268 个市重点项目快速推进 |
| 生态文明建设 | 相关政策、活动、计划 | 生态环境:65 条<br>生态经济:32 条<br>生态保障:18 条 | 生态环境:60 条<br>生态经济:45 条<br>生态保障:31 条 |
| | 相关行动 | 一、大力实施生态环境工程<br>1. 抚河流域生态保护与综合治理一期工程基本完工,二期加快推进,抚河沿岸打造的 36 个生态村镇示范点基本建成;<br>2. 廖坊水利枢纽灌区二期主体工程基本完成,新增灌溉面积 33 万亩,廖坊国家湿地公园建设加快推进;<br>3. 市中心城区垃圾焚烧发电厂一期竣工投运,二期加快推进,南丰、崇仁两个区域性垃圾焚烧发电厂项目进展顺利;<br>4. 临川温泉景区建设加快推进,科技金融小镇、温泉度假小镇初具雏形,三翁戏剧小镇基础设施基本建成;<br>二、积极探索绿色制度创新<br>1. 国土空间规划分类考核、全市域水资源生态补偿、全市域封山育林、领导干部生态和自然资源资产离任审计等制度顺利实施; | 一、全力打好污染防治攻坚战<br>二、探索创新生态文明建设机制<br>1. 域水环境综合治理与可持续发展国家试点有序推进;<br>2. 获批长江经济带生态产品价值实现机制国家试点;<br>3. 创新推出畜禽智能洁养贷、河道采砂权抵押贷、古屋贷、环境污染责任险等生态专属金融产品;<br>4. 加快融合文化、体育与旅游产业 |

表 8-4（续）

| 年份 | | 2018 年 | 2019 年 |
|---|---|---|---|
| | 相关行动 | 2. 完成了全市生态资源价值核算；<br>3. 推进了生态公安、生态法庭、生态公诉机关、生态律师服务团队、生态司法等制度试点；<br>4. 生态产品价值实现机制争取国家试点取得积极进展。<br>三、狠抓突出环境问题治理<br>1. 环保督察推动解决了一批群众反映强烈的突出环境问题；<br>2. 市建成区燃放烟花爆竹从禁限转入禁止，进入网格化常态管理；<br>3. 东乡北港河流域综合治理工程顺利通过省消灭劣 V 类水验收；<br>4. 河长制工作纵深推进，河道采砂专项整治取得明显的阶段性成果 | 三、全面推行绿色生活方式<br>1. 持续推广"绿宝"碳普惠制，深入推进"文明餐桌"行动，大力开展绿色创建活动，探索开展生活垃圾"零废弃"管理和分类处理试点；<br>2. 大力推行机关无纸化办公、节能运行管理和政府绿色采购 |
| 生态文明建设 | 相关成果 | 1. 饮用水水源水质全部达到或优于Ⅲ类，达标率 100%；<br>2. 市中心城区 PM2.5 浓度均值 37 μg/m³，空气质量继续保持全省前列。<br>3. 打造了一批生态优、环境美、风格雅的优美村落 | 1. 全市 PM2.5 平均浓度 33 μg/m³，空气质量保持国家二级标准，国家、省级考核断面水质优良率和城市集中式生活饮用水源地水质达标率均为 100%；<br>2. 河(湖)长制、林长制工作考核双双跃居全省第一，乐安县被评为全国绿化模范县；<br>3. 全省唯一的生态文明先行示范市建设取得重要阶段性成果，53 项指标中已有 51 项提前完成；<br>4. 获批长江经济带生态产品价值实现机制国家试点；<br>5. 成功举办 2019 年汤显祖戏剧节暨国际戏剧交流月活动、中国抚州·WBA 世界拳王争霸赛、第 98 届 WBA 世界拳击协会全球年会、2019 中国(抚州)国际美发美容节等重大文旅体活动；<br>6. 连续三年荣获"中国文化竞争力十佳城市"称号，获评 2019 年度中国国家旅游最佳全域旅游目的地，千金陂古代水利工程列入 2019 年世界灌溉工程遗产名录，资溪县入选首批国家全域旅游示范区 |

## 8.4 案例分析

结合生态文明建设机理图,探究在抚州市生态文明建设的过程中,政府决策、生态环境建设与生态经济建设三者之间是如何互相影响的。

### 8.4.1 政府决策与生态环境分析

从整理的政府发文资料可以看出,在数量方面,其中,关于生态环境保护的比重一直处于绝对的优势地位,2014—2019年的发文年均数在40篇以上,尤其是在2016年达到了92篇。在生态环境发文分类中,其中主要以森林生态、水资源生态的发文为主,环保和节能生态相关的发文也占据一定的比例。可以看出,抚州市政府在保护环境生态资源、提升整治环境问题方面做了大量的工作。在成果方面,抚州市主要的生态环境指标,如森林覆盖率、水质、PM2.5等指标均表现良好,并在生态环境治理方面取得较多荣誉,如成功创建国家园林城市、国家森林城市、省级卫生城市、国家级生态文化村(2个)、省级生态乡镇(1个)和省级生态村(5个)等。具体环境指标如表8-5所示。

**表8-5 抚州市2014—2019年环境指标**

| 年份 | | 2014年 | 2015年 | 2016年 | 2017年 | 2018年 | 2019年 |
|---|---|---|---|---|---|---|---|
| 森林 | 森林覆盖率/% | 64.50 | 65.6 | 66.14 | 66.14 | 66.10 | 66.14 |
| 水 | 地表水达到或好于Ⅲ类水体比例/% | 100 | 100 | 100 | 100 | 95.20 | 100 |
| 空气 | 城市空气质量优良天数比率/% | 99.20 | 91.78 | 93 | 85.20 | 88.5 | 95.4 |
| | PM2.5年均浓度/($\mu g/m^3$) | 约41 | 37 | 37 | 47.04 | 36.6 | 33 |

注:2016年抚州市刚建立PM2.5检测站,2014年和2015年PM2.5数据根据国外卫星监测数据作近似处理所得。

从政府历年关于生态环境建设的发文量和实际实施情况、成果等可以看出,政府在生态环境方面的决策对生态环境的建设有直接的促进作用。政府在生态环境方面取得较好的成绩时,环境生态友好会反馈调节政府在这方面做一系列的升级工作,从更高的任务到更加细致的工作安排以及执行监督,从而形成良性循环。2014—2019年生态环境相关发文分布如图8-2所示。

在抚州市生态文明建设的过程中,生态环境建设是一个持续升级的过程,从刚开始的集中、专项整治到整体规划到后期的各种保障措施的升级,其中"河长制""山长制"以及生态文明建设环境治理体系的完善就是很好的体现。从以上实证和分析我们可以验证出,政府决策有力地推动了生态环保建设,生态环保带

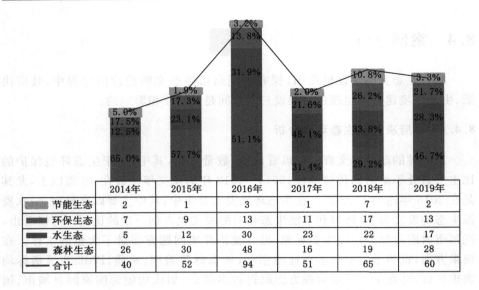

图 8-2  抚州市 2014—2019 年生态环境相关发文分布

| | 2014年 | 2015年 | 2016年 | 2017年 | 2018年 | 2019年 |
|---|---|---|---|---|---|---|
| 节能生态 | 2 | 1 | 3 | 1 | 7 | 2 |
| 环保生态 | 7 | 9 | 13 | 11 | 17 | 13 |
| 水生态 | 5 | 12 | 30 | 23 | 22 | 17 |
| 森林生态 | 26 | 30 | 48 | 16 | 19 | 28 |
| 合计 | 40 | 52 | 94 | 51 | 65 | 60 |

来的成果也促进了政府决策的精准升级。政府决策与生态环境建设的关系如图 8-3 所示。

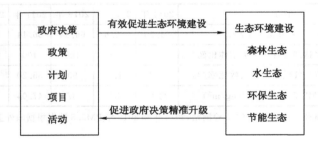

图 8-3  政府决策与生态环境建设的关系

## 8.4.2  政府决策与生态经济分析

从整理的政府发文资料可以看出,在数量方面,关于生态经济的发文数量除了生态文明建设第一阶段较少以外,第二、三阶段均占据第二的位置。在生态经济的分类发文中,发文分布呈现阶段性的特征:2016 年综合发展生态相关的发文量较大,这其中主要以政府的招商行为为主;2017 年在农村、农业建设方面的发文量较大,从行为特征来分析,一方面是为了建设生态农村,另一方面也是为了贯彻《中央环境保护督查组督查反馈意见畜禽养殖污染防治整改方案》。从生态文明建设有关文旅、养老的发文量可以看出,在第二、第三阶段,文旅、养老生态建设得到了持续的关注与发展。生态经济相关发文分布如图 8-4 所示。

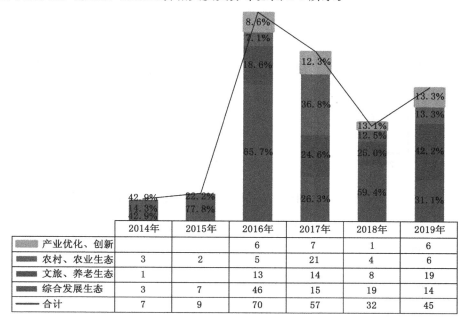

| | 2014年 | 2015年 | 2016年 | 2017年 | 2018年 | 2019年 |
|---|---|---|---|---|---|---|
| ▦ 产业优化、创新 | | | 6 | 7 | 1 | 6 |
| ▩ 农村、农业生态 | 3 | 2 | 5 | 21 | 4 | 6 |
| ▨ 文旅、养老生态 | 1 | | 13 | 14 | 8 | 19 |
| ▤ 综合发展生态 | 3 | 7 | 46 | 15 | 19 | 14 |
| —— 合计 | 7 | 9 | 70 | 57 | 32 | 45 |

图 8-4   抚州市 2014—2019 年生态经济相关发文分布(单位:篇)

在成果方面,2014—2019 年抚州市 GDP 一直保持在 8.0% 左右的增速,经济保持平稳增长,如图 8-5 所示。

在经济结构方面,第三产业的占比逐年升高,经济转型升级卓有成效,2017年第三产业的占比首次超过第二产业。具体如图 8-6 所示。

从政府历年关于生态环境建设的发文量和实际实施情况、成果等可以看出,政府在生态经济方面的决策对生态经济的建设有直接的促进作用。政府的在经济方面的推动,可以直接影响经济的发展。在经济下行的大环境下,抚州市的GDP 增长率一直保持在一个较高的水平,生态经济政策的执行加快了当地产业结构的升级,经济向又好又快发展。政府在经济发展方面取得了较好的成绩,经济发展会反馈调节政府在这方面做一系列的升级工作,从重点打造到更加细致的工作安排以及执行监督,从而形成一个良性的循环。在抚州市生态文明建设的过程中,其生态经济建设是一个持续升级的过程,从刚开始的以经济建设为主题到后来的稳增长优环境,再到最后的生态建设统领经济发展,抚州市的文旅、

图 8-5 抚州市 2014—2019 年 GDP 及其增长速度

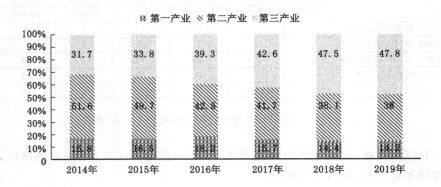

图 8-6 抚州市 2014—2019 年第三产业增加值占生产总值比重

养老生态等产业的发展就是这样的例子。抚州市在生态文明建设的过程中,第一阶段没有注重文旅、养老生态这方面的发展,第二阶段启动了文旅、养老生态的发展并取得初步的成效,第三阶段全力推动文旅、养老生态的发展,给整个抚州市的经济发展带来了强大的推动力,并取得一系列的成就。从以上实证和分析我们可以验证出,政府决策有力地推动了生态经济建设,生态经济带来的成果也促进了政府决策的全面完善。政府决策与生态经济建设的关系如图 8-7 所示。

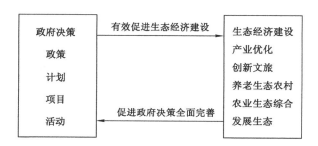

图 8-7    政府决策与生态经济建设的关系

### 8.4.3    生态环境与生态经济分析

生态经济的建设基础是生态环境的建设。在抚州市建设生态文明建设的三阶段中,我们也可以随处看到生态经济建设是以生态环境建设为基础的影子。抚州市在创建生态文明的过程中,始终把生态环境建设放在首位,这点从政府发文类别、数量以及活动执行等都可以看到,这一系列的生态环境建设最终让抚州的生态环境始终保持在一个较高的水平。有了优质的生态环境,抚州市政府从生态文明第二阶段开始,以良好的生态环境为名片,开启了全力发展生态经济的大门,尤其是 2016 年以生态环境为基础的招商、引资活动多达 28 场,后续还有各种生态环境建设的项目,如抚河流域生态保护与综合治理一期、廖坊灌区二期、凤岗河生态化治理等示范工程全面推进等,这些项目既达到了生态环境建设的目的,也带动了当地生态经济的发展。

生态经济的推行促进了生态环境的建设。生态经济也就是绿色经济、循环经济、低碳经济的综合型经济。这种经济的推行,取代了传统高消耗、高污染的经济,这必将有利于生态环境的建设与发展。抚州素有"才子之乡、文化之邦"的美誉,这也是抚州的一块活招牌。文化、旅游、养老产业也是绿色生态产业,在政府的有力推动下,2016 年以后抚州大力发展文化、旅游、养老相关的生态经济,一方面带动了当地经济的发展,另一方面也发挥出了生态文明建设的抚州特色。这不仅使得抚州在经济下行的环境下能够保持经济的稳定发展,也达到了保护生态环境的目的,更进一步促进了生态文明的建设。

从抚州生态文明建设的历程以及已上分析可以看出,生态环境建设是生态经济建设的基础,生态经济建设同时可以促进生态环境建设,两者的共同发展可以促进生态文明建设的有序进行。生态环境建设与生态经济建设的关系如图 8-8 所示。

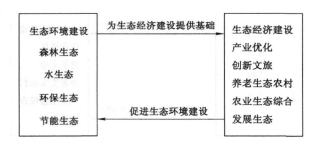

图 8-8　生态环境建设与生态经济建设关系

## 8.5　结论与政策建议

### 8.5.1　主要研究结论

本章利用案例研究的方法,立足江西省抚州市创建生态文明的历程,基于生态文明建设实践要求、生态文明建设内涵以及当前生态文明建设重点等理论知识构建了生态文明建设机理模型。本研究从政府决策的视角,主要分析政府决策、生态环境建设、生态经济建设三者的关系,通过对抚州市生态文明建设历程的研究和分析得出以下结论。

① 抚州市生态文明建设阶段特征明显,这主要与政府在生态文明建设方面的投入与关注有关。第一阶段,抚州市尚未颁布生态文明建设的纲领文件,抚州市在生态文明建设方面的投入相对较少,主要以环境规制等方式进行环境方面的治理,良好的生态环境为下一阶段的生态文明建设打下了良好的基础。第二阶段,抚州市正式颁布了生态文明建设的文明先行示范市建设实施方案。在方案的指导下,抚州市大力发展生态文明的建设,生态文明建设体系逐步完善,生态文明建设卓有成效。第三阶段,抚州市生态文明建设全面升级,生态文明建设统领城市全面发展,生态文明建设体系、制度更加完善,生态文明保障制度更加健全,并取得一系列丰硕成果。

② 抚州市生态文明建设的特点是:生态环境资源保护良好;在抚州市创建生态文明的历程中,抚州市的优质生态环境资源是企业的融合发展。生态文明建设的基础是生态环境建设,抚州市拥有得天独厚的最核心的竞争力,为创建生态文明建设打下了良好的基础。抚州市自古以来就具有浓厚的文化气息,在创建生态文明的过程中,充分融合文化、旅游、养老、体育等产业,一方面使得抚州市的生态经济建设得到良好的发展,另一方面也带动了生态环境的建设,生态文

明建设与文旅产业的发展相得益彰,创建了生态文明建设的抚州样板。

③ 现阶段,抚州市生态文明建设主要是协调生态环境建设和生态经济建设。现阶段的生态文明建设主要以政府推动为主,政府通过一系列的政策、方案、活动等决策,促进生态文明建设和生态经济建设。通过研究分析发现,生态文明建设的抓手是政府,生态文明建设的基础是生态环境建设,生态文明建设的关键是生态经济建设。政府决策和生态环境建设、生态经济建设三者之间相辅相成,互相影响,三者之间两两形成良性的闭环,三者之间可以组成一个大的良性闭环。

## 8.5.2 政策建议

生态文明建设是符合时代、国家、地方要求的区域建设方式。生态文明建设好了,对人类自身及其子孙后代的生存与发展都有益。

对于抚州市而言,在生态文明建设方面需要:

① 加大生态文明建设的力度,继续完善生态文明建设体系、完善生态文明保障制度;

② 始终把生态环境建设放在首位,保护好生态环境和生态资源;

③ 持续发展抚州的文化旅游、健康养老等特色绿色产业,打造抚州生态文明样板。

对于其他正在建设生态文明建设的区域,除了努力协调生态环境建设和生态经济建设外,在生态环境建设的基础上,在不破坏生态环境、资源的要求下,尽量将当地特色融入生态文明建设,努力构建适合自己区域的生态文明建设体系。

# 参 考 文 献

白俊红,吕晓红,2017.FDI 质量与中国经济发展方式转变[J].金融研究(5):47-62.

薄文广,徐玮,王军锋,2018.地方政府竞争与环境规制异质性:逐底竞争还是逐顶竞争?[J].中国软科学(11):76-93.

蔡传里,2015.环境规制的绩效研究:基于产业升级视角的进一步思考[J].会计之友(11):52-55.

蔡圣华,牟敦国,方梦祥,2011.二氧化碳强度减排目标下我国产业结构优化的驱动力研究[J].中国管理科学,19(4):167-173.

蔡乌赶,周小亮,2017.中国环境规制对绿色全要素生产率的双重效应[J].经济学家(9):27-35.

柴泽阳,杨金刚,孙建,2016.环境规制对碳排放的门槛效应研究[J].资源开发与市场,32(9):1057-1063.

陈德敏,张瑞,2012.环境规制对中国全要素能源效率的影响:基于省际面板数据的实证检验[J].经济科学(4):49-65.

陈瑞清,2007.建设社会主义生态文明 实现可持续发展[J].中国政协(2):64-65.

陈诗一,2009.能源消耗、二氧化碳排放与中国工业的可持续发展[J].经济研究(4):41-55.

陈迎,潘家华,谢来辉,2008.中国外贸进出口商品中的内涵能源及其政策含义[J].经济研究,43(7):11-25.

陈志建,刘月梅,刘晓,等,2018.经济平稳增长下长江经济带碳排放峰值研究:基于全球夜间灯光数据的视角[J].自然资源学报,33(12):2213-2222.

代迪尔,2013.产业转移、环境规制与碳排放[D].长沙:湖南大学.

代丽华,金哲松,林发勤,2015.贸易开放是否加剧了环境质量恶化:基于中国省级面板数据的检验[J].中国人口・资源与环境,25(7):56-61.

邓峰,宛群超,2017.环境规制、FDI 与技术创新:基于空间计量学的经验分析[J].工业技术经济,36(8):51-58.

邓慧慧,桑百川,2015.财政分权、环境规制与地方政府 FDI 竞争[J].上海财经大学学报,17(3):79-88.

邓玉萍,许和连,2013.外商直接投资、地方政府竞争与环境污染:基于财政分权视角的经验研究[J].中国人口·资源与环境,23(7):155-163.

丁绪辉,张紫璇,吴凤平,2019.双控行动下环境规制对区域碳排放绩效的门槛效应研究[J].华东经济管理,33(7):44-51.

董敏杰,2011.环境规制对中国产业国际竞争力的影响[D].北京:中国社会科学院研究生院.

董敏杰,梁泳梅,李钢,2011.环境规制对中国出口竞争力的影响:基于投入产出表的分析[J].中国工业经济(3):57-67.

杜立民,2010.我国二氧化碳排放的影响因素:基于省级面板数据的研究[J].南方经济(11):20-33.

樊茂清,郑海涛,孙琳琳,等,2012.能源价格、技术变化和信息化投资对部门能源强度的影响[J].世界经济,35(5):22-45.

方玲,2014.皖江城市带 FDI 对环境污染的影响分析[J].统计与决策(8):142-144.

傅京燕,2009.产业特征、环境规制与大气污染排放的实证研究:以广东省制造业为例[J].中国人口·资源与环境,19(2):73-77.

傅京燕,胡瑾,曹翔,2018.不同来源 FDI、环境规制与绿色全要素生产率[J].国际贸易问题(7):134-148.

傅京燕,李丽莎,2010.FDI、环境规制与污染避难所效应:基于中国省级数据的经验分析[J].公共管理学报,7(3):65-74.

干春晖,郑若谷,余典范,2011.中国产业结构变迁对经济增长和波动的影响[J].经济研究,46(5):4-16.

甘永辉,杨解生,黄新建,2008.生态工业园工业共生效率研究[J].南昌大学学报(人文社会科学版),39(3):75-80.

高君,程会强,2009.自主实体共生模式下企业共生的博弈分析[J].环境科学与管理,34(9):164-167.

耿强,孙成浩,傅坦,2010.环境管制程度对 FDI 区位选择影响的实证分析[J].南方经济(6):39-50.

顾阿伦,何崇恺,吕志强,2016.基于 LMDI 方法分析中国产业结构变动对碳排放的影响[J].资源科学,38(10):1861-1870.

郭红燕,韩立岩,2008.外商直接投资、环境管制与环境污染[J].国际贸易问题(8):113-120.

郭捷,杨立成,2020.环境规制、政府研发资助对绿色技术创新的影响:基于中国内地省级层面数据的实证分析[J].科技进步与对策,37(10):37-44.

郭进,2019.环境规制对绿色技术创新的影响:"波特效应"的中国证据[J].财贸经济,40(3):147-160.

郭沛,冯利华,2019.有偏技术进步,要素替代和碳排放强度:基于要素增强型CES生产函数的门限回归[J].经济问题(7):9.

哈密尔顿,1998.里约后五年:环境政策的创新[M].北京:中国环境科学出版社.

郝艳红,王灵梅,2006.火电厂生态工业园评价指标体系研究[J].环境科学与技术(2):70-71.

何彬,范硕,2017.自主创新、技术引进与碳排放:不同技术进步路径对碳减排的作用[J].商业研究(7):58-66.

何凌云,薛永刚,2011.要素价格变动对能源效率影响的差异性研究[J].管理现代化(3):6-8.

何龙斌,2013.国内污染密集型产业区际转移路径及引申:基于2000—2011年相关工业产品产量面板数据[J].经济学家(6):78-86.

何小钢,张耀辉,2011.行业特征、环境规制与工业 $CO_2$ 排放:基于中国工业 36个行业的实证考察[J].经济管理(33):17-25.

何小钢,张耀辉,2012.中国工业碳排放影响因素与 CKC 重组效应:基于 STIR-PAT 模型的分行业动态面板数据实证研究[J].中国工业经济(1):26-35.

侯伟丽,方浪,刘硕,2013."污染避难所"在中国是否存在?:环境管制与污染密集型产业区际转移的实证研究[J].经济评论(4):65-72.

侯伟,廖晓勇,刘晓丽,等,2013.三峡库区非点源污染研究进展[J].福建林业科技,40(4):208-218.

黄德春,刘志彪,2006.环境规制与企业自主创新:基于波特假设的企业竞争优势构建[J].中国工业经济(3):100-106.

黄鹖,陈森发,周振国,等,2004.生态工业园区综合评价研究[J].科研管理,(6):92-95.

黄勤,曾元,江琴,2015.中国推进生态文明建设的研究进展[J].中国人口·资源与环境,25(2):111-120.

黄清煌,高明,2016.环境规制对经济增长的数量和质量效应:基于联立方程的检验[J].经济学家(4):53-62.

黄清煌,高明,2016.中国环境规制工具的节能减排效果研究[J].科研管理 37(6):19-27.

黄莹莹,2018.外商直接投资与中国环境污染的空间相关性分析[D].广州:暨南大学.

霍伟东,李杰锋,陈若愚,2019.绿色发展与FDI环境效应:从"污染天堂"到"污染光环"的数据实证[J].财经科学(4):106-119.

姬晓辉,魏婵,2017.FDI和环境规制对技术创新的影响:基于中国省际面板数据分析[J].科技管理研究,37(3):35-41.

吉生保,姜美旭,2020.FDI与环境污染:溢出效应还是污染效应?:基于异质性双边随机前沿模型的分析[J].生态经济,36(4):170-175.

计志英,毛杰,赖小锋,2015.FDI规模对我国环境污染的影响效应研究:基于30个省级面板数据模型的实证检验[J].世界经济研究(3):56-64.

贾军,2015.基于东道国环境技术创新的FDI绿色溢出效应研究:制度环境的调节效应[J].软科学,29(3):28-32.

江洪,赵宝福,2015.碳排放约束下能源效率与产业结构解构、空间分布及耦合分析[J].资源科学,37(1):152-162.

江珂,2009.环境规制对中国技术创新能力影响及区域差异分析:基于中国1995—2007年省际面板数据分析[J].中国科技论坛(10):28-33.

江珂,卢现祥,2011.环境规制与技术创新:基于中国1997—2007年省际面板数据分析[J].科研管理,32(7):60-66.

江小国,何建波,方蕾,2019.制造业高质量发展水平测度、区域差异与提升路径[J].上海经济研究(7):70-78.

姜春海,王敏,田露露,2014.基于CGE模型的煤电能源输送结构调整的补贴方案设计:以山西省为例[J].中国工业经济(8):31-43.

蒋仁爱,贾维晗,2019.不同类型跨国技术溢出对中国专利产出的影响研究[J].数量经济技术经济研究,36(1):60-77.

金碚,2009.资源环境管制与工业竞争力关系的理论研究[J].中国工业经济(3):5-17.

金春雨,王伟强,2016."污染避难所假说"在中国真的成立吗:基于空间VAR模型的实证检验[J].国际贸易问题(8):108-118.

孔东民,刘莎莎,王亚男,2013.市场竞争、产权与政府补贴[J].经济研究,48(2):55-67.

邝嫦娥,路江林,2019.环境规制对绿色技术创新的影响研究:来自湖南省的证据[J].经济经纬,36(2):126-132.

李斌,吴书胜,2016.城市化进程中贸易开放的碳减排效应[J].商业经济与管理(3):22-34.

李斌,赵新华,2011.经济结构、技术进步与环境污染:基于中国工业行业数据的分析[J].财经研究,37(4):112-122.

李国平,2013.环境规制、FDI与"污染避难所"效应:中国工业行业异质性视角的经验分析[J].科学学与科学技术管理,34(10):122-129.

李虹,邹庆,2018.环境规制、资源禀赋与城市产业转型研究:基于资源型城市与非资源型城市的对比分析[J].经济研究,53(11):182-198.

李后建,2013.腐败会损害环境政策执行质量吗?[J].中南财经政法大学学报(6):34-42.

李华,马进,2018.环境规制对碳排放影响的实证研究:基于扩展STIRPAT模型[J].工业技术经济,37(10):143-149.

李健,周慧,2012.中国碳排放强度与产业结构的关联分析[J].中国人口·资源与环境(22):7-14.

李敬子,毛艳华,蔡敏容,2015.城市服务业对工业发展是否具有溢出效应?[J].财经研究,41(12):129-140.

李锴,齐绍洲,2011.贸易开放、经济增长与中国二氧化碳排放[J].经济研究,46(11):60-72.

李力,唐登莉,孔英,等,2016.FDI对城市雾霾污染影响的空间计量研究:以珠三角地区为例[J].管理评论,28(6):11-24.

李良美,2005.生态文明的科学内涵及其理论意义[J].毛泽东邓小平理论研究(2):23-25.

李玲,陶锋,2012.环境规制对工业技术进步的影响研究:基于各省2005—2009年工业面板数据的实证检验[J].科技管理研究(32):41-45.

李娜,伍世代,代中强,等,2016.扩大开放与环境规制对我国产业结构升级的影响[J].经济地理,36(11):109-115.

李启庚,冯艳婷,余明阳,2020.环境规制对工业节能减排的影响研究:基于系统动力学仿真[J].华东经济管理(34):64-72.

李仁安,朱晖,2006.武汉生态工业园发展规划及评价指标体系研究[J].武汉理工大学学报(11):134-136.

李珊珊,2015.环境规制对异质性劳动力就业的影响:基于省级动态面板数据的分析[J].中国人口·资源与环境,25(8):135-143.

李胜兰,初善冰,申晨,2014.地方政府竞争、环境规制与区域生态效率[J].世界经济,37(4):88-110.

李树,翁卫国,2014.我国地方环境管制与全要素生产率增长:基于地方立法和行政规章实际效率的实证分析[J].财经研究,40(2):19-29.

李眺,2013.环境规制、服务业发展与我国的产业结构调整[J].经济管理,35(8):

1-10.

李婉红,毕克新,孙冰,2013.环境规制强度对污染密集行业绿色技术创新的影响研究:基于 2003—2010 年面板数据的实证检验[J].研究与发展管理,25(6):72-81.

李伟庆,聂献忠,2015.产业升级与自主创新:机理分析与实证研究[J].科学学研究,33(7):1008-1016.

李小鹏,2011.生态工业园产业共生网络稳定性及生态效率评价研究[D].天津:天津大学.

李小平,卢现祥,2010.国际贸易、污染产业转移和中国工业 $CO_2$ 排放[J].经济研究,45(1):15-26.

李晓英,2018.FDI、环境规制与产业结构优化:基于空间计量模型的实证[J].当代经济科学,40(2):104-113.

李阳,党兴华,韩先锋,等,2014.环境规制对技术创新长短期影响的异质性效应:基于价值链视角的两阶段分析[J].科学学研究,32(6):937-949.

李悦,1998.产业经济学[M].北京:中国人民大学出版社.

李志学,李乐颖,陈健,2019.产业结构、碳权市场与技术创新对各省区碳减排效率的影响[J].科技管理研究,39(16):79-90.

李周,包晓斌,2002.中国环境库兹涅茨曲线的估计[J].科技导报(4):57-58.

李子豪,2016.FDI 增加了还是减少了中国工业碳排放?:门槛效应视角的考察[J].经济经纬,33(2):66-71.

李子豪,2015.外商直接投资对中国碳排放的门槛效应研究[J].资源科学,37(1):163-174.

梁强,2019.FDI、财政分权与区域技术创新[J].华东经济管理,33(5):43-49.

梁圣蓉,罗良文,2019.国际研发资本技术溢出对绿色技术创新效率的动态效应[J].科研管理,40(3):21-29.

梁云,郑亚琴,2015.FDI、技术创新与全要素生产率:基于省际面板数据的实证分析[J].经济问题探索(9):9-14.

林伯强,蒋竺均,2009.中国二氧化碳的环境库兹涅茨曲线预测及影响因素分析[J].管理世界(4):27-36.

林春艳,宫晓蕙,孔凡超,2019.环境规制与绿色技术进步:促进还是抑制:基于空间效应视角[J].宏观经济研究(11):131-142.

林春艳,孔凡超,2016.技术创新、模仿创新及技术引进与产业结构转型升级:基于动态空间 Durbin 模型的研究[J].宏观经济研究(5):106-118.

刘冰,孙华臣,2015.能源消费总量控制政策对产业结构调整的门限效应及现实影响[J].中国人口·资源与环境,25(11):75-81.

刘传江,张振源,赵晓梦,2016.供给侧与需求侧碳排放影响因素的比较研究[J].
财经问题研究(391):40-45..

刘海云,龚梦琪,2017.环境规制与外商直接投资对碳排放的影响[J].城市问题
(7):67-73.

刘杰,刘紫薇,焦珊珊,等,2019.中国城市减碳降霾的协同效应分析[J].城市与
环境研究(4):80-97.

刘金林,2015.环境规制、生产技术进步与区域产业集聚[D].重庆:重庆大学.

刘金林,冉茂盛,2015.环境规制对行业生产技术进步的影响研究[J].科研管理,
36(2):107-114.

刘金林,冉茂盛,2015.环境规制、行业异质性与区域产业集聚:基于省际动态面
板数据模型的 GMM 方法[J].财经论丛(1):16-23.

刘世锦,2010.寻求经济发展与资源环境约束的平衡[J].人民论坛(6):32-33.

刘伟,张辉,2008.中国经济增长中的产业结构变迁和技术进步[J].经济研究,43
(11):4-15.

刘晓音,赵玉民,2012.环境规制背景下的企业绿色技术创新探析[J].技术经济
与管理研究(2):43-46.

刘新智,刘娜,2019.长江经济带技术创新与产业结构优化协同性研究[J].宏观
经济研究(10):35-48.

刘亦文,胡宗义,2014.能源技术变动对中国经济和能源环境的影响:基于一个动
态可计算一般均衡模型的分析[J].中国软科学(4):43-57.

刘玉博,汪恒,2016.内生环境规制、FDI 与中国城市环境质量[J].财经研究,42
(12):119-130.

娄昌龙,2016.环境规制、技术创新与劳动就业[D].重庆:重庆大学.

卢进勇,杨杰,邵海燕,2014.外商直接投资、人力资本与中国环境污染:基于 249
个城市数据的分位数回归分析[J].国际贸易问题(4):118-125.

陆菁,2007.国际环境规制与倒逼型产业技术升级[J].国际贸易问题(7):71-76.

陆旸,2009.环境规制影响了污染密集型商品的贸易比较优势吗?[J].经济研究
(4):30-42.

路正南,罗雨森,2019.中国双向 FDI 对二氧化碳排放强度的影响效应研究[J].
统计与决策,36(7):81-84.

吕斌,熊小平,康艳兵,等,2014.我国产业园区低碳发展思路初探[J].中国能源
(12):39-43.

罗军,2016.FDI 前向关联与技术创新:东道国研发投入重要吗[J].国际贸易问

题(6):3-14.

马光明,唐宜红,郭东方,2019.中国贸易方式转型的环境效应研究[J].国际贸易问题(4):143-156.

聂辉华,江艇,杨汝岱,2012.中国工业企业数据库的使用现状和潜在问题[J].世界经济,35(5):142-158.

欧晓万,2007.能源消费对产业结构调整的长期与短期约束[J].统计与决策(7):68-71.

潘爱玲,刘昕,邱金龙,等,2019.媒体压力下的绿色并购能否促使重污染企业实现实质性转型[J].中国工业经济(2):174-192.

潘申彪,余妙志,2009.外商直接投资促进我国企业技术创新了么?[J].科研管理,30(5):124-131.

彭海珍,任荣明,2003.论监督背景下的不对称信息管制机制[J].经济评论(5):36-39.

彭可茂,席利卿,雷玉桃,2013.中国工业的污染避难所区域效应:基于2002—2012年工业总体与特定产业的测度与验证[J].中国工业经济(10):44-56.

彭星,李斌,2015.贸易开放、FDI与中国工业绿色转型:基于动态面板门限模型的实证研究[J].国际贸易问题(1):166-176.

齐亚伟,2018.节能减排、环境规制与中国工业绿色转型[J].江西社会科学(3):70-79.

邱斌,杨帅,辛培江,2008.FDI技术溢出渠道与中国制造业生产率增长研究:基于面板数据的分析[J].世界经济(8):20-31.

邱金龙,潘爱玲,张国珍,2018.正式环境规制、非正式环境规制与重污染企业绿色并购[J].广东社会科学(2):51-59.

沙文兵,石涛,2006.外商直接投资的环境效应:基于中国省级面板数据的实证分析[J].世界经济研究(6):76-81.

邵帅,杨莉莉,曹建华,2010.工业能源消费碳排放影响因素研究:基于STIR-PAT模型的上海分行业动态面板数据实证分析[J].财经分析(11):16-27.

邵帅,杨莉莉,2010.自然资源丰裕、资源产业依赖与中国区域经济增长[J].管理世界(9):26-44.

邵宜航,步晓宁,张天华,2013.资源配置扭曲与中国工业全要素生产率:基于工业企业数据库再测算[J].中国工业经济(12):39-51.

沈静,向澄,柳意云,2012.广东省污染密集型产业转移机制:基于2000—2009年面板数据模型的实证[J].地理研究,31(2):357-368.

沈坤荣,金刚,方娴,2017.环境规制引起了污染就近转移吗?[J].经济研究,52

(5):44-59.

沈能,刘凤朝,2012.高强度的环境规制真能促进技术创新吗?:基于"波特假说"的再检验[J].中国软科学(4):49-59.

史丹,2013.当前能源价格改革的特点、难点与重点[J].价格理论与实践(1):18-20.

史青,2013.外商直接投资、环境规制与环境污染:基于政府廉洁度的视角[J].财贸经济(1):93-103.

斯丽娟,2020.环境规制对绿色技术创新的影响:基于黄河流域城市面板数据的实证分析[J].财经问题研究(7):41-49.

宋马林,王舒鸿,2013.环境规制、技术进步与经济增长[J].经济研究,48(3):122-134.

宋炜,周勇,2016.城镇化、收入差距与全要素能源效率:基于2000—2014年省级面板数据的经验分析[J].经济问题探索(10):28-35.

孙博,2012.产业转移与西部地区产业承接[J].商业研究(19):167.

孙浦阳,武力超,陈思阳,2011.外商直接投资与能源消费强度非线性关系探究:基于开放条件下环境"库兹涅茨曲线"框架的分析[J].财经研究,37(8):79-90.

孙庆刚,郭菊娥,师博,2013.中国省域间能源强度空间溢出效应分析[J].中国人口·资源与环境,23(11):137-143.

孙永平,叶初升,2012.自然资源丰裕与产业结构扭曲:影响机制与多维测度[J].南京社会科学(6):1-8.

孙早,韩颖,2018.外商直接投资、地区差异与自主创新能力提升[J].经济与管理研究,39(11):92-106.

孙振清,李欢欢,刘保留,2020.碳交易政策下区域减排潜力研究:产业结构调整与技术创新双重视角[J].科技进步与对策(37):28-35.

谭飞燕,张雯,2011.中国产业结构变动的碳排放效应分析:基于省际数据的实证研究[J].经济问题(9):32-35.

谭娟,宗刚,刘文芝,2013.基于VAR模型的我国政府环境规制对低碳经济影响分析[J].科技管理研究(24):21-24.

唐未兵,傅元海.王展祥,2014.技术创新、技术引进与经济增长方式转变[J].经济研究(7):31-43.

唐宜红,俞峰,李兵,2019.外商直接投资对中国企业创新的影响:基于中国工业企业数据与企业专利数据的实证检验[J].武汉大学学报(哲学社会科学版),72(1):104-120.

田红彬,郝雯雯,2020.FDI、环境规制与绿色创新效率[J].中国软科学(8)：174-183.

田秀杰,唐蕊,周春雨,2020.基于碳排放视角的政府环境治理政策效果研究[J].调研世界(3)：30-36.

王兵,肖文伟,2019.环境规制与中国外商直接投资变化：基于DEA多重分解的实证研究[J].金融研究(2)：59-77.

王娣,金涌,朱兵,2009.生态文明与循环经济[J].生态经济(中文版)(7)：85-88.

王芳芳,郝前进,2011.环境管制与内外资企业的选址策略差异：基于泊松回归的分析[J].世界经济文汇(4)：29-40.

王惠,王树乔,2015.中国工业$CO_2$排放绩效的动态演化与空间外溢效应[J].中国人口·资源与环境(25)：29-36.

王康,李志学,周嘉,2020.环境规制对碳排放时空格局演变的作用路径研究：基于东北三省地级市实证分析[J].自然资源学报,35(2)：343-357.

王美昌,徐康宁,2015.贸易开放、经济增长与中国二氧化碳排放的动态关系：基于全球向量自回归模型的实证研究[J].中国人口·资源与环境,25(11)：52-58.

王旻,2017.环境规制对碳排放的空间效应研究[J].生态经济(33)：30-33.

王鹏,赵捷,2011.产业结构调整与区域创新互动关系研究：基于我国2002-2008年的省际数据[J].产业经济研究(4)：53-60.

王寿兵,吴峰,2006.产业生态学[M].北京：化学工业出版社.

王书斌,徐盈之,2015.环境规制与雾霾脱钩效应：基于企业投资偏好的视角[J].中国工业经济(4)：18-30.

王文举,向其凤,2014.中国产业结构调整及其节能减排潜力评估[J].中国工业经济(1)：44-56.

王文普,2012.环境规制的经济效应研究[D].济南：山东大学.

王肖,2018.FDI增加还是减少了中国制造业二氧化碳的排放？[D].济南：山东大学.

王艳丽,王中影,2018.外商直接投资对技术创新的影响路径分析：基于门槛特征与空间溢出效应[J].管理现代化,38(3)：58-61.

王业强,2007.国外企业迁移研究综述[J].经济地理(1)：30-35.

王永军,邱兆林,2016.FDI技术溢出、自主研发与内资企业技术创新：以中国高技术产业为例[J].河北经贸大学学报,37(6)：91-96.

王永猛,2019.环境分权视角下中国环境规制对FDI的影响[D].天津：天津财经大学.

王宇澄,2015.基于空间面板模型的我国地方政府环境规制竞争研究[J].管理评论,27(8):23-32.

卫平,张玲玉,2016.不同的技术创新路径对产业结构的影响[J].城市问题(4):52-59.

魏玮,毕超,2011.环境规制、区际产业转移与污染避难所效应:基于省级面板Poisson模型的实证分析[J].山西财经大学学报(8):74-80.

温忠麟,叶宝娟,2014.中介效应分析:方法和模型发展[J].心理科学进展,22(5):731-745.

吴磊,李广浩,李小帆,2010.中国环境管制与FDI企业的行业进入[J].中国人口·资源与环境,20(8):92-98.

吴文东,2007.面向生态工业园的工业共生体成长建模及其共生效率评价[D].天津:天津大学.

伍世安,2014.循环经济:生态文明的基本经济形态[J].企业经济(4):5-11.

席旭东,2009.矿区生态工业共生效益测算实证研究[J].山东工商学院学报(3):20-27.

夏海力,叶爱山,2020.环境规制的作用效应及其异质性分析:基于我国285个城市的面板数据[J].城市问题(5):88-96.

项英辉,张豪华,2020.环境规制提高建筑业碳生产率了吗?:基于空间计量和门槛效应的实证分析[J].生态经济,36(1):34-39.

肖璐,2010.FDI与发展中东道国环境规制的关系研究[D].南昌:江西财经大学.

肖兴志,李少林,2013.环境规制对产业升级路径的动态影响研究[J].经济理论与经济管理,33(6):102-112.

肖雁飞,廖双红.王湘韵,2017.技术创新对中国区域碳减排影响差异及对策研究[J].环境科学与技术(40):191-197.

谢波,丹灿阳,张成浩,2018.科技创新、环境规制对区域生态效率的影响研究[J].生态经济,34(4):86-92.

谢婷婷,郭艳芳,2016.环境规制、技术创新与产业结构升级[J].工业技术经济(9):135-144.

徐建中,王曼曼,2018.FDI流入对绿色技术创新的影响及区域比较[J].科技进步与对策,35(22):30-37.

徐杰,2017.财政分权视角下中国环境规制效率研究[D].西安:西安电子科技大学.

徐敏燕,左和平,2013.集聚效应下环境规制与产业竞争力关系研究:基于"波特假说"的再检验[J].中国工业经济(3):72-84.

徐晔,陶长琪,丁晖,2015.区域产业创新与产业升级耦合的实证研究:以珠三角地区为例[J].科研管理,36(4):109-117.

徐盈之,杨英超,郭进,2015.环境规制对碳减排的作用路径及效应:基于中国省级数据的实证分析[J].科学学与科学技术管理,36(10):135-146.

徐圆,2014.源于社会压力的非正式性环境规制是否约束了中国的工业污染?[J].财贸研究(2):7-15.

许广月,2010.碳排放收敛性:理论假说和中国的经验研究[J].数量经济与技术经济研究(9):31-42.

许和连,邓玉萍,2012.外商直接投资导致了中国的环境污染吗?:基于中国省际面板数据的空间计量研究[J].管理世界(2):30-43.

杨海生,陈少凌,周永章,2008.地方政府竞争与环境政策:来自中国省份数据的证据[J].南方经济(6):15-30.

杨涛,2003.环境规制对中国FDI影响的实证分析[J].世界经济研究(5):65-68.

姚丽,2018.风险投资、区域技术创新水平与空间效应:基于省际空间面板数据的实证研究[J].当代经济管理(40):7-12.

易信,刘凤良,2015.金融发展、技术创新与产业结构转型:多部门内生增长理论分析框架[J].管理世界(10):24-39.

于峰,齐建国,2007.我国外商直接投资环境效应的经验研究[J].国际贸易问题(8):104-112.

于文超,2013.官员政绩诉求、环境规制与企业生产效率[D].成都:西南财经大学.

于妍,2014.生态文明建设视域下绿色发展研究[D].哈尔滨:哈尔滨理工大学.

余珮,彭歌,2019.环境规制强度与中国对美国直接投资的区位选择[J].当代财经(11):3-13.

余伟,陈强,2015."波特假说"20年:环境规制与创新、竞争力研究述评[J].科研管理,36(5):65-71.

俞立平,李守伟.刘骏,2016.技术来源对高技术产业创新影响的比较研究[J].科研管理(37):61-67.

元炯亮,2003.生态工业园区评价指标体系研究[J].环境保护(3):38-40.

袁航,朱承亮,2018.国家高新区推动了中国产业结构转型升级吗[J].中国工业经济(8):60-77.

袁丽静,郑晓凡,2017.环境规制、政府补贴对企业技术创新的耦合影响[J].资源科学,39(5):911-923.

原毅军,陈喆,2019.环境规制、绿色技术创新与中国制造业转型升级[J].科学学研究,37(10):1902-1911.

原毅军,谢荣辉,2015.产业集聚、技术创新与环境污染的内在联系[J].科学学研究,33(9):1340-1347.

原毅军,谢荣辉,2014.环境规制的产业结构调整效应研究:基于中国省际面板数据的实证检验[J].中国工业经济(8):57-69.

曾国安,马宇佳,2020.论FDI对中国本土企业创新影响的异质性[J].国际贸易问题(3):162-174.

张成,陆旸,郭路,等,2011.环境规制强度和生产技术进步[J].经济研究,46(2):113-124.

张成,于同申,郭路,2010.环境规制影响了中国工业的生产率吗:基于DEA与协整分析的实证检验[J].经济理论与经济管理(3):11-17.

张弛,任剑婷,2005.基于环境规制的我国对外贸易发展策略选择[J].生态经济(10):169-171.

张崇辉,苏为华,曾守桢,2013.基于CHME理论的环境规制水平测度研究[J].中国人口·资源与环境,23(1):19-24.

张帆,麻林巍,蓝钧,2007.生态工业园评价方法研究:以北京市为例[J].中国人口·资源与环境(3):100-105.

张海洋,2005.R&D两面性,外资活动与中国工业生产率增长[J].经济研究(5):107-117.

张红双,2012.环境政策与环保技术互动关系研究[D].西安:西北农林科技大学.

张宏艳,江悦明,冯婷婷,2016.产业结构调整对北京市碳减排目标的影响[J].中国人口·资源与环境,26(2):58-67.

张鸿武,王珂英,殳蕴钰,2016.中国工业碳减排中的技术效应:1998—2013:基于直接测算法与指数分解法的比较分析[J].宏观经济研究(12):38-49.

张华,2016.地区间环境规制的策略互动研究:对环境规制非完全执行普遍性的解释[J].中国工业经济(7):74-90.

张华,魏晓平,2014.绿色悖论抑或倒逼减排:环境规制对碳排放影响的双重效应[J].中国人口·资源与环境,24(9):21-29.

张瑞君,李小荣,2014.股权激励影响风险承担:代理成本还是风险规避?[J].会计研究(1):57-63.

张瑞君,李小荣,2012.金字塔结构、业绩波动与信用风险[J].会计研究(3):62-71.

张三峰,卜茂亮,2011.环境规制、环保投入与中国企业生产率:于中国企业问卷数据的实证研究[J].南开经济研究(2):129-146.

张涛,2017.环境规制、产业集聚与工业行业转型升级[D].徐州:中国矿业大学.

张天悦,2014.环境规制的绿色创新激励研究[D].北京:中国社会科学院研究生院.

张天悦,2014.我国省级环境规制的 SE-SBM 效率研究[J].工业技术经济,33(4):143-153.

张伟,朱启贵,高辉,2016.产业结构升级、能源结构优化与产业体系低碳化发展[J].经济研究,51(12):62-75.

张希栋,娄峰,张晓,2016.中国天然气价格管制的碳排放及经济影响:基于非完全竞争 CGE 模型的模拟研究[J].中国人口·资源与环境,26(7):76-84.

张先锋,韩雪,吴椒军,2014.环境规制与碳排放:"倒逼效应"还是"倒退效应":基于 2000—2010 年中国省际面板数据分析[J].软科学(28):136-139.

张向达,吕阳,2006.中国自然资源价格扭曲现象研究[J].财政研究(9):34-37.

张萤,2012.生态文明视野下的绿色经济发展观研究[D].南昌:江西农业大学.

张友国,2010.经济发展方式变化对中国碳排放强度的影响[J].经济研究,45(4):120-133.

张宇,蒋殿春,2013.FDI、环境监管与工业大气污染:基于产业结构与技术进步分解指标的实证检验[J].国际贸易问题(7):102-118.

张志辉,2006.我国对外贸易与污染产业转移的实证分析[J].国际贸易问题,288(12):103-107.

张中元,赵国庆,2012.FDI、环境规制与技术进步:基于中国省级数据的实证分析[J].数量经济技术经济研究(4):19-32.

章卫东,张江凯,成志策,等,2015.政府干预下的资产注入、金字塔股权结构与公司绩效:来自我国地方国有控股上市公司资产注入的经验证据[J].会计研究(3):42-49.

赵红,2008.环境规制对产业技术创新的影响:基于中国面板数据的实证分析[J].产业经济研究(3):35-40.

赵立祥,冯凯丽,赵蓉,2020.异质性环境规制、制度质量与绿色全要素生产率的关系[J].科技管理研究,40(22):214-222.

赵立祥,赵蓉,张雪薇,2020.碳交易政策对我国大气污染的协同减排有效性研究[J].产经评论(11):148-160.

赵庆,2018.产业结构优化升级能否促进技术创新效率?[J].科学学研究,36(2):239-248.

赵伟,田银华,彭文斌,2014.基于 CGE 模型的产业结构调整路径选择与节能减排效应关系研究[J].社会科学(4):55-63.

赵细康,2003.环境保护与产业国际竞争力:理论与实证分析[M].北京:中国社会科学出版社.

赵玉焕,2006.国际投资中污染产业转移的实证分析[J].对外经济贸易大学学报:国际商务版(3):58-61.

赵玉民,朱方明,贺立龙,2009.环境规制的界定、分类与演进研究[J].中国人口·资源与环境,19(6):85-90.

郑强,冉光和,邓睿,等,2017.中国 FDI 环境效应的再检验[J].中国人口·资源与环境,27(4):78-86.

郑珊珊,2018.FDI 对中国技术创新溢出效应的门槛特征分析[J].工业技术经济,37(5):105-111.

郑石明,2019.环境政策何以影响环境质量?:基于省级面板数据的证据[J].中国软科学(2):49-61.

郑石明,李佳琪,李良成,2019.中国创新创业政策变迁与扩散研究[J].中国科技论坛(9):16-24.

植草益,1992.微观规制经济学[M].北京:中国发展出版社.

钟茂初,李梦洁,杜威剑,2015.环境规制能否倒逼产业结构调整:基于中国省际面板数据的实证检验[J].中国人口·资源与环境,25(8):107-114.

周长富,杜宇玮,彭安平,2016.环境规制是否影响了我国 FDI 的区位选择?:基于成本视角的实证研究[J].世界经济研究(1):110-120.

周国梅,彭昊,曹凤中,2003.循环经济和工业生态效率指标体系[J].城市环境与城市生态(6):201-203.

周浩,郑越,2015.环境规制对产业转移的影响:来自新建制造业企业选址的证据[J].南方经济(4):12-26.

朱金鹤,郭东升,王帅,2018.中国就业质量水平的时空分异及影响因素[J].经济研究参考(62):28-38.

朱金鹤,王雅莉,2018.创新补偿抑或遵循成本?污染光环抑或污染天堂?:绿色全要素生产率视角下双假说的门槛效应与空间溢出效应检验[J].科技进步与对策(35):46-54.

朱平芳,张征宇,姜国麟,2011.FDI 与环境规制:基于地方分权视角的实证研究[J].经济研究(6):134-146.

朱永彬,刘昌新,王铮,等,2013.我国产业结构演变趋势及其减排潜力分析[J].中国软科学(2):35-42.

AHMAD N,WYCKOFF A,2003. Carbon dioxide emissions embodied in international trade of goods [R]. STI working paper.

AMBEC S ,BARLA P ,2002. A theoretical foundation to the porter hypothesis [J]. Economics letters:75:355-360.

AMBEC S ,CORIA J,2013. Prices vs quantities with multiple pollutants[J]. Journal of environmental economics and management(66):123-140.

AMBEC S P,2006. Can environmental regulations be good for business? an assessment of the porter hypothesis [J]. Journal of energy studies review,14 (2):42-46.

ANG J B ,2009. $CO_2$ emissions,research and technology transfer in China[J]. Ecological economics,68(10):2658-2665.

ANTWEILER W ,COPELAND B ,TAYLOR S,2001. Is free trade good for the emissions?:1950-2050[J]. Review of economics and stats(80):15-27.

ANTWEILER W,COPELAND B,TAYLOR S,2001. Is free trade good for the environment? [J] American economic review,91(4):877-908.

BAE J,CHUNG Y,LEE J,et al. ,2020. Knowledge spillover efficiency of carbon capture,utilization,and storage technology:a comparison among countries[J]. Journal of cleaner production,246:119003.

BARTIK T J,1988. Evaluating the benefits of non-marginal reductions in pollution using information on defensive expenditures[J]. Journal of environmental economics & management,15(1):111-127.

BECKER R,HENDERSON V ,2000. Effects of air quality regulations on polluting industries[J]. Journal of political economy,108(2):379-421.

BOYD G A,MCCLELLAND J D,1999. The impact of environmental constraints on productivity improvement in integrated paper plants[J]. Journal of environmental economics and management(2):121-142.

BRANNLUND R,LUNDGEREN T,MARKLUND P,2014. Carbon intensity in production and the effects of climate policy:evidence from Swedish industry[J]. Energy policy(2):844-857.

BRUNNERMEIER S B,COHEN M A,2003. Determinants of environmental innovation in US manufacturing industries[J]. Journal of environmental economics and management(2):278-293.

CARR A J P ,1998. Choctaw eco-industrial park:An ecological approach to industrial land-use planning and design[J]. Landscape and urban planning,42

（2）:239-257.

CHANGN,2015. Changing industrial structure to reduce carbon dioxide emissions:a Chinese application[J]. Journal of cleaner production,103(Sep. 15):40-48.

CHICHILNISKY G ,1994. North-south trade and the global environment[J]. American economic review,84(4):851-874.

COLE M A,ELLIOTT R J R,2003a. Do environmental regulations influence trade patterns? Testing old and new trade theories[J]. The world economy, 26(8):1163-1186.

COLE M A,ELLIOTT R J R,2003b. Determining the trade-environment composition effect:the role of capital,labor and environmental regulations[J]. Journal of environmental economics & management,46(3):363-383.

CONDLIFFE S,MORGAN O A,2009. The effects of air quality regulations on the location decisions of pollution-intensive manufacturing plants[J]. Journal of regulatory economics,36(1)83-93.

COPELAND B R ,TAYLOR M S,2004. Trade,growth,and the environment [J]. Journal of economic literature(42):7-71.

DAILY C M ,1996. Governance patterns in bankruptcy reorganizations[J]. Strategic management journal,17(5):355- 375.

DEAN J M. 2002. Does trade liberalization harm the environment? A new test [J]. The Canadian journal of economics,35(4):819-842.

DEAN J M,LOVELY M E,WANG H,2009. Are foreign investors attractted to weak environmental regulations? Evaluating the evidence from China[J]. Journal of development economics,90:1-13.

DOMAZLICKY B R ,WEBER W L,2004. Does environmental protection lead to slower productivity growth in the chemical industry? [J]. Environmental and resource economics,28(3):301-324.

DOU J,HAN X,2019. How does the industry mobility affect pollution industry transfer in China:empirical test on pollution haven hypothesis and porter hypothesis[J]. Journal of cleaner production(1):105-115.

FAN J P H,WONG T J,ZHANG T,2013. Institutions and organizational structure:The case of state-owned corporate pyramids[J]. The journal of law,economics,and organization,29(6):1217- 1252.

FELLNER W,1961. Two propositions in the theory of induced innovations[J].

The economic journal(282):305-308.

FOSTER L,SYVERSON H C ,2008. Reallocation,firm turnover,and efficiency: Selection on productivity or profitability? [J]. Social science electronic publishing,98(1):394- 425.

GENTRY B S,1996. Private capital flows and the environment: lessons from Latin America [J]. Yale centre for environmental law and policy, 89: 1089-1107.

GIBBS D,DEUTZ P ,2005. Implementing industrial ecology? Planning for eco-industrial parks in the USA[J]. Geoforum,36(4):452-464.

GRAY W B,1997. Manufacturing plant location: Does state pollution regulation matter? [R]. National bureau of economic research.

GROSSMAN G M,ELHANANA H ,1991. Quality ladders and product cycles [J]. Quarterly journal of economics(2):557-586.

GROSSMAN G M,KRUEGER A B,1991. Environmental impacts of a North American free trade agreement [R]. National bureau of economic research working paper 3914,NBER,Cambridge MA.

HAFSI T,KIGGUNDU M N,JORGENSEN J J,1987. Strategic apex configurations in state-owned enterprises. [J]. Academy of management review,12 (4):714-730.

HAMAMOTO M, 2006. Environmental regulation and the productivity of Japanese manufacturing industries[J]. Resource and energy economics(28): 230-311.

HARFORD D J,1978. Firm behavior under imperfectly enforceable pollution standards and taxes[J]. Journal of environmental economics and management (5):26-43.

HEERES R R, VERMEULEN W J V, WALLE F B D,2004. Eco-industrial park initiatives in the USA and the Netherlands[J]. Journal of cleaner production,12(8-10):985-995.

HE J,2006. Pollution haven hypothesis and environmental impacts of foreign direct investment: the case of industrial emission of sulfur dioxide($SO_2$) in Chinese provinces[J]. Ecological economics,60(1):228-245.

HERANANDEZ F S,PICAZO A T,REIG E M,2000. Efficiency and environmental regulation[J]. Environmental & resource economics(15):365-378.

JAFFE A B,PALMER K,1997. Environment regulation and innovation: a panel data study[J]. Review of economics and statistics(79):610-618.

JAVORCIK B S, WEI S J, 2005. Pollution havens and foreign direct investment:dirty secret or popular myth? [J]. Contributions in economic analysis & policy,3(2):1244-1272.

JEPPESEN T, LIST J A, FOLMER H, 2002. Environmental regulations and new plant location decisions:evidence from a meta-analysis[J]. Journal of regional science,42(1):19-49.

JIE H E, 2006. Pollution haven hypothesis and environmental impacts of foreign direct investment:the case of industrial emission of sulfur dioxide in Chinese provinces[J]. Ecological economics(60):228-245.

KAYA Y, HAYASHI T, LU X, 1989. A model with uncertainty consideration for electric power system planning[J]. IEEJ transactions on electronics information & systems,109(4):246-253.

KEMP R,1997. Environmental policy and technical change:a comparison of the technological impact of policy instrument[M]. Cheltenham: Edawrd Elgar Publishing.

KHEDER S B, ZUGRAVU N, 2008. The pollution haven hypothesis:a geographic economy model in a comparative study[R]. Milano:FEEM working papers.

KRUEGER G A B ,1995. Economic growth and the environment[J]. Quarterly journal of economics,110(2):353-377.

LANOIE P,PATRY M,LAJEUNESSE R,2008. Environmental regulation and productivity:testing the porter hypothesis[J]. Journal of productivity analysis,30(2):121-128.

LENZEN M, 2001. The importance of goods and services consumption in household greenhouse gas calculators[J]. Ambio,30(7):439-442.

LEVINSON A, 1996. Environmental regulations and manufacturers' location choices:Evidence from the census of manufactures[J]. Journal of public economics,62(1):5-29.

LOWE E A,1997. Creating by-product resource exchanges:Strategies for eco-industrial parks[J]. Journal of cleaner production,5(1-2):51-65.

LOWE E A,EVANS L K,1995. Industrial ecology and industrial ecosystems [J]. Journal of cleaner production,3(1-2):47-53.

LUCAS B,ROGER R,FLORENTINE S,2011. Growth effects of carbon policies: Applying a fully dynamic CGE model with heterogeneous capital[J]. Resource and energy economics(33):963-980.

MANAGI S,KUMAR S,2009 . Trade-induced technological change: analyzing economic and environmental outcomes [J]. Economic modelling, 26 (3): 721-732.

MCKIBBIN W J,STEGMAN A,2005. Convergence and per capita carbon emissions [J]. Brookings discussion papers in international economics (2): 167-176.

MONTEROJ P, 2002. Prices versus quantities with incomplete enforcement [J]. Journal of public economics,85(3):435-454.

MORGAN O A,CONDLIFFE S,2009. Spatial heterogeneity in environmental regulation enforcement and the firm location decision among U. S. counties [J]. The review of regional students,39(3):239-52.

OH D S ,KIM K B,JEONG S Y,2005. Eco-industrial park design: a Daedeok Techno Valley case study[J]. Habitat international,29(2):269-284.

PEARCE D W, TURNER R K, 1990. Economic of natural resources and the environment[J]. Energy policy,32(1):68-78.

PETHIG R, 1976. Environmental management in general equilibrium: A new incentive compatible approach[J]. Discussion papers,20(1):1-27.

PORTER M,1991. America's green strategy[J]. Scientific American,264(4): 168-172.

PORTER M E,CLAAS V D L,1995. Toward a new conception of the environment competitiveness relationship[J]. Journal of economic perspectives(9): 97-118.

PORTER S C,1971. Holocene eruptions of Nauna Kea Volcano, Hawaii[J]. Science,172(3981):375-377.

ROSE F A K,2005. Is trade good or bad for the environment? Sorting out the causality[J]. Review of economics & statistics,87(1):85-91.

RUBASHKINA Y,GALEOTTI M, VERDOLINI E,2015. Environmental regulation and competitiveness:Empirical evidence on the porter hypothesis from European manufacturing sectors[J]. Energy policy(83):288-300.

RU G ,XIAO C ,XIN Y Y,et al. ,2010. The strategy of energy-related carbon emission reduction in Shanghai[J]. Energy policy,38(1):633-638.

SAMUELSONP,1965. A theory of induced innovations along Kennedy-L. To

Lessacker lines[J]. Review of economics and statistics(47):444-464.

SANCHEZ-CHOLIZ J,DUARTE R,2004. $CO_2$ emissions embodied in international trade:Evidence for Spain[J]. Energy policy,32(18):1999-2005.

SANDMO A,2002. Efficient environmental policy with imperfect compliance [J]. Environmental and resource economics,23(1):85-103.

SCHOU P,2002. When environmental policy is superfluous:Growth and polluting resources[J]. The scandinavian journal of economics,104(4):605-620.

SINN H W,2008. Public policies against global warming:A supply side approach[J]. International tax public finance,15(4):360-394.

SMULDERS S,YACOV T,AMOS Z,2012. Announcing climate policy:Can a green paradox arise without scarcity? [J]. Journal of environmental economic and management,64(9):364-376.

STAVINS R,1998. What can we learn from the grand policy experiment? Lessons from the $SO_2$ allowance trading[J]. Journal of economic perspectives,12 (3):69-88.

STEFFEN W,ROCKSTRÖM J,RICHARDSON K,et al. ,2018. Trajectories of the earth system in the anthropocene[J]. Proceedings of the national academy of sciences(115):8252-8259.

SUREN E,2001. L'écologie industrielle,une strategie de developpement[J]. Le Débat,113(1):106-129.

TESTA F,IRALDO F,FREY M,2011. Environmental regulation and competitive performance:New evidence from a sectoral study[J]. The international journal of sustainable development and world ecology(18):1-10.

TESTA J R,CHEUNG M,PEI J,et al. ,2011. Germline BAP1 mutations predispose to malignant mesothelioma[J]. Nature genetics,43(10):1022-1025.

TOLE L,KOOP G,2010. Do environmental regulations affect the location decisions of multinational gold mining firms? [J]. Journal of economic geography (11):151 - 177.

VAN BEER,VAN DEN BERGH,1997. An empirical multi - country analysis of the impact of environmental regulations on foreign trade flows[J]. Kyklos, (50):29-46.

VAN DER P F,WITHAGEN C,2012. Is there really a green paradox? [J]. Journal of environmental economics and management(64):342-363.

VAN ELKAN,R,1996. Catching up and slowing down:Learning and growth

patterns in an open economy[J]. Journal of international economics (41):
95-111.

VERPLANCK P L, ANTWEILER R C, NORDSTROM D K, et al. , 2001.
"Standard reference water samples for rare earth element determinations"
[J]. Applied geochemistry, 16(2):231-244.

WALTER I, 1973. The pollution content of American trade[J]. Western eco-
nomic journal(11):61-70

WALTER I, UGELOW J L, 1979. Environmental policies in developing coun-
tries[J]. Ambio, 8(2-3):102-109.

WANG Q, 2015. Fixed effect panel threshold model using stata [J]. Stata jour-
nal, 15(1):121-134.

WEITZMANM L, 1974, Prices vs. Quantities[J]. Review of economic studies,
41(4), 477-491.

WHEELER D, 2001. Racing to the bottom : foreign investment and air pollu-
tion in developing countries [J]. Policy research working paper, 10 (3):
225-245.

WORREL E, 2001. Energy and carbon embodied in the international trade of
Brazil:an input-output approach[J]. Ecological economics(39):409-424.

XING Y Q, KOLSTAD C, 1996. Environment and trade: A review of theory
and issues [J]. Applied geochemistry, 12(2):31-44.

YANG C H, TSENG, Y H, CHEN C P, 2012. Environmental regulations, in-
duced R & D, and productivity:Evidence from Taiwan's manufacturing in-
dustries[J]. Resource and energy economics(34):514-532.

ZHANG Y, WANG J R, XUE Y J, et al. , 2018. Impact of environmental regu-
lations on green technological innovative behavior:An empirical study in Chi-
na[J]. Journal of cleaner production, 188(1):763-772.

ZHU S, HE C, LIU Y, 2014. Going green or going away:Environmental regula-
tion, economic geography and firms' strategies in China's pollution-intensive
industries[J]. Geoforum, 55(8):53-65.